隱性知識、關係績效和任務績效三者關係研究
——基於個人與團隊視角

趙修文、劉雪梅

前言

20世紀80年代開始，知識經濟悄然而至。在「唯一不變的是變化」的管理基調中，知識管理和績效管理不斷發展，並相互交織，在管理實踐和管理學界得到了越來越多的重視，其理論也不斷發展和完善。這要求企業必須動態地協調生產技能並整合技術流派的知識，建立動態核心競爭力[①]。全球經濟一體化趨勢的日益增強和市場競爭的日益激烈，給企業管理手段的有效性、管理方式的多樣性提出了新的要求：如何平衡好員工個人與組織的可持續發展、如何將員工個人價值觀與組織價值觀相融合已經成為團隊或組織亟須解決的重要問題。只有解決好了個人與組織在價值取向和價值認同上的問題，才能運用有效的管理手段達成管理目標。

新時代的特徵使得傳統的管理理念、流程和制度不再完全適應變革的腳步，以核心競爭力為關注點的波特的「競爭優勢」理論得到進一步發展，逐漸形成了以資源、能力為基礎的戰略思想，而這種思想的核心便是實施組織的知識管理，特別是隱性知識管理。由此，管理學經歷了從20世紀80年代到21世紀初的「從組織變革到知識管理」的拓展[②]。

教育心理學認為，在人的一生中，概括起來主要從事兩類活

[①] 趙修文.基於隱性知識傳播與整合的企業核心競爭力提升研究 [J].科學管理研究，2012，30（1）：77-80.

[②] 陳悅，王續琨，鄭剛.基於知識圖譜的管理學理論前沿分析 [J].科學學研究，2007，25（S1）：22-28.

动：一是改造客觀世界的活動；二是改造主觀世界的活動。前一類活動我們統稱為「工作」，后一類活動被稱為「學習」①。在社會實踐中，這兩類活動是相互聯繫、同時進行的。在知識經濟迅速發展的今天，學習型組織成為適應變革的最佳形態。員工不僅在自己的崗位上改造客觀世界——工作，也在這個過程中不斷改造自己的主觀世界——學習，以此來使自己適應社會的需求，並不斷提高自己。這裡的學習不僅指的是工作場所的培訓，還是站在知識管理層面的全方位的學習，包括顯性知識的學習和隱性知識的學習。然而，有的員工並不能較好地同時完成改造客觀世界和主觀世界的任務，於是出現了離職傾向、績效降低、組織認同度降低、工作滿足感不足等一系列問題。一旦員工個體大面積出現以上問題，則會影響作為團隊的工作有效性——績效，也因此會導致組織效率的低下。因此，組織管理目標的達成需要同時關注微觀層面和宏觀層面。對微觀層面的員工個人來說，其個人的學習和工作對其所在團隊有直接影響，對組織績效的達成有間接影響，而其影響團隊和組織最核心的就是其隱性知識。

隱性知識是高度個人化和難以形式化的、難以交流和共享的知識。在知識冰山理論中，隱性知識是隱藏於「海面」下的巨大的知識體，它不能被完全顯性化，但可以通過轉化和共享，使員工和組織達到較高的績效水平，包括以行為為導向的關係績效和以結果為導向的任務績效。具有較高績效水平的員工和組織又能獲得更多的隱性知識。例如，更加有效的行為和工作方式、更加融洽的員工間關係等。隱性知識和關係績效、任務績效三者相互影響、相互促進，構成一個良性循環的組織競爭能力提升系統。

然而，當前對於隱性知識和關係績效、任務績效的研究還停留於比較淺的層面，多側重隱性知識對管理過程中某些因素的影響，沒有直接建立起隱性知識與關係績效、任務績效的影響路徑

---

① 吴剛.工作場所中基於項目行動學習的理論模型研究——扎根理論方法應用[D].上海：華東師範大學，2013.

和流程，忽視了管理過程中的理論層面和實踐層面的研究與結合，特別是在中國國情的相關管理理論之下。基於此，本書在人力資本理論、組織行為學理論和知識管理理論的框架下構建起微觀和宏觀兩個視角的研究層面，即個人和團隊視角，運用實證分析的方法和要求，從個體、團隊兩個層面，建構了隱性知識、關係績效和任務績效三者的關係模型，並運用結構方程模型和多層統計分析模型分析、探討了研究內容及以此為基礎的管理機制設計。

本書的結構安排如下：

本書將隱性知識、關係績效和任務績效三者的關係從個人視角和團隊視角進行了系統和深入的研究。本書探討了研究的哲學背景和管理理論基礎，將適合研究的隱性知識測量工具進行了分析和對比，設計並使用適用於一般層面的個人隱性知識測量工具。本書在使用成熟的關係績效和任務績效量表的基礎上，結合結構方程模型和多層統計分析模型的方法檢驗了研究假設，並提出相應的管理建議。

根據統計軟件 AMOS 和 SAS 分析給出的檢驗結果，本書得出以下結論：

第一，個人隱性知識對團隊隱性知識有正向影響。

第二，團隊隱性知識對團隊任務績效有正向影響。

第三，團隊關係績效對團隊隱性知識和任務績效起仲介作用。

第四，個人隱性知識通過團隊隱性知識對任務績效產生正向影響。

本書研究的創新點如下：

第一，建立隱性知識、關係績效和任務績效三者關係的分析範式。該分析範式基於組織中個體層面和團隊層面的交互影響。除了員工個體外，員工所在團隊的隱性知識、關係績效和任務績效，都在以某種程度單向或多向影響著。在分析時，我們強調行

為導向的關係績效的作用，將個人隱性知識作為出發點，將團隊隱性知識作為中間變量來研究隱性知識、關係績效和任務績效三者的關係。

第二，開發出一般層面的個體隱性知識量表並進行實證檢驗。我們構建並實證了本土化的一般層面的個體隱性知識測量工具，這是該研究的創新點和重點之一，也是該研究得以進行下去的第一階段成果。

第三，多種分析方法綜合運用。我們在進行文獻梳理、建立理論模型的基礎上，充分利用現有統計方法和工具，運用項目分析技術、結構方程模型、多層統計分析模型對研究的假設進行分析和檢驗。

趙修文　劉雪梅

目錄

1 導論 / 1
    1.1 研究背景和問題的提出 / 1
        1.1.1 研究背景 / 1
        1.1.2 問題的提出 / 10
        1.1.3 研究目的和創新點 / 12
    1.2 本研究的管理學理論基礎 / 13
        1.2.1 人力資本理論 / 13
        1.2.2 組織行為學 / 19
        1.2.3 知識管理 / 27
    1.3 本書的研究框架結構 / 37

2 研究的目標、內容與方法 / 39
    2.1 研究的目標與內容 / 39
        2.1.1 梳理研究現狀，構建理論框架 / 39
        2.1.2 編製和確定研究量表，確定實證內容 / 40
        2.1.3 分析實證結果，理清三者關係 / 40
        2.1.4 根據實證結論，提出相應建議 / 40
    2.2 關於研究方法的思考與選擇 / 41
        2.2.1 關於管理學研究方法的爭論與選擇 / 41
        2.2.2 本書對研究方法的選擇 / 49
        2.2.3 本書對研究視角的選擇 / 66

2.2.4　本研究的技術路線 / 79

2.3　實證樣本的選擇 / 80

2.3.1　樣本來源選擇 / 81

2.3.2　樣本過程控制方面 / 81

2.3.3　樣本的數據收集和整理 / 81

3　相關理論回顧與評析 / 82

3.1　隱性知識理論 / 82

3.1.1　隱性知識的來源 / 83

3.1.2　隱性知識的概念、分類及其管理 / 87

3.1.3　隱性知識的維度與計量 / 92

3.2　績效管理理論 / 100

3.2.1　績效的含義與分類 / 104

3.2.2　績效管理及其作用 / 105

3.3　關係績效及其相關理論 / 107

3.3.1　關係績效的提出 / 107

3.3.2　關係績效的定義及其產生動因 / 108

3.3.3　關係績效的維度 / 112

3.3.4　關係績效相關研究 / 113

3.4　任務績效及其相關理論 / 119

3.4.1　任務績效的來源和定義 / 119

3.4.2　任務績效的相關研究 / 123

3.5　隱性知識、關係績效和任務績效的相關研究 / 126

3.5.1　關係績效和任務績效的關係研究 / 126

3.5.2　隱性知識和關係績效的關係研究 / 127

3.5.3　隱性知識和任務績效的關係研究 / 129

3.6　對以往研究的總體評價與本研究的構想 / 130

3.6.1　對以往研究的總體評價 / 130

3.6.2　本研究的構想及變量定義 / 131

4 隱性知識、關係績效和任務績效三者關係研究的實證研究設計 / 134

    4.1 研究概念的厘定 / 134

    4.2 研究結構的提出 / 135

    4.3 理論模型的建構和假設匯總 / 137

    4.4 管理學實證研究的一般程序 / 142

    4.5 研究使用的研究工具 / 145

    4.6 樣本採集和人口統計學特徵 / 146

        4.6.1 樣本來源選擇 / 146

        4.6.2 過程控制方面 / 146

        4.6.3 數據回收篩選 / 146

    4.7 數據分析方法 / 148

5 隱性知識的測量 / 149

    5.1 隱性知識測量的可行性 / 149

    5.2 測量工具概述 / 150

    5.3 個體隱性知識測量量表編製 / 151

        5.3.1 現有測量條件及隱性量表編製依據 / 152

        5.3.2 個體隱性知識量表編製的研究方法 / 152

        5.3.3 研究工具 / 157

        5.3.4 研究樣本 / 157

        5.3.5 預試研究和項目分析 / 158

        5.3.6 正式研究和信度、效度分析 / 163

    5.4 隱性量表編製的基本結論 / 167

6 實證分析結果 / 168

    6.1 人口學變量對隱性知識、關係績效的影響 / 168

        6.1.1 不同性別被試的比較 / 170

        6.1.2 不同年齡被試的比較 / 171

        6.1.3 不同工作年限被試的比較 / 177
        6.1.4 不同月收入被試的比較 / 183
    6.2 信度分析 / 189
    6.3 效度分析 / 191
    6.4 結構方程模型擬合策略 / 194
    6.5 個體層面的模型分析 / 196
        6.5.1 個人隱性知識與團隊隱性知識的分析 / 198
        6.5.2 個人隱性知識、個人關係績效和團隊隱性知識的分析 / 200
    6.6 團隊層面的模型分析 / 202
        6.6.1 團隊隱性知識與任務績效的分析 / 203
        6.6.2 團隊隱性知識、團隊關係績效和任務績效的分析 / 204
    6.7 對整體模型的進一步分析 / 206
        6.7.1 對個體層面模型和團隊層面模型分析的小結 / 206
        6.7.2 多層統計分析模型的基本理論及分析思路 / 207
        6.7.3 對個人隱性知識、團隊隱性知識和任務績效運用多層統計分析 / 207

7 研究結論及建議 / 211
    7.1 本研究的主要結論 / 211
        7.1.1 人口統計學變量與隱性知識、關係績效 / 212
        7.1.2 個體層面的隱性知識和關係績效的實證結果及討論 / 215
        7.1.3 團隊層面的隱性知識、關係績效和任務績效的實證結果及討論 / 215
        7.1.4 個人和團隊視角的三者關係 / 216
    7.2 管理啟示和建議 / 216
        7.2.1 建立健全符合企業實際的績效管理和激勵制度 / 217
        7.2.2 注重隱性知識的傳播與共享 / 218
        7.2.3 塑造柔性管理的工作價值觀 / 221
    7.3 本研究的局限性和研究展望 / 223

  7.3.1　研究的局限性 / 223

  7.3.2　研究展望 / 224

參考文獻 / 226

附　錄 / 238

  附錄 A　個人隱性知識量表（初試）/ 238

  附錄 B　隱性知識、關係績效和任務績效正式問卷 / 241

1 導論

1.1 研究背景和問題的提出

1.1.1 研究背景

知識可以創造財富，但知識本身並不是財富，它需要通過轉化為員工的能力和組織的核心競爭力，並通過員工和組織績效的實現來創造財富。知識與績效的相互影響、相互轉換問題一直是學者和企業家重點關注和探索的問題之一。事實證明，知識可以通過轉化提高績效，高績效的員工和組織又可以獲得更多的知識，這是一個良性循環過程。在提倡知識就是財富、知識就是生產力的經濟環境和巨大趨勢下，衡量產出的因素——績效，成了管理領域所有問題最根本的出發點。

隱性知識是高度個人化和難以形式化的、難以交流和共享的知識。隱性知識作為人類知識的一部分，其重要性已經越來越被管理者所重視。隱性知識與顯性知識可以被通俗地理解為「源」與「流」和「漁」與「魚」的關係，即掌握了一定的隱性知識，不僅可以獲得顯性知識，還可以創造更多的知識。隱性知識雖不能完全顯性化和量化，但正是由於這一特性，它成為組織的核心競爭力之一。隱性知識可以通過轉化和共享，使員工和組織達到較高的績效水平。

根據衡量的不同標準，績效也分為「結果」和「行為」兩部分，即任務績效和關係績效。也有學者直接將績效定義為工作績效，即一套與組織或個體所工作的組織目標相關的行為（Murphy[①]，1989）。越來越多的企業家認識到，沒有唯一的、最好的管理模式，能提高組織績效的管理才是最適合的。因此，

---

① MURPHY K R. Dimensions of Job Performance [C] //R F DILLON, J W PELLEGRINO. Testing: Theoretical and Applied Perspectives. NewYork：Prager, 1989：218-247.

在探尋隱性知識對組織的重要性及其影響方式的過程中，組織的關係績效和任務績效是衡量隱性知識價值的最主要標準。實踐發現，具有較高績效水平的員工和組織又能獲得更多的隱性知識。例如，更加有效的行為和工作方式、更加融洽的員工間關係等。隱性知識和關係績效、任務績效三者相互影響、相互促進，構成一個良性的組織競爭能力提升循環系統。

1.1.1.1 研究的哲學背景

管理學是一門關於實踐的學科，管理學的問題也是在實踐中產生的。人在現實社會中生活，其行為方式的基本特點是先思后行、以知統行。人的活動越理性化，這種「知先行後」的特點就表現得越突出和明顯。這就容易產生「認識是先於實踐產生」和「認識決定實踐」的錯覺。事實上，在認識與實踐的關係上，歸根究柢是實踐決定認識，而不是認識決定實踐。實踐的觀點是馬克思主義認識論最重要、最基本的觀點，實踐貫穿認識的發生、認識的本質、認識的過程等認識論研究的全部問題當中[①]。本研究是從管理實踐中得到的問題，也是為了解決管理實踐需要而進行的理論研究。因此，本研究的出發點和落腳點是在實踐中如何解決將知識（特別是隱性知識）轉化為關係績效和任務績效。

從詞義上看，實踐是人們實現某種主觀目的的實行或行動。在馬克思主義哲學中，實踐是指人利用主觀能動性去改造物質世界的對象性活動。對實踐本質的這一理解，包含著兩層相互聯繫的含義。

實踐的第一層含義是指實踐是人所特有的對象化活動。在這裡，首先指出了實踐以人為主體和實踐活動的對象性，實踐活動的對象性是指以客觀事物為對象的現實活動。更重要的是，實踐把人的理想、目的、知識等對象化為客觀實在，創造出一個屬於人的對象世界。馬克思指出：「勞動的產品就是固定在某個對象中、物化為對象的勞動，這就是勞動的對象化。勞動的實現就是勞動的對象化。」[②] 因此，從這個論點我們看到，在改造客觀世界的過程中，如工作，必須要有人的參與。人既作為實踐的主體，也作為實踐所服務的對象。因此，人們在工作中所產生的績效，就是勞動對象化的成果。

勞動者是人，但反過來卻不能成立，即並非所有的人都是勞動者。勞動者是具有一定勞動能力並且從事生產實踐的人。他們擁有一定生產經驗、勞動技

---

① 李秀林，等.辯證唯物主義和歷史唯物主義原理 [M].北京：中國人民大學出版社，2004：230-231.

② 李秀林，等.辯證唯物主義和歷史唯物主義原理 [M].北京：中國人民大學出版社，2004：64-65.

能和知識，並能夠運用勞動作用於勞動對象。勞動者應具有勞動能力，而勞動能力包含兩個方面：一是體力，二是智力。物質生產都是有意識、有目的的活動，它不僅需要體力的支出，而且隨著生產力的進一步發展和科學技術的進步，物質生產對智力的要求顯得越來越突出，正如現在的腦力勞動者在生產中的作用越來越突出一樣。在生產力系統中，除了勞動對象、勞動資料和勞動者這些實體性要素外，還有科學知識這樣的智能性要素。如果說勞動對象、勞動資料和勞動者是生產力的「硬件」，那麼科學知識等就是生產力的「軟件」。需要說明的是，科學與技術既有區別又有聯繫。科學主要指的是知識體系，而技術是方法、工藝和能力的展現，二者相互作用、相互轉化[1]。科學和技術的相互作用和轉化，都離不開實踐和勞動的主體——人。而人是怎樣實現這種轉化的呢？依靠的就是累積的知識、能力和心智模式。勞動者的實踐過程是一個螺旋式上升的過程，其本質是顯性知識和隱性知識的社會化、外在化、組合化和內隱化。

人是社會的主體，個人作為社會最基本的形態而存在。其他主體形態，包括各類群體主體、社會主體乃至整個人類主體，都是在個人或個人主體的基礎上形成的。個體的發生、發展和變化，是在社會關係及其傳統的作用下實現的。個體存在依賴於社會存在，反之社會存在也依賴於個體存在[2]。人依賴於社會而生活，又通過各項活動對社會發生作用。因此，所謂人的價值，首先是指人的社會價值。人的社會價值是人對社會的積極的、肯定性的作用和奉獻，是人在社會中體現的對於社會的意義，或者說，人的社會價值就是個人的創造活動對於社會需要的滿足。我們通常會說，一個人對社會的貢獻越大，他的社會價值越高。對社會不承擔任何責任，或者對社會不做任何貢獻的人，也就是沒有社會價值的人。而人的社會價值最重要的表現，是人的勞動能力。這裡所說的勞動同樣包括兩個方面：一是人的體力勞動，二是人的腦力勞動。如上文所述，伴隨著人類歷史的發展，人們的智力活動扮演著越來越重要的角色。單純體力勞動的作用呈下降趨勢。據統計，20世紀初，工業勞動生產率的提高只有5%是靠採用新的技術成果獲得的，而現代工業勞動生產率的提高則有60%~80%是靠採用新的技術成果獲得的。個別行業，如信息產業，其靠科學技術的發展取得的勞動生產率的提高部分甚至達到100%。可見，知識和智力

---

[1] 李秀林，等.辯證唯物主義和歷史唯物主義原理 [M].北京：中國人民大學出版社，2004：102-103.

[2] 李秀林，等.辯證唯物主義和歷史唯物主義原理 [M].北京：中國人民大學出版社，2004：124-125.

已成為決定生產力發展的關鍵因素，人對社會價值的構成中，腦力勞動所占的比重越來越大①。

個人價值的最高表現，是人的自我實現和全面發展。馬克思主義認為，理想的社會應該是促進每一個人充分發揮其潛能，並使每一個人都在各方面得到全面發展的社會。馬斯洛也從心理學角度論證了人自我實現的需要，即人從自我實現中肯定個人價值的必要性。馬斯洛認為，所有人都向往自我實現，或者說，都有自我實現的傾向②。

人們通過交往、交流而相互瞭解，這樣的交流使人們互相取長補短，從而成為社會進步的一個重要途徑。人們之間相互學習和模仿，伴隨著經驗、知識、文化資源的共享，促進了社會的發展，對人類文明的進步起著至關重要的作用。每個人、群體、民族或國家都有其自身在空間和時間上的局限性③。因此，通過有效的管理手段激勵個體和團隊進行交流、共享自身的知識和經驗，是促使個體和團隊的共同進步的關鍵。

1.1.1.2 研究的現實背景

現實背景之一：員工需求和雇傭關係發生了巨大改變。

如今，高新技術迅猛發展、互聯網路日益普及、信息技術被廣泛應用，悄然間，全球經濟已從物質經濟轉變為知識經濟。知識經濟不同於物質經濟，知識經濟以知識和信息的生產、分配和使用為核心，因此在知識經濟時代，員工的需求和雇傭關係也發生了巨大變化。

創造性的、富於變化的、不可預測的適應知識經濟的工作將成為新經濟時代主要的工作形式，知識成為企業創造績效的重要資本，以知識管理為核心的管理能力成為企業核心競爭能力的關鍵。在這個大背景下，企業要生存、要保持可持續發展，關鍵是要通過有效管理，進行知識創造、傳播和應用。而知識的產生與應用離不開高效率和高素質的員工隊伍。換言之，企業間的競爭，知識的創造、利用與增值，以及資源的合理配置，最終都是通過知識的載體——員工來實現的。作為知識的載體，員工毋庸置疑地成為企業的核心資源，同時也成為現代企業人力資源管理的核心對象。如何有效地管理員工，發覺、利用和發展其創造力

---

① 李秀林，等.辯證唯物主義和歷史唯物主義原理 [M].北京：中國人民大學出版社，2004：136-137.

② 李秀林，等.辯證唯物主義和歷史唯物主義原理 [M].北京：中國人民大學出版社，2004：140-141.

③ 李秀林，等.辯證唯物主義和歷史唯物主義原理 [M].北京：中國人民大學出版社，2004：330-331.

和潛能，提高知識型員工的工作熱情，培養他們的責任感和敬業精神，改善和促進知識技術的生產、傳播、應用和增值，成為現代企業人力資源管理面臨的首要問題。對此，管理大師德魯克指出，20世紀中，「管理」最重要、最獨特的貢獻，就是在製造業裡將體力工作者的生產率提高了50倍之多；21世紀，「管理」所能做的與此同樣重要的貢獻，就是必須增加知識工作和知識工作者的生產率。

對於企業員工來說，他們的需求是多樣的，這不僅表現在需求的內容上，而且表現在滿足需求的手段以及滿足需求的程度等方面。

其一，需求內容不同。作為社會人，員工的需求是多元的，並且是不斷增長的。這些需求一部分可以用貨幣交換來實現，另一部分則無法通過貨幣交換來實現。馬斯洛的需求層次理論將員工的需求分為物質需求和非物質需求（或精神需求）、低層次需求和高層次需求。物質需求是員工的基本需求，是一切需求的最低要求，物質需求可以通過貨幣收入來實現。非物質需求是較高層次的需求，包括生理需求、健康需求、安全需求、心理需求（情感需求）、社交需求、社會責任實現需求、成長需求、自我實現需求等諸多方面的內容。一般來說，非物質需求無法簡單地通過貨幣交換實現。

其二，滿足需求的手段不同。物質需求的內容十分豐富，但這種需求的滿足手段為貨幣。而非物質需求，如員工的尊重、成就感、歸屬、溝通等，很難用統一的貨幣手段來滿足。因此，我們在運用人力資源管理和激勵手段的時候，要達到管理的目的，提高管理效率，不能只注重物質激勵手段，更應當充分重視員工的非物質需求。

其三，需求程度不同。員工需求的內容是多元的，而且需求的程度具有很大的差異性，這種差異性表現為因員工不同而不同，因時間不同而不同。這種差異也表現為需求的絕對量和相對量的差異[1]。每個員工都是獨立的個體，他們不只追求「平均」，還非常注重作為個體的需求滿足以及「平等」。

基於以上三方面對現階段企業員工需求的討論，結合目前中國經濟社會和企業的發展情況，要提高管理有效性，就要滿足多元且處於動態變化的員工需求。首先，不能只強調精神性激勵而忽視基本的薪酬或物質獎勵。對於大多數員工而言，獲得薪資報酬仍然是工作的最重要和最基礎的目的，物質激勵仍然是員工激勵的重要手段和最必要的手段。員工希望自己能夠獲得與其貢獻相匹配的合理公正的報酬。因此，企業在進行薪酬激勵時，應結合企業戰略發展的需要和市場因素，對不同層次的員工實行短期和長期相結合的、有競爭力的薪

---

[1] 張慧.員工需求與企業多元激勵分析［J］.學術交流，2007，156（3）：80-82.

酬激勵；在企業內部，要客觀評價員工的貢獻，營造公平、公正的組織環境。其次，把精神激勵與物質激勵緊密結合起來。在強調物質激勵的同時，不能忽略精神激勵。薪酬和福利作為物質激勵，滿足了員工的基本生理、安全需要。而精神激勵是提升員工滿意度，增強組織的活力和凝聚力的重中之重。最后，還需要充分賦予員工自主工作和自我管理的權利，調動其工作自主性和積極性。儘管目前中國企業員工對工作的自主性要求相對於西方國家員工來說並不那麼強烈，但這並不等同於他們不需要工作的自主性要求。傳統的「朝九晚五」的工作時間和固定的工作場所制約了員工的創造力和靈感的迸發，而彈性工作制可以突破時間和空間的限制，個性化的管理也可以促進員工創造激情和潛能的發揮。隨著經濟的發展和產業發展的成熟，這種趨勢將會表現得越來越明顯①。

中國社會轉型環境在不斷變化，企業間競爭加劇、科學技術快速發展、組織變革日益頻繁、人力資源市場結構日新月異，這些都促成了一些新的雇傭關係模式的萌發與成長。例如，越來越多的員工特別是青年員工，崇尚短暫而臨時性的雇傭關係。許多企業不再願意或者沒有足夠的能力去履行對員工的承諾，從而必須進行重新談判，改變原有雇傭協議的條款。由此導致諸多問題，如員工滿意度降低、組織承諾下降以及核心員工流失頻繁等。這種新變化，使得許多民營企業一方面要在員工的雇傭中能保持更大程度的靈活性，另一方面要能在雇傭關係存續期間最大限度地提高員工的績效。

從管理學的視角來看，高質量的雇傭關係在於能夠得到員工認同，並有利於提高員工的工作表現與企業績效。在西方管理學界和管理實踐中，雇傭關係主要指的是員工與其所屬組織之間的關係，而從員工層面研究雇傭關係的重要概念是心理契約。就中國文化背景而言，員工雇傭關係主要是指員工與其直接領導的關係以及員工與組織（企業）的關係。員工的雇傭關係不僅僅體現在員工與組織的關係，還有包括員工與一些特定成員的關係、與直接領導的關係、與其所在團隊的關係等構成的多重網路和結構相互交織的關係網②。

隨著中國勞動力市場的發育、發展以及資源配置日益市場化，雇傭關係中普遍存在的「重資本、輕勞動」的歧視性管理更加明顯，致使雇傭雙方的衝突頻繁，勞資矛盾不斷升級。但是，目前國內學者從微觀視角在理論和實踐上

---

① 吳紹琪，賀禮英.中國知識型員工需求特徵與國內外研究結果比較 [J].科技管理研究，2007（2）：104-106.

② 汪林，儲小平.組織公正、雇傭關係與員工工作態度 [J].南開管理評論，2009，12（4）：62-70.

對雇傭關係進行研究的成果甚少①。

現實背景之二：員工價值觀管理已成為企業管理的深層問題。

實踐證明，無論是國際企業還是中國本土企業，一個企業的財務指標已不再是衡量其優秀與否的唯一的標準。優秀企業的管理哲學和價值觀已經成為管理學界實踐和研究的範本，許多現代管理理念和管理方法，如企業價值觀管理、企業文化管理、知識管理等，都來源於人們對這些優秀企業的觀察、思考和總結。

企業的價值觀管理主要包括兩方面：一是員工個人層面上的工作價值觀，二是組織層面上的組織價值觀。

員工的工作價值觀，簡單來說是員工對於工作意義的評判和認識，是員工對工作所追求的條件、程度及目標水平的要求，包括了工作傾向（Work Preference）、工作需求以及職業倫理系統等。不同的研究者對工作價值觀的理解和界定不盡相同。工作價值觀是指員工在工作過程中用來區分對錯和進行評價的標準。由於成長環境、教育方式和社會背景等的不同，員工的工作價值觀在構成上也極具特色。薩帕（Super, 1970）②認為，工作價值觀是個人所追求的與工作有關的目標，是個人的內在需要以及其從事活動時所追求的工作特質或屬性。伊萊澤（Elizur, 1984）③認為，工作價值觀是個體認為某種工作結果的重要性程度，是個體關於工作行為及在工作環境中獲得的某種結果的價值判斷，是一種直接影響行為的內在思想體系。凌文輇（1999）④認為，工作價值觀是人們對待職業的信念和態度，或是人們在職業生活中表現出來的一種價值傾向，它是價值觀在職業選擇上的體現。

工作價值觀主要具有以下特質：第一，是個人評斷工作的準則；第二，包含多種價值體系，並且彼此之間有按照其重要程度的排序；第三，反應了需求與滿足之間的一致性；第四，指引工作行為的方向與目的⑤。

在知識經濟的大背景下，員工的工作價值觀也發生了巨大的變化：同以往

---

① 林忠，金星彤. 組織公正、心理契約破裂與雇傭關係：基於民營企業樣本的實證研究 [J]. 中國軟科學，2013（1）：125-134.
② SUPER, DONALD E. Manual for the Work Values Inventory [M]. Chicago: River-side, 1970.
③ ELIZUR, D. Facets of Work Values: A Structural Analysis of Work Outcomes [J]. Journal of Applied Psychology, 1984, 69: 379-389.
④ 凌文輇，方俐洛，白利剛. 中國大學生的職業價值觀研究 [J]. 心理學報，1999（3）：342-348.
⑤ 李佳，李乃文. 基於工作價值觀的員工忠誠度管理 [J]. 管理科學文摘，2007（10）：123-125.

相比較，當代員工在個體與群體價值、職業發展與自我價值實現、組織內的等級體系這三個方面基本保持不變，但在事業與家庭的價值取向上有較大的變化，他們更具有開放意識和責任意識。他們在面對工作時的價值取向具體表現為看重良好的人際關係和民主平等的組織氛圍、對待物質環境時更加理性、對富有新鮮感且多樣性的工作更具好感、不願從事工作強度較大的工作、更加注重尋找工作與生活間的平衡以及更願意結合自己的興趣愛好，一邊從工作中獲得成就感，一邊享受生活。李佳（2007）[1]圍繞工作條件、工作活動和工作回報三個方面總結了六類工作價值觀，分別是工作滿足型、理想主義型、安逸享受型、隨波逐流型、回報驅動型和創業型。

組織價值觀是指企業大多數成員對評價對象及其價值性的基本一致的看法、評價和判斷，是共享的價值觀，是企業在其長期的存續和發展過程中形成的、為大多數員工所認同並樂於接受的群體意識和價值取向。歐萊禮等（O'Reilly，等，1991）[2]開發的 OCP（Orgnizational Culture Profile）測量工具中，抽取出了 7 個組織價值觀的構成因素：團隊取向、改革創新、尊重員工、有闖勁、穩定性、結果取向、注意細節。中國學者魏鈞、張德（2004）[3]認為在傳統文化影響下，中國企業組織價值觀主要包含了 8 個維度：創新精神、客戶導向、社會責任、遵從制度、變中求勝、爭創一流、平衡兼顧以及和諧仁義[4]。

如何將員工的工作價值觀與組織價值觀相融合是企業管理的深層和核心問題。如今，越來越多的企業已經在實踐中實現了基於企業價值觀管理的成功轉型，許多管理學大師也致力於企業價值觀管理的關注，撰寫了以下一些巨著：斯隆的《我在通用汽車的歲月》、錢德勒的《看得見的手——美國企業的管理革命》、彼得斯和沃特曼的《追求卓越》、柯林斯和波拉斯的《基業長青》以及陳春花、趙曙明和趙海然的《領先之道》等。

現實背景之三：員工離職問題突出。

在員工需求和雇傭關係不斷變化、員工價值觀多元化變革的背景下，創造組織績效最根本的載體——員工，其流失現狀十分嚴重。企業人力資源管理者

---

[1] 李佳，李乃文.基於工作價值觀的員工忠誠度管理［J］.管理科學文摘，2007（10）：123-125.

[2] O'REILLY，et al. People and Organizational Culture：A Profile Comparison Approach to Assessing Person-Organization Fit［J］. Academy of Management Journal，1991，34（3）：487-516.

[3] 魏鈞，張德.傳統文化影響下的組織價值觀測量［C］//中國優選法統籌法與經濟數學研究會.2004 年中國管理科學學術會議論文集，2004：6.

[4] 劉顯紅，姜雅玫.中國小微企業新生代員工企業價值觀管理探討［J］.人力資源管理，2016（5）：105-107.

一直被高離職率所困擾，他們非常渴望建立起有效的員工保持策略，找到解決員工流失問題的辦法。早期關於這方面的研究，其焦點主要集中於探尋員工離職過程與離職影響因素，而忽視了對員工離職與績效之間關係的研究。道爾頓（Dalton）等人（1981）[1]研究發現，42%的員工離職是功能性的，即離開的員工工作績效低，這有利於組織效能的提高[2]。

中國第七次企業經營者調查表明，民營企業的人才流失率約為50%，人才流失問題嚴重，並且在流失的員工中，很大一部分是在專業方面具有技術特長及管理經驗的知識型員工。另一項調查還表明，民營企業中的中高層次人才及科技人員在公司的工作時間普遍較短，一般為2~3年，最長的也不超過5年。來自國企的樣本調查表明，不少企業人才流失率超過15%，尤以專業人才和管理人才流失比例最高。一份由上海市外商投資企業協會和上海市對外服務有限公司共同完成的調查報告顯示，中國的外資企業平均員工流失率達到16.7%，其中房地產、旅遊（酒店）等行業成為流失率最高的行業，平均流失率超過20%。

員工的流失對企業經營管理的影響是嚴重而深遠的。就財務數據而言，流失對企業利潤產生巨大的內耗。美國管理學會報告顯示，替換一名雇員的成本至少相當於其全年薪酬的30%；對於技能緊缺的崗位，此項成本可以達到雇員全年薪酬的1.5倍甚至更高。除了分析員工流失的表面上的財務數據，更應該觀察其現象背後的事實，即員工離職對企業經營與發展的影響。知識型員工是企業的核心員工，他們的流失必然帶來客戶滿意度降低、工作流程中斷、企業聲望降低、員工士氣低落等潛在風險[3]。

在針對員工離職的影響因素研究中，波特和斯特爾（Porter & Steer, 1973）[4]認為，工作績效是最必要的一個因素。艾倫和格里菲斯（Allen & Griffeth, 1999）針對以往直接測量雇員工作績效與其自願離職關係的缺陷、研究模型路徑的單一性和結論的爭議性問題，將這類研究模型的開發依據經典的

---

[1] DALTON DAN R, DAVID M KRACKHARDT, LYMAN W PORTER. Functional Turnover: An Empirical Assessment [J]. Journal of Applied Psychology, 1981, 66 (6): 716.

[2] 韓翼，李靜. 匹配工作績效到離職模型：國有企業與民營企業的比較 [J]. 南京大學學報：哲學·人文科學·社會科學版, 2009 (4): 122-131.

[3] 尹潔林. 知識型員工心理契約相關問題研究 [M]. 北京：經濟科學出版社, 2012: 3-5.

[4] PORTER, LYMAN W. RICHARD M STEERS Organizational, Work, and Personal Factors in Employee Turnover and Absenteeism [J]. Psychological Bulletin, 1973, 80 (2): 151.

組織均衡理論（March & Simon，1958）、離職仲介鏈過程理論（Mobley，1977）[①]和離職的多路徑理論（Steers & Mowday，1981[②]；Lee & Mitchell，1994[③]）總結了三類研究模式，提出了一個探討雇員工作績效與其自願離職關係的三路徑整合性研究模型假設，得出三個主要結論：第一，組織中員工的績效水平會通過對其工作和組織情感反應產生效應，進而影響其離職行為。第二，組織中員工的績效水平會通過對其感知的勞動市場效應，進而影響其離職行為。第三，組織員工績效水平以某種更為直接的方式影響雇員離職行為。[④]

在中國的管理實踐中，中國員工離職傾向的影響因素差異明顯，並且其工作績效和離職傾向之間的關係也各不相同。研究發現，工作滿意度、組織承諾並不影響績效和離職傾向之間的關係；工作機會、離職想法、搜尋行為在工作績效和離職傾向之間有調節作用，而且國有企業和民營企業呈現出不同的績效——離職路徑模式。國有企業員工工作績效通過其他仲介對離職產生的影響是負向的，而民營企業員工工作績效通過其他仲介對離職產生的影響是正向的。基於推拉理論的分析表明，國有企業員工對於感情動力激勵機制更加敏感，而民營企業員工則更加關注契約和謀算動力的激勵機制，並對成就需求表現出強烈渴望。因此，在對員工離職決策進行干預時，要針對其相應的決策類型進行事前控制。

1.1.2 問題的提出

在以上闡述的時代背景下，企業人力資源管理的焦點就落在了如何吸引、保留和激勵員工上。

觀察社會，發現問題。企業在重金聘請名校學習成績優異的學生后，卻發現理論成績的優秀並不能完全代表綜合能力的優秀。這裡的綜合能力包括學習能力、適應能力、與人溝通的能力等，即一個人在工作、生活中表現出來的各方面的能力。因此，甚至會出現在學校裡學習成績不太出色的學生在工作中的績效高於在學校裡學習成績優異的學生的現象，根本原因在於他們之間綜合能力的差異。

[①] MOBLEY, WILLIAM H. Intermediate Linkages in the Relationship between Job Satisfaction and Employee Turnover [J]. Journal of Applied Psychology, 1977, 62 (2): 237.

[②] RHODES SUSAN R, RICHARD M STEERS. Conventional Vs. Worker-owned Organizations [J]. Human Relations, 1981, 34 (12): 1013-1035.

[③] LEE, THOMAS W, TERENCE R MITCHELL. An Alternative Approach: The Unfolding Model of Voluntary Employee Turnover [J]. Academy of Management Review, 1994, 19 (1): 51-89.

[④] 梁小威，廖建橋，曾慶海. 基於工作嵌入核心員工組織績效——自願離職研究模型的拓展與檢驗 [J]. 管理世界，2005 (7): 106-115.

由於員工具有很強的獨立性和自主性、流動意願較高、工作過程難以直接監控、工作成果難以衡量等特點，因此雇傭契約勞動合同及其隱含的外在機理對激發員工的熱情和創造力方面很難起到理想的效果。對於員工個體的激勵，只有滿足其高層次的需要，包括員工的目標、興趣、職業生涯發展、工作價值觀等，才能使員工感到最大的滿足，從而最大限度地調動員工的工作積極性，使其達到較高的關係績效和任務績效。①

　　閱讀文獻，提出問題。在國外，研究者們對這種現象做過大量研究，發現曾經衡量人才的標準僅僅是現在被稱為「顯性知識」的部分，而「隱性知識」對不同行業、不同職業的巨大影響已經被越來越多的研究所證實（Busch②，2008；Baumard③，1999）。近幾年，國內學者也開始對隱性知識及其作用進行本土化研究，包括以張生太（2004）④ 等人所進行的組織內隱性知識傳播模型研究、李作學（2008）⑤ 等人所進行的隱性知識測量研究等。研究者們指出，只瞭解書面上明確規定的員工與組織之間的相互責任（反應在雇傭合同中）是遠遠不夠的，還必須深入瞭解為什麼隱性知識可以構成企業的核心競爭力、隱性知識和績效之間是如何相互影響並且相互促進的。雖然目前還沒有明確具體的研究結論，但它是影響員工對待組織的態度與行為的強有力的決定因素。

　　從現代西方經濟學的視角來看，組織（企業）是在生產成本方面具有比較優勢的社區。組織可以通過這樣的邊界來使得成本最小化、利潤最大化。而演化理論得以發展的一個里程碑則認為，企業是專業化創造知識並進行內部轉移的社區，是在知識生產方面具有比較優勢的社區。演化理論認為，企業是一個知識庫，它知道如何編碼信息以及如何協調行動。研究者通過不斷完善的量表來測量並驗證「技術的默會性越強，則技術轉移越可能發生在企業內部」的命題。這裡的默會性指的就是隱性知識的隱性特點。研究者認為，企業中技術轉移成本來自知識的隱性程度。在蒂斯（Teece，1977）⑥ 的一篇開創性文章中，他明確認為技術並非公共產品，他估計在他所分析的 27 個技術轉移項

---

① 尹潔林. 知識型員工心理契約相關問題研究［M］. 北京：經濟科學出版社，2012：5-6.
② PETER BUSCH. Tacit Knowledge in Organizational Learning［M］. New York：IGI Publishing，2008：424-449.
③ PHILIPPE BAUMARD. Tacit Knowledge in Organizations［M］. California：SAGE Publications，1999：197-218.
④ 張生太，李濤，段興民. 組織內部隱性知識傳播模型研究［J］. 科研管理，2004，25（4）：28-32.
⑤ 李作學. 隱性知識計量與管理［M］. 大連：大連理工大學出版社，2008：51-53.
⑥ TEECE DAVID J. Technology Transfer by Multinational Firms：The Resource Cost of Transferring Technological Know-how［J］. The Economic Journal，1977，87（346）：242-261.

目中，轉移成本占總成本的 2%～59%。他還發現，每一個項目的后續技術轉移成本都有所下降，曾有技術接受經驗的項目，其轉移成本也會下降。每一個成本測量都明顯與來自機會主義的交易成本無關，如律師費和防範技術擴散費。他所測量的成本來自對信息編碼、教會接收人員理解複雜的知識等所作出的努力。轉移方付出的努力程度越高，對技術使用方的能力要求就越低。[①]

筆者通過近年對隱性知識及其相關理論的關注和研究，在各項科研課題和科研論文的完成過程中越來越認識到隱性知識對關係績效、任務績效之間存在著一定的關係。通過對三者間關係的研究，也許可以為現代管理理論和實踐探索提供一些新的思路。

在不同文化背景和不同價值觀的差異下，將隱性知識與績效關係問題本土化研究是將隱性知識理論及其成果豐富和推廣到中國的前期工作之一。為了提高組織的績效，充分開發和利用員工個人和團隊的隱性知識，我們提出了研究所關注和主要回答的如下幾個問題：

第一，中國文化背景中員工的個體隱性知識如何衡量？有何特點？

第二，隱性知識是否影響組織的任務績效？是通過什麼路徑影響的？

第三，關係績效是否對隱性知識和任務績效有仲介作用？

1.1.3 研究目的和創新點

1.1.3.1 研究目的

知識的隱性特質並不必然產生價值[②]，即是說，隱性知識本身是不能直接產生價值的，而需要將其顯性化或轉化。根據知識是否可表、易表和已表，將其分為「隱性知識」和「顯性知識」。相關研究表明：隱性知識傳播和整合構成組織的核心競爭力，共享隱性知識能夠不斷提升組織核心競爭力。隱性知識是從哪個層面、通過哪種路徑和方式來影響組織的績效以及影響組織哪方面的績效，是該研究要探討的問題。

本研究引入「關係績效」和「任務績效」兩個概念，將三者的關係建立起理論模型，通過企業、政府部門、事業單位等組織形式的大樣本數據的實證分析，幫助我們發現和檢驗隱性知識對組織核心競爭力的具體影響路徑，為管理實踐提供有實證數據的參考理論。

[①] BRUCE KOGUT, UDO ZANDER. 企業知識與跨國公司演化理論 [C]. 關濤，譯. //閆海峰，徐淑英.《國際商務研究》優秀論文集萃：國際化情境下的組織管理研究，2014：55-74.

[②] 李勇. 信息技術環境中的隱性知識整合效應分析 [J]. 圖書情報工作，2010，54（16）：112-115.

1.1.3.2 研究創新點

本研究主要有以下創新點：

第一，研究內容的創新。

在人力資本整合的框架下，將個人隱性知識作為出發點，將團隊隱性知識作為中間變量來研究隱性知識、關係績效和任務績效的關係，引入個體和團隊視角分別分析，並歸納總結，這是本研究在理論上的創新，現有相關研究沒有將三者結合起來進行系統研究。

第二，研究範式的創新。

在人力資源管理領域，不同變量間的關係研究範式通常只考察個體層面的變量。本研究將個體層面和團隊層面的研究納入一個理論框架，分層次、分路徑進行研究，發展了隱性知識和績效之間關係的研究方法和手段。本研究以行為導向為側重點，對績效進行關係績效和任務績效的割分，並將其與隱性知識一起構建關係模型。

第三，研究量表的創新。

構建並實證本土化的一般性個體隱性知識測量工具，是本研究的創新點和重點之一，也是本研究得以進行下去的第一階段成果。

第四，研究方法的創新。

建立統計學模型，將結構方程分析和多層統計分析相結合，綜合定性和定量分析，給出實證分析依據。

1.2 本研究的管理學理論基礎

本研究綜合運用了管理學中的人力資本理論、組織行為學以及知識管理理論，利用不同的理論背景和視角對所研究問題進行了深入討論和分析。

1.2.1 人力資本理論

1.2.1.1 人力資本理論的思想和起源

人力資本理論是廣泛應用於管理學領域的重要的理論。該理論起源於經濟學思想，形成於20世紀60年代，但其思想淵源可以追溯到古希臘思想家柏拉圖在著名的《理想國》中論述的教育和訓練的經濟價值。亞里士多德也認識到教育的經濟作用以及一個國家維持教育以確保公共福利十分重要。但在他們的理念中，教育仍是消費品，其經濟作用也是間接的。在古典經濟學創立之初，英國經濟學家威廉·配第指出人口的差異是國家間經濟實力差異形成的

主要原因，他建議進行資本投入以提高人口素質。配第在 1676 年出版的《政治算術》著作中，進行了運用數字資料去計算廣義教育成果的貨幣價值的首次嘗試，並得出制定經濟政策的結論。配第把「技藝」看成一種除了土地、物的資本和勞動以外的第四個生產要素。配第認為，勞動生產能力出現差別的原因是教育和訓練。配第假設人的勞動使人力點貨幣價值生息，據此他算出英國「與生命的資本」的貨幣價值。這成為第一次力圖確定一個國家「人力資本」量的嘗試。配第之后，亞當·斯密對人力資本的內涵進行了最早的闡述，在經濟學說史上建立了具有開創性的人力資本理論體系，為現代人力資本理論的產生和發展奠定了基礎[1]。

馬歇爾相比於早期的古典經濟學家，他的理論更重視知識及其作用。他指出，「人類在數目上，在健康和強壯上，在知識和能力上，以及在性格豐富上的發展，是我們一切研究的目的」[2]。

舒爾茨在 1960 年美國經濟學年會上發表了題為「論人力資本投資」的演說，深入系統地論述了人力資本理論，開創了人力資本研究的新領域。從第二次世界大戰後國民收入的增長一直比物質資本投入的增長快得多這一現象出發，舒爾茨認為單從自然資源、實物資本和勞動力的角度，並不能完全解釋生產力提高的原因。第二次世界大戰後，某些自然資源嚴重缺乏的國家，在經濟起飛方面也取得了巨大成功，說明重要的生產要素肯定是被遺漏了，這個要素就是人力資本。舒爾茨認為，勞動者擁有的知識、技能和勞動力等人力資本是現代經濟增長的主要因素[3]。

貝克爾認為，單個工人擁有的專業技術知識、技術訣竅和教育水平，他們在生產性工作中取得成果，但又不同於他們做手工工作的能力，這就是人力資本。人力資本也是過去努力的成果，與傳統的資本形式類似[4]。

從人力資本理論發展來看，通常學術界認為該理論的發展經歷了三個階段，即人力資本思想累積時期、現代人力資本理論形成時期和現代人力資本理論發展時期。其中，人力資本思想累積時期又分為古典經濟學以前的思想累積階段、古典經濟學的思想累積階段和新古典經濟學的思想累積階段。表 1-1 為人力資本理論發展的時間、階段、代表人物和主要觀點匯總。

---

[1] 劉文. 企業隱性人力資形成和作用機理研究 [M]. 北京：中國經濟出版社. 2010，29-39.
[2] 馬歇爾. 經濟學原理：上卷 [M]. 朱志泰，譯. 北京：商務印書館，1994：23，34，103，158.
[3] SCHULTZ T. Investment in Human Capital [J]. American Economic Riview, 1961, 51: 1-17.
[4] BECKER G S. Investment in Human Capital: A Theoretical Analysis [J]. Journal of Political Economy, 1962, 70: 9-49.

表 1-1　　　　　　人力資本理論的發展階段及主要觀點

時間	階段	代表人物	主要觀點
18世紀50年代以前 古典經濟以前	人力資本思想累積時期	柏拉圖 亞里士多德 弗朗斯瓦·魁奈 威廉·配第	人是構成財富的第一因素；將人視為資產並試圖估算其經濟價值的人
18世紀50年代至19世紀70年代 古典經濟	人力資本思想累積時期	亞當·斯密 大衛·李嘉圖 讓·巴蒂斯特·薩伊 約翰·斯圖亞特·穆勒 卡爾·馬克思	人的天賦能力及其差別其實並不大，人的能力主要是通過後天教育和生產實踐的結果；機器和自然物不能創造價值，只有人的勞動才是價值的唯一源泉；人們經過學習獲得的能力或由此而支出的費用，應當視為資本
19世紀70年代至20世紀50年代末 新古典經濟		瓦爾拉 阿爾弗雷德·馬歇爾 歐文·費希爾	承認估算人的資本價值是有用的，並清晰地討論了通過將淨收入加以資本化估算人力資本價值的方法；一切存量財富或生產要素（包括勞動力和土地）便都歸屬於資本；將工資收入加以資本化從而計算人力資本價值的可能性
20世紀50年代至20世紀80年代中期	現代人力資本理論形成時期	西奧多·舒爾茨 加里·貝克爾 雅各布·明塞爾 愛德華·丹尼森	人力資本對經濟增長的貢獻大於物質資本，人力資本是生產要素中最主要的要素；人力資本投資的範圍和內容歸納為五個方面：醫療和保健；職業培訓或非正規教育（主要指企業為增進員工的技能而進行的各種培訓）；正規學校中的初等、中等或高等教育（正規教育）；在企業外舉行的各種技術培訓（包括農業技術推廣項目）；個人或家庭為變換就業機會而進行遷移；教育投資的收益率和教育對經濟增長的貢獻；構造了人力資本理論的微觀經濟基礎，並使之數學化；驗證了人，尤其是具有專業知識和技術的高質量的人是推動經濟增長和經濟發展的真正動力和源泉

表1-1(續)

時間	階段	代表人物	主要觀點
20世紀80年代至今	現代人力資本理論發展時期	保羅·羅默 羅伯特·盧卡斯	建立了以人力資本為核心的經濟增長模型,從人力資本角度揭示經濟增長的根本原因,用人力資本差異重新闡釋經濟增長率和人均收入上廣泛的國際差異;論證了人力資本在經濟增長中的決定作用

資料來源:筆者根據現有文獻整理[1]

1.2.1.2 人力資本的含義

綜合人們對人力資本的研究,關於人力資本內涵的界定,現有的文獻主要從內容和形成兩個方面進行研究。

從內容角度去定義人力資本的學者,他們比較關注人力資本所包含的內容,他們認為這些內容是體現在勞動者身上的知識、技能、健康和勞動能力等的總和。其主要代表是舒爾茨(Schultz)。他指出,人力資本體現在人的身上,表現為人的知識、技能、自理、經驗和熟練程度,總之表現為人的能力和素質;在人的素質基地建立后,人力資本可表現為從事工作的總人數以及勞動力市場上的總的工作時間。

從形成角度去定義人力資本的學者,他們比較關注人力資本的形成過程,他們認為,在人力資本的形成過程中,教育、職業培訓、衛生保健和勞動力流動起著非常重要的作用,在這個過程中,教育對人力資本形成的作用最大。其主要代表是貝克爾(Becker)。他指出,人力資本是通過人力投資形成的資本。對於人力的投資是多方面的,其中更主要是教育支持、保健支出、勞動力國內流動的支出或用於移民入境的支出等形成了人力資本。他同時指出,投資活動大體可以分為兩種:一種是主要影響未來福利的投資,另一種是主要影響現在福利的投資。用於增加人的資源影響未來的貨幣和消費的投資為人力資本投資。

綜合以上觀點,筆者認為,人力資本是通過有意識地投資活動形成於特定行為主體身上的,由知識、技能、體力以及所表現出的勞動能力構成的,依附於某個人身上,能實現價值增值的存量資本[2]。

---

[1] 王旭輝,王婧.人力資本理論發展脈絡探析[J].渤海大學學報,2010(3):105-109.
[2] 趙修文.人力資產權化的經濟意義分析[J].西華大學學報:哲學社會科學版,2004(5):47-49.

1.2.1.3 人力資本的特點

不同的研究者選擇不同的切入點研究人力資本的相關問題時，對人力資本特點的歸納是不一樣的。本書選擇以下幾個特點有利於討論在人力資本理論下隱性知識、關係績效和任務績效的三者關係。

第一，人力資本具有外部效應。

本研究所說的外部效應，是指具有人力資本存量的勞動者在從事各種經濟活動中必然產生對他人無法用價格來進行衡量的影響。這種效應有正效應與負效應之分。在企業管理的具體實踐中，具有先進理念的管理者和具有超常技術的技術工作人員，必然對其他管理者和生產技術人員產生外部正效應，否則就會產生外部負效應。作為企業的管理者，應該正視外部效應的存在，積極創造產生正外部效應的條件，讓這種知識特別是先進管理理念這種隱性知識在企業內廣泛傳播。可以說，從外部效應看，整合人力資本是企業管理的必然。

第二，人力資本收益的滯後性。

眾所周知，一個人博士畢業的年齡在30歲左右，其接受學校教育的年限在25年左右。博士畢業之後，其擁有的人力資本存量不一定立即產生收益，從這裡可以看出，人力資本投資的週期較長、收益滯後，並且具有一定的風險。企業要創造價值，實現其豐厚的利潤，必須保證企業能夠持續發展，保障企業能夠持續發展的，只能是創新型的人力資本。要成為創新型的人力資本，不僅需要人力資本個體對其投資，而且企業必須進行投資。企業對人力資本的投資，不會取得立竿見影的效果，必須經過相當長的時間才能獲得投資的回報，這就是人力資本收益的滯後性。

第三，人力資本的動態性。

知識經濟時代，隨著時間的推移，企業員工原先的人力資本會隨著科學技術的進步而呈現出不同程度的遞減。要讓人力資本能不斷增值，企業和個人只有不斷進行投資。隨著社會的進步，人力資本稀缺程度特別是創新型人力資本的稀缺程度在不斷增加。注重對人力資本投資的企業，其人力資本存量會不斷增大；反之，不重視對人力資本進行投資的企業，其人力資本總量會不斷減少，企業的創新能力也會不斷降低，原先非常優秀的企業因為不進行人力資本投資，必將走向衰落。當企業的人員流動尤其是掌握核心技術的特殊人力資本流出企業，對企業競爭力的影響是顯而易見的。作為企業的高級管理者，應當對企業的人力資本進行動態整合，隨時儲備企業需要的創新型的人力資本。

1.2.1.4 人力資本理論研究與隱性知識、績效的關係

西方人力資本理論的演進突出了人力資本在各種生產要素的首要地位。土地是農業經濟時代的重要因素，貨幣是工業經濟時代的重要因素，而知識經濟

时代，人们的知识和能力就成为财富增长的主导要素。如果说马克思的资本理论揭示了资产阶级与劳动者之间的控制与被控制的关系的话，那么舒尔茨的人力资本理论强调把人的教育和培训当成一项生产性的资本投入，知识和技能的形成及其经济增长是教育的结果，是人的能力资源的主要因素。

人力资本理论仍处在逐步完善的阶段，其系统化的形成过程与客观的历史背景是紧密联系的。现代人力资本理论形成之前，和矿产、能源、土地等自然资源相同，经济学理论中的人力被看成一种外生变量，这种外生变量由遗传、种族和生理等先天性条件决定。因此，古典及新古典经济学家们核算一个社会人力能量的大小，一般是通过核算人口数量来实现的。随着经济社会的发展，这些要素都发生着深刻的变化。首先，增长核算中的「余差」越来越大，这要求我们对要素效率的改善原因重新进行解释；其次，经济学家发现，二战后德国和日本能够迅速崛起成为世界经济强国，其重要原因是两国都有重视教育的历史传统。这也使得经济学家重新认识人力资本的形成过程及对经济社会发展的贡献。20 世纪 50 年代末 60 年代初，以舒尔茨、明塞尔和贝克尔为先驱的现代人力资本理论开始成为现代经济学一个独立分支面世，在一系列后续研究中，经济学家逐渐认识到人力资本形成过程的内生性问题。

现代人力资本理论兴起于西方发达国家，植根于其相对稳定的社会制度和现代化的市场经济体系，而像中国这样经济转型国家的人力资本形成过程及基本规律很少得到重视。改革开放后，中国社会体制和经济结构发生着自上而下的加速转型，释放和提高了劳动力的自我配置能力和积极性，其发挥作用的产业结构、生产结构和分工结构等经济载体不断地转型升级，预示着「干中学」的实践平台的高端化趋势。这些都会构成中国人力资本形成与累积的重要因素，而这种人力资本形成的动态演化过程在西方稳定的社会环境中是难以察觉的①。

人力资本的提出呼应了知识经济社会的发展，并且改变着人们有关人及其本身所具备的资源和资本的理解。在人力资本理论中，传统生产格局中的要素组合与依存关系发生了极大的改变，以往劳动力这一生产要素是居于次要地位与被动状态的，如今它却对经济产出的作用力越来越大。舒尔茨评论道：「从足够的历史事实中可以看到，土地所有权作为一种经济力量，其重要性正在下降；相对人力资本来说，物质资本所有权亦是如此。」

隐性知识是一类特殊的知识，它与显性知识不同，在大多数情况下需要通过「干中学」来创造、获取、共享和转化，从某种程度上看，也属于实践类知识，分为通用性隐性知识和专用性隐性知识。显性知识的载体可以是物质化

---

① 马红旗，王韧. 对人力资本形成理论的新认识 [J]. 经济学家，2014（12）：33-41.

的書本、圖表、文字或人,但隱性知識的載體就是人——是國家、企業、人自身通過有意識的投資活動形成特定行為主體,是人力資本的最小承載主體。關係績效和任務績效的生產者不是機器、土地、能源等物質資源,而是人力資源。研究隱性知識、關係績效和任務績效三者的關係,是以人力資本理論為研究理論背景,系統地分析和探究三者在管理理論中的邏輯關係和實踐中的影響路徑。人力資本理論及其發展,對我們研究隱性知識、關係績效和任務績效提供了深入、全面、系統的視角。結合微觀和宏觀層面,從基礎性、源頭性來分析其內在機理,在理論方面才能從本質上挖掘和提出新的觀點。

1.2.2 組織行為學

1.2.2.1 組織行為學的含義

組織行為理論是系統地研究人在組織中所表現的行為和態度的學科。組織行為學(Organizational Behavior)綜合運用了社會學、心理學、政治學、人類文化學等學科中的相關理論,依據實證科學的分析方法,對組織中人的心理和行為規律進行研究,目的在於提高管理者解釋、預測、影響組織成員行為的能力,從而提高組織的工作績效。將科學的方法應用於實際管理問題中,從個體、群體和組織三個層次研究組織中的行為是組織行為學的本質。

組織行為學產生和發展於管理科學的基礎之上,其理論源於20世紀二三十年代。霍桑實驗是組織行為科學發展史中里程碑式的實驗,為人際關係學說的形成奠定了基礎。20世紀50年代,行為科學的研究不斷發展,其研究對象由研究個體行為轉向研究組織行為,形成了群體動力學、社會測量學等理論,推動組織行為學的形成與發展,完善了組織行為學的學科體系。

但是這些理論較少關注組織因素的影響,注重研究組織中的個體和群體本身。直到20世紀末,相當多學者依然堅持組織行為學是研究組織中個體和群體行為的學科,組織行為學幾乎成為「微觀組織行為學」的代名詞。希斯和希特金(Heath & Sitkin)於2001年在《組織行為學雜誌》(*Journal of Organizational Behavior*, *JOB*)[①] 上發表了《大行為對大組織:什麼是組織的組織行為學?》一文,將組織行為學研究界定為三種取向:一是強調組織中員工個體行為——「大行為」(Big-B),如關於「目標設定」「壓力」「決策」等主題的研究,雖然關注的行為本身是有價值的,但研究成果適用於多個社會科學領域;二是強調發生於組織環境中的行為——「情境性行為」(Contextualized-B),如「組織承諾」

[①] HEATH, CHIP, SIM B SITKIN. Big-B Versus Big-O: What is Organizational about Organizational Behavior? [J]. Journal of Organizational Behavior, 2001, 22 (1): 43-58.

「工作滿意度」「離職比率」等，雖然是組織中獨有的現象，但這些研究主題在幫助我們理解組織怎樣完成任務方面並不屬於核心內容；三是強調組織任務中心的行為——「大組織」（Big-O），關注點在於人們怎樣組織及實現目標，如「溝通」「績效」「規範」等主題，屬於對組織而言非常核心的行為，對其進行研究能夠反應出這些行為如何在一種獨特的環境中發生與進行，從而得出對組織過程的普適性理解。該文章對 1990—1999 年發表於頂級組織行為學雜誌上的文章進行主題分析，研究發現，在組織行為領域中，存在對「大行為」與「情境性行為」研究過度，而對「大組織」研究不足的現象。因此，他們呼喚學者們對跨水平及多變量的宏觀組織行為學進行研究。

雖然中國的組織行為學研究起步晚，但隨著全球經濟一體化進程和企業變革的加快以及知識經濟時代的到來，組織行為學研究在中國漸成顯學，越來越多的學者投身到此研究領域，累積了很多相當不錯的研究成果。已有研究者通過文獻綜述指出，當前組織行為學領域研究的熱點是領導行為、激勵機制、組織變革和組織文化。路紅等（2010）[1] 從實證的角度出發，運用著者同引分析法，得出中國組織行為學研究包括五大研究群體：工作績效，組織承諾，心理契約，公平理論，工作倦怠、目標管理與決策、組織公民行為、自我效能感等其他方向。他們指出，中國組織行為學研究存在研究者陣營多元化、研究熱點較多、研究領域分散、學科的核心著作尚待發展完善等特點。這些觀點反應出中國組織行為學的研究現狀，但不足之處在於並未與組織行為學國際研究領域接軌[2]。

1.2.2.2 組織行為學的國內外研究焦點

21 世紀初，組織行為學的國際研究表現出關注個體與群體行為，忽視組織因素影響，即「小組織」與「大行為」的研究特點。國內組織行為學領域的研究則表現為「大行為」與「大組織」的特徵，即既關注個體與群體的行為，又關注組織層面的影響因素。國內以《南開管理評論》《管理世界》《管理科學》《心理學報》和《管理學報》五種期刊為發表組織行為學領域研究成果的權威期刊[3]。在這五種期刊中，四種為管理類期刊，只有一種是心理學期刊。

---

[1] 路紅，凌文輇，吳宇駒，等.基於著者同引分析的組織行為學研究知識地圖繪製 [J].科技進步與對策，2010，27（2）：140-144.

[2] 張劍，張玉，高超，等.「大組織」對「大行為」基於關鍵詞分析的中國組織行為學研究現狀 [J].管理評論，2016，28（2）：166-174.

[3] 張劍，張玉，高超，等.「大組織」對「大行為」基於關鍵詞分析的中國組織行為學研究現狀 [J].管理評論，2016，28（2）：166-174.

張志學等[1]在對管理學、心理學類期刊發表的組織行為學領域文獻的關鍵詞進行統計分析，發現國內外對於組織行為學的關注和研究集中於某些主題，如績效、關係、組織公民行為、領導風格、離職傾向等。筆者根據他們的研究成果，分別整理出英文期刊和中文期刊上組織行為學的研究焦點。表1-2為英文期刊上發表的組織行為學研究內容主題。

表1-2　　　　英文期刊上發表的組織行為學研究內容主題

類別	主題	主要研究內容	代表人物[2]
非領導力研究	團隊	探索提高團隊績效、團隊創新和團隊效率的前因變量、調節變量和仲介變量；團隊滿意度和團隊衝突等	Mohammed & Nadkarni; Lam, Van der Vegt, Walter & Huang 等
	公平	預測績效、組織承諾和組織公民行為等結果變量；探討公平的前因變量；公平的研究對象等	Krings; Patient & Skarlicki; O'Reilly & Aquino 等
	身分和認同	組織身分的形成和如何提高員工的組織認同等	Cooper & Thatcher 等
	組織公民行為	與歸屬導向的組織公民行為的交互作用對任務績效的影響；團隊層面的前因變量，如領導特點、可信任度等	Choi, Podsakoff, Whiting, Podsakoff & Mishra 等
	創造力	前因變量，如工作自主性、學習導向和內在激勵；團隊層面的因素對團隊創造力的影響等	Madjar & Ortiz-Walters, Gebert, Boerner & Kearney 等
	家庭工作平衡/衝突	探討如何提升平衡及其對其他結果變量的影響等	
	多樣性	預測的結果變量包括負面情緒、整個公司的績效、組織依賴和組織公民行為等	Gonzalez & Denisi
	信任/可信度	信任作為前因變量，可以預測的結果變量包括團隊績效、整個組織的績效和感知到的支持等	Kim, Dirks & Cooper, Desmet de Cremer & Van Dijk 等
	績效	探討影響員工績效的因素，主要因素有個人特質和領導的特徵等	Netemeyer, Maxham & Lichtenstein 等

---

[1] 張志學，鞠冬，馬力. 組織行為學研究的現狀：意義與建議［J］. 心理學報，2014, 26 (2)：265-284.

[2] 英文文獻以英文文獻作者名列出，下同。

表1-2(續)

類別	主題	主要研究內容	代表人物②
領導力研究	變革型領導	被視為員工行為很重要的前因變量，這幾年用它來預測的變量主要是個人績效、團隊績效和組織公民行為等	Menges, Walter, Vogel & Bruch; Walter & Bruch 等
	領導—成員交換	預測大部分組織行為學中的結果變量：工作滿意度、組織承諾、同事關係等	Erdogan & Bauer, Sin, Nahrgang & Morgeson 等
	領導力發展	前因變量和結果變量的研究	Avolio, Avey & Quisenberry 等
	首席執行官（CEO）	預測公司層面的結果變量及其邊界變量	Geletkanyc & Boyd, Fu, Tsui, Liu & Li 等
	魅力型領導	前因變量模型	Walter & Bruch
	整合型領導	領導者或管理者怎樣才能夠激勵、調動來自不同組織的參與和努力	
	領導力有效性	領導者的一些特點對其領導力的影響	DeGroot Aime, Johnson & Kluemper 等
	真誠領導	理論文章較多，探討真誠領導影響員工的機制	Walumbwa, Wang, Wang, Schaubroeck & Avolio
	高層管理團隊	高階理論與價值觀、行為等	Carmeli & Halevi
	政治領導	探討以美國總統為代表的政界領導	Eubanks 等

資料來源：筆者根據現有文獻整理

表1-3為中文期刊上發表的組織行為學研究內容主題。中文期刊的研究內容與英文期刊有相似之處，但是在變量的選擇和理論構建上有很多不同。

縱向解讀組織行為學領域的研究進行時間軸，我們可將組織行為學研究劃分出3個基本階段：第一階段是2000—2004年。這一階段湧現的關鍵詞包括組織學習、組織變革、組織承諾、心理契約、工作滿意度等，這些早期關鍵節點與中后期研究聯繫密切，到現在也一直是備受關注的焦點，為后期研究奠定了知識基礎與理論支撐。第二階段是2005—2009年。這一階段湧現的關鍵詞主要有組織公民行為、組織文化、組織支持、組織政治、工作壓力、領導力、高管團隊、情緒智力、心理授權、離職、公平、信任等。這一時期學者們開始嘗試動態、整合地研究組織行為，使組織行為學的研究視閾與範圍得到拓寬，

表 1-3　　中文期刊上發表的組織行為學研究內容主題

類別	主題	主要研究內容	代表人物
非領導力研究	團隊	如何提高團隊的績效、有效性等	
	知識	知識共享和知識管理等	孟坤、熊中楷、代唯良等
	創造力/創新	如何預測個人或團隊的創造力/創新，較多研究的變量是創新氛圍等	劉雲、石金濤等
	公平	公平的結果變量	何軒等
	信任/可信性	信任導致的結果變量	嚴進、付琛、鄭玫等
	建言	如何鼓勵員工的建言行為	魏昕、張志學、段錦雲、凌斌等
	組織公民行為	既有前因的探討，又有結果的預測：周邊績效、組織承諾等	彭正龍、趙紅丹等
	工作家庭平衡/衝突	探討中國員工的工作家庭平衡的因素構成和如何測量等	李永鑫、趙娜等
	離職	如何預測離職，包括工作嵌入、入職期望和職業成長等	樂國安、姚琦、馬華維等
領導力研究	變革型領導	變革型領導的結果變量、變革型領導和家長式領導對民營企業績效的影響的相似性和差別	鞠芳輝、謝子遠、寶貢敏等
	領導-成員交換	將領導-成員交換理論（LMX）當作前因變量和結果變量	王忠軍、龍立榮、劉麗丹等
	高層管理團隊	基於高階理論，著重探討高管團隊的人口統計學變量對企業的影響	黃越、楊乃定、張宸璐、陳璐、楊百寅、井潤田、劉璞等
	家長式領導	對於創業型企業而言，家長式的領導方式是必要的	吳春波、曹仰鋒、周長輝等
	領導力綜合研究	中庸思維的研究等	陳建勳、凌媛媛、劉松博等
	辱虐型領導	結果變量和中國傳統文化	吳隆增、劉軍、劉剛等
	授權型領導	預測積極的結果變量	張文慧、王輝等
	交易型領導	與變革型領導對比，認為有效的領導者在不同的階段和場合會採取不同的領導方式	魏峰、袁欣、邱楊等
	領導的情緒智力	結果變量為績效和組織公民行為等	唐春勇、潘妍等
	領導的信任	研究中國情境下領導的信任的維度	韋慧民、龍立榮等

資料來源：筆者根據現有文獻整理

並且知識結構與理論體系也得到充實。第三階段是 2010—2013 年。這一階段湧現的關鍵詞為建言、沉默、權力距離、衝突、辱虐管理、創新/創造力、知識共享、心理資本、組織認同、工作家庭衝突/平衡、領導成員交換、真實型領導、自我犧牲型領導、授權型領導，並且這些關鍵詞呈現快速增長趨勢，有可能成為未來一個時期的前沿領域與研究方向①。

1.2.2.3　國內與國外在組織行為學領域的對比

國外學者將組織行為學研究定義為「大行為」「情境性行為」「大組織」三種類型，該定義為探討組織行為學的研究現狀提供了創新視角。目前中國組織行為學研究領域表現出「大組織」和「大行為」的雙重特徵。

首先，出現了「大組織」的研究趨勢。組織學習、績效、領導風格等的研究得到廣泛關注與重視，但溝通、合作等部分「大組織」研究主題依然未得到充分研究。這些「大組織」層面的研究主題對於我們更好地理解完成組織任務的路徑與過程很有助益。例如，通常來說，當組織面臨困境時，組織的學習水平越高，員工系統思考的能力越強，員工就將越可能有目的地協調自身行為，從而達到預期效果。中國日益增加的「大組織」研究活動與國際組織行為學的「大組織」研究趨勢具有一致性。第一，由於「大組織」的研究重點關注組織任務，其研究結果的預測效度能達到更高水平，對指導組織實踐活動來說意義就更大；第二，隨著組織行為學研究方法的發展，「大組織」的研究往往可以實現跨水平的研究，使綜合考察個人、團體和組織三個水平的組織行為現象成為可能。

其次，中國學者對「大行為」內容的研究充滿熱情。一直以來，由於大量心理學專業背景的學者從事組織行為學領域的研究活動，因此個體的決策、目標、態度、壓力、心理契約、認同等都是該領域的研究熱點，《心理學報》也成為中國目前刊登組織行為學研究成果最多的五種雜誌之一。但這也帶來一定的缺陷和問題，心理學專業背景的學者與管理學研究的學者多多少少都會存在著研究方法上、視角上以及方法論上的差異，如心理學專業背景的學者對關係組織活動的規範、組織變革及戰略等「大組織」研究內容較為不敏感，並且他們審視組織行為的視角依然停留於微觀的層面上。

再次，組織行為學領域最為常見的研究是情境性研究，情境性研究強調發生在組織環境中的行為。這雖然是組織中獨有的現象，但這些研究主題在幫助

---

① 譚力文，伊真真，效俊央. 21世紀以來國內組織行為學研究現狀與趨勢——基於CSSCI（2000—2013）文獻的科學計量分析［J］. 科技進步與對策，2016，33（1）：154-160.

我們理解組織怎樣完成任務的問題中，並不屬於核心範疇。例如，勝任特徵的研究屬於情境性的行為研究，但是因為其研究層面沒有上升到組織層面，所以對組織的影響並不大。有的學者指出，只有揭示與現象關聯的周圍各種環境和組織現象的相互作用，才能夠足夠清晰地闡明所研究的現象。因此，我們應把注意力集中在觀察和解釋某些特殊或具體情境下的組織行為上，然后再以此為依據去尋找跨情境的行為規律。這就是說，將情境性行為的研究作為研究媒介，使情境性行為為「組織」和「行為」兩個不同層面的研究服務。

最后，就具體內容上來看，近年來，國際組織行為研究領域中萌芽出一些新的研究趨勢，如對文化的研究中，國際組織行為研究包括跨文化的管理與溝通等。與此同時，國際組織行為學研究還比較注重對家庭、規範等非限定性因素的研究。相比而言，中國組織行為學的研究在這方面就有很大不同，中國的組織行為研究很少涉及「聯盟」「家庭」「政策」等主題，但對「關係」主題的研究卻熱情不減，這較為明顯地折射出中國集體主義文化的特點。與 10 年前的研究相比，如今組織行為學研究領域中的新發展是出現了創新、勝任特徵等研究主題。

根據目前組織行為學的發展情況，我們可以預測未來的組織行為學的現狀研究將會出現兩個方向：一方面是國內外對比研究，即將中國組織行為學研究現狀與國際組織行為學研究現狀進行直接對照；另一方面是學術成果對比研究，即採用「大組織」與「大行為」的分類方法，將國際上組織行為學的研究現狀與希斯和斯特金（Heath & Sitkin）等人的研究成果對照，概括總結出十年來國際組織行為學研究的發展特徵。我們認為，后一種研究更具創新價值。

1.2.2.4　組織行為學理論的研究趨勢及其與隱性知識、關係績效和任務績效的關係

對組織行為學的研究現狀和研究趨勢進行梳理和總結，我們可以看到，組織行為學的研究秉承了強調生產率的傳統主線，同時其研究趨勢表明對工作生活質量、組織承諾、工作滿意度、組織公民行為、心理契約等方面的關注越來越多，使得這些研究成為新的熱點話題。究其原因，可能是因為學術界和實踐界都認識到高的生產率與員工滿意的工作生活質量密不可分。同時，這些關鍵詞處在中心及過渡區域，說明它們在組織行為學研究中扮演著重要的連接角色，對整個知識資源起到一定的統領作用。除此之外，績效問題也一直是學者們關注的焦點話題，這與組織行為學本質息息相關。組織行為學實質上是一門關注、增進組織有效性的學科，而績效是衡量組織有效性的重要指標，必定會

受到學者們的廣泛關注。具體來說，組織行為學關於績效的研究是從工作績效、團隊績效、組織績效等多個層面展開的。伴隨著21世紀知識經濟時代的到來，企業內外部環境快速改變，競爭日益加劇，使得組織行為學的研究聚焦在如何適應新的知識經濟環境、延長組織壽命和增強自身競爭力，並且與組織知識相關的話題，如組織學習、知識共享、知識管理等不斷湧現，成為學術界和實踐界新的關注焦點①。

　　在經濟全球化競爭的背景下，組織行為學研究中個人與組織、組織與組織環境的交互作用顯得尤為重要，因此組織變革背景下的個體心理及行為規律研究、群體行為研究和組織過程研究成為組織行為學研究的重要問題。在個體心理及行為規律研究方面，很多學者對如何提高員工的組織公民行為、組織承諾、工作滿意度和工作績效進行了深入研究。例如，張生太和梁娟在研究組織政治技能正向影響隱性知識共享時發現，組織信任在組織政治技能和隱性知識共享的關係中起著仲介作用。研究表明，21世紀以來，國內組織行為學越來越重視員工的態度、動機、能力、情緒、心理等綜合情況，推行以人為本的管理理念，用以激發員工潛能，從而提高工作效率、更好地達成組織目標、提升組織效益。在群體行為研究方面，多數學者的研究集中在提高團隊績效和團隊有效性的問題上。在組織過程研究方面，現有研究既有探討影響組織文化、組織學習、組織變革、組織創新因素的預測，又有研究仲介機制或者結果變量的預測。在知識管理、知識共享的研究方面，研究者的關注點主要集中在其前因變量或仲介作用上。例如，蔡亞華等考察了差異化變革型領導對團隊知識分享及團隊創造力的影響，其他前因變量還包括組織信任、組織氛圍、組織政治技能等。

　　組織中的行為與其他領域中的個體行為不同，組織行為會受到多個層次的眾多因素的影響，比如個體、群體、組織甚至社會。因此，組織行為學研究的真正任務是考察情境因素對於因變量的作用，並探討多層次變量對於因變量的解釋力。

　　國內外都有學者提出，評估不同層次的因素以及它們之間的交互作用對於因變量的影響，可以採用多層次分析方法，並且這一方法有較高的準確性。在該研究中，我們將隱性知識、關係績效和任務績效三者整體模型採用多層統計分析的方法，考慮個人和團隊兩個等級數據，利用組織行為學的研究方法和思

---

①　譚力文，伊真真，效俊央. 21世紀以來國內組織行為學研究現狀與趨勢——基於CSSCI（2000—2013）文獻的科學計量分析［J］. 科技進步與對策，2016，33（1）：154-160.

路進行實證研究和分析。組織行為學是一門關注績效的理論，因此隱性知識的行為化及促進關係績效和任務績效提升的問題是組織行為學需要解答的一個問題。關係績效和任務績效作為績效的「行為」和「結果」兩個方面，對其影響和促進的前因變量和影響路徑既是組織行為學關注的焦點，也是管理實踐中的問題所在。

1.2.3 知識管理

1.2.3.1 知識管理的理論基礎[①]

知識管理是一個時代的綜合產物，它把現代信息技術、知識經濟理論、企業管理思想和現代管理理念融合在一起，吸收了眾多學科理論和專業領域的思想，如哲學、經濟學、管理學的思想理論，是知識經濟時代湧現出來的一種最新管理思想與方法。無論是國內還是國外，眾多學者在知識管理的理論和實踐層面上，都累積了大量研究成果，出版或發表了不少知識管理論著，使知識管理已經成為一門獨立的學科，知識管理學理論體系已被初步構建起來。巴斯克維爾（Baskerville）、彭銳、李丹、李子葉等人從不同角度與層次初步論述了知識管理的基礎理論問題。

第一，知識管理的哲學基礎。

一切學科的基礎是哲學，對知識管理的理論與實踐來說，其中起關鍵作用的是認識論（Epistemology）和方法論（Methodology）。因為對於知識管理來說，認識論探討了「知識是什麼」這一核心問題，而這一核心問題無疑是知識管理必須首先面對與解決的根本問題，所以認識論是知識管理的哲學基礎。方法論是關於認識世界和改造世界的方法的理論系統，對於知識管理，方法論提供了如何利用知識來認識世界和改造世界的具體做法，如思維科學、數理科學、系統科學等方法。

認識論是關於認識及其發展規律的理論。「認識論」一詞來自希臘文，由「知識」和「學說」組成，即關於知識的學說。目前人們之所以對知識管理有多種定義與不同認識，是因對知識的定義尚未統一，而這種一致性的缺失源於有關知識的不同的認識論觀點。在以往研究文獻中，存在著以下三類知識概念，即知識是一種對象、知識寄居在個人心智中、知識是社會建構的存在物。這種概念把知識限定在信息範圍之內。因此，知識管理實際上是由信息管理組成的，重點是技術，目的是存儲信息並使之為組織成員所利用。最流行的認識

[①] 盛小平，曾翠.知識管理的理論基礎［J］，中國圖書館學報，2010，36（189）．

論觀點是知識寄居在組織成員的個人心智中，這些人利用認知過程把信息轉化為知識。

認識論有兩個流派：唯理主義派與經驗主義派。唯理主義派認為知識可以通過演繹推理而獲得，經驗主義派基本上認為透過感覺的經驗可以通過歸納得到知識。知識是認識活動的結果，是精神對現實的把握；人正是通過知識，從理論上掌握客體、觀念上改造客體的；人之所以需要知識，是為了利用它創造滿足自己需要的物質條件和精神條件。

方法論是關於認識世界和改造世界的方法的理論系統。知識管理深受方法論的影響。哲學方法論所提供的方法系統是關於自然、社會、思維的最一般的運動規律的認識方法，如唯物辯證法。由於知識管理中包含著許多矛盾的辯證統一體，如隱性知識與顯性知識、專用知識與通用知識、信息管理與知識管理的辯證統一等。因此，唯物辯證法是知識管理的一種哲學基礎。知識管理的研究對象是知識與知識資源，既要管理顯性知識，也要管理隱性知識。顯性知識與隱性知識在知識管理活動中是辯證統一、相互依賴的。顯性知識根植於隱性知識，沒有隱性知識就沒有顯性知識；而隱性知識的豐富與提高有賴於個人對顯性知識的消化吸收及其所掌握的顯性知識的廣度與深度。顯性知識與隱性知識通過相互轉化可實現知識螺旋上升與知識創新。因此，唯物辯證法思想認為，知識管理者可以在實踐中更好地管理隱性知識與顯性知識，並促進兩者的相互轉化。

第二，知識管理的經濟學基礎。

在知識管理產生與發展的經濟學基礎上，知識經濟的崛起就擁有了相應的時代背景，使知識經濟得以迅速發展。知識具有價值和使用價值，能夠產生經濟效益，符合商品的相關要素，因此知識管理的經濟學基礎主要是基於知識資本管理。相對於勞動力、土地、國家政策和資產等推動經濟發展的要素來說，知識具有的優勢是它在技術和人力資本中的價值不斷增加，因此知識成為生產過程中最為重要的資源。

在古典經濟學理論的形成和發展過程中，知識資本思想開始萌芽。英國古典經濟學家亞當·斯密（Adam Smith）認為，固定資本應該包括便利的勞動、節省勞動的機器和工具、經過學習所增加的熟練度和才能。德國經濟學家弗里德里希·李斯特（Friedrich List）首次提出了「物質資本」和「精神資本」的概念，同時認為人腦所隱含的知識也是資本，並且不斷開始明示知識是資本屬性的概念。美國經濟學家加爾布雷思（John K. Calbraith）在1956年致波蘭經濟學家卡萊茨基（Michael Kalecki）的一封信中首次提出了知識資本的概念。

20 世紀 80 年代以后逐漸掀起了研究知識商品資本屬性的熱潮，其原因是人力資本理論得到進一步發展、知識存量開始急遽增長和知識對經濟的增長發揮的作用越來越大。

知識資本包括公司創意、發明、技術、常識、計算機程序、設計、數據技術、流程、創造力以及出版物等，都能夠通過一定的形式轉化為利潤。知識資本不僅體現在技術創新和有法律標示的各種知識產權，如專利、商標、商業秘密上，也能從公司多年開發和累積的所有有形與無形方面的智力信息中體現出來。人力資本、結構資本和關係資本構成知識資本的三大類。其中，存在於人體中的能力和知識的資本形式就是人力資本，人力資本是通過一定的投資形成的。結構資本是指在某一時間點存儲在組織內的知識存量。例如，企業專利、管理體系、企業文化、組織慣例、戰略、流程手冊、數據庫、信息科學基礎設施、組織結構等就是結構資本。組織與利益相關者為實現其目標而建立、維持和發展關係並對此進行投資而形成的資本為關係資本。這些知識資本理論不僅使人們認識到知識商品的資本屬性，而且從人力資本、關係資本、結構資本等角度闡釋如何管理與營運知識和知識資本，加深了人們對知識及其相關活動的瞭解，為知識管理的產生與發展提供了有力的理論支持。

第三，知識管理的管理學基礎。

知識管理的思想基礎源於泰勒的科學管理。現代管理學之父彼得·德魯克於 1959 年在其《明日的里程碑》一書中提出「知識工人」這個新詞彙。卡爾·維格（Karl Wiig）[1] 於 1986 年在國際勞工組織大會上首次提出「知識管理」的概念，標誌著「知識管理」從此正式進入人們的視野。

科學管理雖然沒有對如何管理知識作出完整回答，但是它所包含的「人本觀」「知識觀」「學習觀」「激勵觀」等理論作出了部分回答。從「人本觀」理論出發，泰勒指出，管理人員的首要責任是細緻研究每一個工人的性格、脾氣和工作表現，找出他們的能力所在，使工人在雇用他的公司裡，能夠讓他擔任對他來說最有興趣、最有利、最適合他或她能力的工作。從「知識觀」理論出發，泰勒強調，如果不是用科學知識來代替個人的見解或個人的經驗知識，就不能稱為科學管理。從「學習觀」理論出發，泰勒認為，管理人員要主動承擔的第二項責任，就是科學地選擇工人，持續地對工人進行培訓，並且逐步地和系統地訓練、幫助、指導每一個工人，發現每一個工人發展的潛能，為他們提供上進的機會。從「激勵觀」理論出發，泰勒認為，全面調動工人

---

[1] WIIG, KARL. Expert Systems Interview. [J]. Expert Systems, 1986, 3 (2): 114-116.

的積極性，不僅要考慮工人物質方面的需要，實行刺激性的工資制度，也要考慮工人心理方面的需要，真心實意地關心下屬的福利待遇。因此，知識管理概念雖然沒有被科學管理明確提出，但實質上是在發現了知識的基礎上，對企業知識進行有效的控制，使知識發揮了作用。

從管理過程的視角來看，組織的知識管理是一個過程。組織對知識進行管理就是對知識的獲取和知識的創造進行管理，知識管理的層次包括個人、群體和組織，而知識管理的內容包括知識發現、知識推導與知識轉化等。研究者認為，個體行為因素和組織行為因素對知識創造活動有明顯的影響，其中個體行為因素指的是個人的能力、人格、學習、情緒、態度等，群體行為因素以及組織結構與組織文化等組織行為因素指的是團隊成員結構、有效的團隊管理、人際交流、領導關係等。知識共享是知識提供者通過一定的傳遞渠道，將知識傳遞給知識接受者且被接受者吸收的過程。然而，知識共享會面臨多種障礙，其中某些障礙可能來自於個人，如知識私有的價值觀、認知障礙（知識需求者沒有意識到自身所欠缺的知識）、心理障礙（如因循守舊、畏懼創新、迷信權威），也可能來自於群體，如害怕部門喪失競爭優勢、缺少部門間的協作，還有可能來自於組織，如組織流程不健全、缺少知識共享文化等。這些障礙不管是在個人之間、群體之間，還是在個人與群體、個人與組織以及群體與組織之間，都可能存在。這時，組織行為理論可為克服這些知識共享障礙提供理論指導，比如通過採取合適的知識激勵打破知識私有觀的束縛。

從管理的組織結構與組織設計來看，知識管理的實質是建立知識型組織。知識型組織與傳統組織結構形式有明顯的不同，具有扁平化、柔性化、虛擬化的特徵，包含多種不同形式，如知識團隊組織、倒置組織、網路組織等，並且其在人員上主要依賴於企業員工的無形知識資產而非半熟練工作者。建立知識型組織是組織成功實施知識管理的組織保障。

從管理的組織文化來看，知識管理是其必然產物。組織文化不僅是組織成員在其組織中行動的方針，更是人們把握組織實際運行的重要根據。同時，組織文化是知識管理關鍵成功因素之一。管理者往往想方設法在組織內建立一種「知識文化」來促進知識管理的實施。這種「知識文化」，實質上是一種知識創新文化、知識共享文化、知識激勵文化。它能增加非正式交流，促進信任與合作，提高組織創新與創造力。

在現代組織中，人力資源是組織知識中比較特殊的一種資源，如何發掘個人的潛力及其隱性知識是如今人力資源管理的重要內容，也是知識管理的核心工作之一。因此，人力資源管理是組織知識管理的核心主題。人力資源戰略可

以配合組織總體戰略，從人力資源規劃、人力資源需求與供給預測，為組織知識管理戰略的選擇與制定提供依據；人力資源管理中有關「激勵」「薪酬」的制度、方法與實踐也可應用於知識管理實踐之中，幫助組織建立健全知識激勵機制；人力資源管理中的績效評估方法，如平衡記分卡，也可移植到知識管理績效測評之中；人力資源開發方法，如行動學習、拓展訓練、職業生涯規劃，都可用來提高組織成員的知識水平與工作滿意度，使知識管理成為員工自覺的行為。這樣看來，人力資源管理對如何管理人——知識管理的主體和客體，提供了強有力的支持。

1.2.3.2　知識管理的概念和研究成果簡介[①]

信息革命徹底改變了人類社會的發展進程。它不僅掀起了全球信息化浪潮，還直接促進了知識經濟社會的到來。因此，知識管理成為當代管理思想與實踐發展的必然。

國內外不同學科背景的學者們對知識管理的定義給予了不同的解釋，具有代表性的包括：知識管理是對企業知識的識別、獲取、開發、分解、使用和存儲；知識管理是將所有的專業知識，不論是在紙上、在數據庫裡，還是在人的頭腦中，加以掌握並分配到能夠產生最大效益的地方去；知識管理是擷取恰當的知識在恰當的時候交給恰當的人，使他們能做出最好的決策；知識管理涉及發現和分析已有的和需要的知識，並規劃和控制開發知識資產的行動，以達到組織的目標；知識管理就是鼓勵創新與知識共享；知識管理是系統地尋求、處理、理解和使用組織以創造價值；知識管理是利用組織的無形資產創造價值的技術；知識管理是以信息為基礎的活動，通過組織學習創造顯性知識與隱性知識；知識管理是運用集體的智慧提高應變和創新的能力；知識管理是幫助人們對擁有的知識進行反思，調整和發展企業內部結構，提高人們進行知識交流的技巧，增加獲得知識的來源，促進知識交流；等等。這些概念從不同的角度說明了知識管理的任務、內容與特點。

在中國學術期刊網中檢索篇名包括「知識管理」的文獻，表明從 1997 年以來，「知識管理」就開始進入中國學者的研究視野，並以圖書情報、科學管理、科技管理、計算機、教育、醫學信息等領域的學者為主要研究群體。然而，將「知識管理」作為一門學科進行系統的分析與歸納，提出「知識管理學」的概念，深入探討其學科體系結構是從近些年才開始的。

---

① 孫曉寧. 國內知識管理學科體系結構可視化研究——基於 CSSCI 科學知識圖譜 [D]. 合肥：安徽大學，2013.

夏立克（Shariq S Z）[①]是國外較早研究知識管理學科問題的學者，他認為，教育機構、商業機構以及一些公共部門都需要學習、研究知識資產（人力資本和技術），成立一個國際專業學會對知識管理具有很大的推動作用。艾夫斯（Ives W）[②]等從歷史的角度論證了知識管理學科存在的一些關鍵問題和新的機會。卡爾·維格（Karl M Wiig）[③]則強調知識管理成為一門新興學科，需要包括認知科學、教育學、管理學、經濟學、人工智能以及信息管理與技術科學等在內的支撐性學科；之后，他還提出，知識管理學科興起的因素包括知識分子、社會與商業等，而近來的影響因素包括認知和信息科學，他將驅動力從外部、內部兩個方面進行了系統分析；他認為從信息系統開始研究，信息系統經過多年的發展，依然沒有成為一門學科，並提出知識管理不是信息系統的重要領域，相反信息系統逐漸成為知識管理學科的重要領域的論斷。

中國學者關注並研究知識管理的有張潤彤、朱曉敏（2000）[④]、楊治華、錢軍（2002）[⑤]、楊建秀、郗晉華（2005）[⑥]、儲節旺、周紹森、郭春俠（2006）[⑦]、盛小平、劉泳潔（2009）[⑧]等。他們主要從知識管理的學科體系、概念及流派、歷史沿革和發展、研究內容和意義方面做了較多的關注和研究。

在管理學界，知識管理的研究和實踐點主要著力於如何提高企業核心競爭力。1995年，野中鬱次郎（Nonaka）和竹內弘高（Tadeuchi）合著的《知識創造公司：日本公司如何創造創新動力學》出版，作為知識管理學界一本「里程碑式的著作」，其提出了關於知識管理理論的兩大奠基性論述：其一，將企業知識劃分為隱性知識與顯性知識。隱性知識包括信仰、隱喻、直覺、思維模式和所謂的「訣竅」；顯性知識則可以用規範化和系統化的語言進行傳

[①] SHARIQ S Z. Knowledge Management: An Emerging Discipline [J]. Journal of Knowledge Management, 1997, 1 (1): 75-82.

[②] IVES W, TORREY B, GORDON C. Knowledge Management: An Emerging Discipline with a Long History [J]. Journal of Knowledge Management, 1997, 1 (4): 269-274.

[③] KARL M WIIG. Knowledge Management: Where Did It Come From and Where Will It Go? [J]. Expert Systems with Applications, 1997, 13 (1): 1-14.

[④] 張潤彤, 朱曉敏. 在有服務費用的串聯排隊網路中對兩組不同到達顧客的模糊控制 [J]. 北方交通大學學報, 2000 (6): 97-102.

[⑤] 楊治華, 錢軍. 從創新人才的特點看高校創新體系的構建 [J]. 中國高等教育, 2002 (7): 35-36.

[⑥] 楊建秀, 郗晉華. 做好新時期電子聯行工作 [N]. 山西經濟日報, 2002-12-19 (08).

[⑦] 儲節旺, 周紹森, 郭春俠. 知識網絡：知識管理變革的新動力 [J]. 科研管理, 2006 (3): 55-60.

[⑧] 盛小平, 劉泳潔. 知識管理績效評價研究綜述 [J]. 情報科學, 2009 (1): 150-155.

播，又稱為可文本化的知識。其二，隱性知識與顯性知識是可以相互作用、相互轉化的，這種轉化的過程就是知識創新的過程。知識轉化有四種基本模式：潛移默化、外部明示、匯總組合和內部昇華，即著名的 SECI 模型。1995 年，野中鬱次郎（Nonaka）和竹內弘高（Tadeuchi）又發表了《場：為知識創造建立基礎》，認為在隱性知識與顯性知識相互轉化的過程中，完成一次螺旋上升的每個階段都存在一個場，相應於知識轉化的四個過程階段，分別為「創始場」「對話場」「系統化場」和「練習場」。

根據孫曉寧（2013）[①] 在其博士畢業論文裡對於知識管理經典文獻的梳理，我們將該領域的現有國內外研究成果一進行整理，如表 1-4 和表 1-5 所示。

表 1-4　　　　　　　　　　國外知識管理經典文獻

年代	文獻	作者
1990 年	《公司的核心競爭力》	普哈拉（C K Prahalad）和加里·哈默爾（Gary Hamel）
1990 年	《吸收能力：關於學習與創新的新視角》	韋斯利（Wesley）和丹尼爾（Daniel）
1995 年	《知識創造公司：日本公司如何創造創新動力學》	野中鬱次郎（Nonaka）和竹內弘高（Tadeuchi）
1995 年	《場：為知識創造建立基礎》	野中鬱次郎（Nonaka）和竹內弘高（Tadeuchi）
1996 年	《以知識為基礎的經濟》	經濟合作與發展組織
1996 年	《知識管理與組織設計》	保羅·S. 梅爾斯（Paul S Myers）
1996 年	《對於一個公司的知識基礎型理論》	羅伯特·M. 格蘭特（Robert M Grant）
1997 年	《知識的進化》	維娜·艾莉
1998 年	《工作的知識：組織如何應用其所知》	托馬斯·H. 達文波特（Thomas H Davenport）和勞倫斯·普魯薩克（Lawrence Prusak）
1999 年	《你採用國內知識管理學科體系結構可視化研究哪種知識管理戰略?》	馬丁·H. 漢森（Morten T Hansen）、尼廷·羅利亞（Nitin Nohria）、托馬斯·提爾內（Thomas Tierney）

---

① 孫曉寧. 國有企業改制中職工股設立與管理問題研究［J］. 經營管理者，2013（13）：132，111.

表1-4(續)

年代	文獻	作者
1999年	《開發一種知識策略》	麥克爾·H. 扎克（Michael H Zack）
2000年	《知識管理的現在與未來》	查爾斯·德普雷和丹尼爾·肖維爾
2003年	《知識管理：原理及最佳實踐》（第2版）	凱馬丁（Kai Mertins）、彼得·海森格（Peter Heisig）、詹·沃貝克（Jens Vorbeck）

資料來源：筆者根據參考文獻整理

表1-5　　　　　　國內管理學視角下知識管理經典文獻

文獻（專著/論文）	作者	出版社/期刊
《知識管理：競爭力之源》 《知識管理的實現：樸素的知識管理》	王德祿	江蘇人民出版社 電子工業出版社
《知識管理的實現思路與實現技術》《公司知識管理》	陳銳	圖書情報知識 山西經濟出版社
《知識管理論：世紀企業管理的新模式》	王方華	山西經濟出版社
《國內外企業知識管理研究綜述》	左美雲	科學決策
《知識管理的理論與實踐》	李華偉、董小英、左美雲	華藝出版社
《企業知識管理的內容框架研究》	左美雲、許河、陳禹	中國人民大學學報
《知識管理與企業核心競爭力的形成》	常荔、鄒珊剛	科研管理
《企業知識存量的多層次灰關聯評價》	李順才、常荔、鄒珊剛	科研管理
《知識企業與知識管理》	趙曙明、沈群紅	南京大學出版社
《論知識鏈與知識管理》	陳志祥、陳榮秋、馬士華	科研管理
《知識管理與組織創新》	鬱義鴻	復旦大學出版社
《知識管理：知識社會的新管理模式》	金吾倫	雲南人民出版社
《企業知識創新管理》	翟麗	復旦大學出版社
《知識管理績效評價研究》	顏光華、李建偉	南開管理評論
《一種基於有向無環圖的組織知識度量模型》《組織知識管理績效的一種綜合評價方法》	王君、樊治平	系統工程 管理工程學報
《知識管理研究》	樊治平	東北大學出版社

表1-5(續)

文獻（專著/論文）	作者	出版社/期刊
《企業隱性知識的特徵與管理》《企業隱性知識流動與轉化研究》	張慶普、李志超	經濟理論與經濟管理 中國軟科學
《企業知識轉化過程中的知識整合》	張慶普、單偉	經濟理論與經濟管理
《知識管理戰略、方法及其績效研究》	謝洪明、劉常勇、李曉彤	管理世界
《技術創新類型與知識管理方法的關係研究》	謝洪明、劉常勇	科學學研究
《基於Internet的知識管理體系結構》	夏火松、蔡淑琴	中國軟科學
《知識管理學》	張潤彤	中國鐵道出版社
《複合方法在測度企業知識管理績效中的應用》	王軍霞、官建成	科學學研究
《知識管理與創新》	侯貴松	中國紡織出版社
《論基於知識的企業核心競爭力與企業知識鏈管理》	劉冀生、吳金希	清華大學學報（哲學社會科學版）
《知識管理》	夏敬華、金聽	機械工業出版社
《知識管理理論與運作》	葉茂林、劉宇、王斌	社會科學文獻出版社
《中國知識工作者組織內知識共享問題的研究》	李濤、王兵	南開管理評論
《企業知識管理水平評價指標體系研究》	鄭景麗、司有和	經濟體制改革
《知識管理案例》	錢軍、周海諱	東南大學出版社
《知識系統工程》	王眾托	科學出版社
《虛擬企業知識管理系統架構研究》	齊二石、劉傳銘等	圖書情報知識
《過程與知識發酵模型》	熊德勇、金生	研究與發展管理
《集成情境的知識管理模型》	潘旭偉、顧新建等	計算機集成製造系統
《知識管理：衝擊與改進戰略研究》	王廣宇	清華大學出版社
《知識管理原理》	林榕航	廈門大學出版社
《項目環境下知識管理績效評價研究》	李蕾	科技進步與對策
《隱性知識創新與核心競爭力的形成關係的實證研究》	芮明杰、陳曉靜	研究與發展管理
《知識管理策略與知識創造》	馬宏建、芮明杰	科研管理

表1-5(續)

文獻（專著/論文）	作者	出版社/期刊
《中國企的領導行為及對企業經營業績的影響》	王輝、忻蓉、徐淑英	管理世界
《項目團隊中的隱性知識管理》	王連娟、張樹林、田旭	圖書情報工作

資料來源：筆者根據參考文獻整理

1.2.3.3 知識管理與隱性知識、關係績效和任務績效的研究關係

實際上，從經典理論中，我們只能發現存在顯性知識管理和隱性知識轉化的研究，卻沒有發現在知識管理的過程存在對隱性知識進行管理的內容。雖然大多數研究認為隱性知識在一定程度上可以轉化，但在實際操作時存在邊界不清的問題。因此，通過隱性知識和顯性知識的分類方法，本研究認為，以往知識管理的分類方法具有很高的學術價值，但將這些學術成果應用於實際時發生了比較多的障礙，這種障礙反應在現實中就是相當部分的組織在實踐中只能落實到知識管理第一個層次，即按知識主體劃分的個體、團隊、組織間的傳遞行為，包含相關的學習、培訓和測試，也即從知識哲學本質出發研究中的顯性知識傳遞和管理。這樣的應用結果還不能夠達到知識管理發展的第二階段，即隱性知識的轉化問題[①]。因此，在知識管理研究中，我們特別關心如何識別組織知識中的顯性知識和隱性知識問題以及哪些隱性知識是可以轉化及其轉化途徑，還有不同的隱性知識是否有不同的管理方法和原則等問題。

在知識管理研究中，與隱性知識、關係績效和任務績效三者關係聯繫最緊密的主題就是知識共享，知識共享是企業知識管理議題中最重要也是最困難的一個。顯而易見，知識本身難以共享和難以表達的特性是造成知識共享困難的重要原因。從知識價值層面上看，組織知識必須通過共享才能使其效應擴大；從管理層面上看，知識不應該是靜態的存量管理，而應該注重的是動態的流量管理。然而，對大多數個人和團隊來說，知識是個人或團隊工作的核心資源，很難要求員工無私地奉獻和共享。對於知識管理的其他流程而言，這也成為企業知識管理所面對的最大挑戰。目前，國外對知識共享影響因素的研究很多，但絕大多數屬於理論性研究，實證性研究較少，國內的相關實證研究更是鳳毛麟角。張鵬（2011）[②]基於組織行為理論對企業員工知識共享行為影響因素進

[①] 吳鐘海.組織智力架構研究［D］.大連：東北財經大學，2011.

[②] 張鵬，黨延忠，趙曉卓.基於組織行為理論的企業員工知識共享行為影響因素實證分析［J］.科學學與科學技術管理，2011，32（11）：166-172.

行了實證分析，他構建了員工知識共享行為影響因素分析框架（見圖1-1）。他認為，如果個體對知識共享行為效果的認知是積極的，即對某種創新的評價是肯定的，就會形成積極的共享意向，進而影響共享行為。這也間接表明了關係績效對於隱性知識的促進作用，因為許多知識是無法用語言來描述的，即員工知道的比能用語言表示的更多。

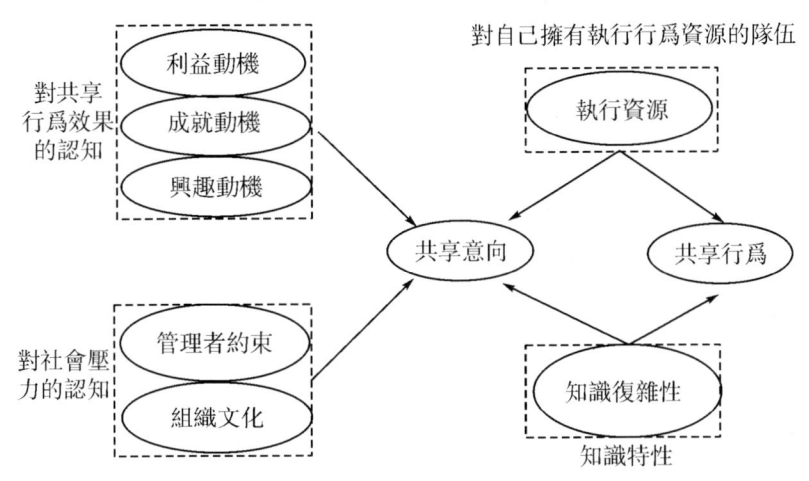

圖1-1　員工知識共享行為影響因素理論分析框架

知識共享給企業帶來的收益是巨大的，但我們對當前企業進行分析發現，企業知識共享的現狀並不令人滿意。尤其對於隱性知識來說，它作為知識的一個重要組成部分，首先要經過共享才能得到傳播，才能實現它的重要價值，所以在知識管理過程中必須充分重視知識共享行為。另外，若企業內部的知識共享行為是積極主動的，也說明整個企業的氛圍是融洽和諧的，這對於提升員工的關係績效和任務績效都是有正向幫助的。

實際上，近年來興起的知識治理是在更高層次上對知識管理理論的補充，是知識管理理論的新發展。隱性知識作為知識的重要組成部分，是知識治理重點關注的內容。在現在這樣一個知識經濟時代的大背景下，隱性知識儼然已經成為企業核心競爭力的來源。企業只有在知識管理過程中重點關注員工隱性知識共享行為，採取合理、有效的措施促使員工積極主動地共享隱性知識，才能將員工的隱性知識轉化為組織競爭力，從而達到知識治理的目標。

1.3　本書的研究框架結構

為了實現本書的研究目的，本書的研究框架結構安排如下：

第一部分為導論。本部分詳細地介紹了本書的研究背景、研究問題的提出、研究的目的和創新點以及研究的管理學基礎，包括人力資本理論、組織行為學理論和知識管理理論等內容。

　　第二部分為研究的目標、內容與方法。本部分確定了研究的目標與具體內容以及現有研究方法的總結、思考與選擇，結合本研究的特點和可行性，介紹了常用的管理學研究方法和數據分析方法以及研究視角的選取以及依據，在此基礎上確定該研究的研究方法、研究視角和技術路線，對實證研究中樣本的選擇介紹以及樣本選擇進行了介紹。

　　第三部分為相關理論回顧與評析。本部分是研究的理論基礎，首先對隱性知識理論、績效管理理論進行綜述，接著對關係績效和任務績效的定義和作用以及相關文獻進行匯總和評述。在現有研究的基礎上，綜合論述關係績效與任務績效、隱性知識與關係績效、隱性知識與任務績效的關係，並對以往研究進行總體評價，提出本研究的構想。

　　第四部分為隱性知識、關係績效和任務績效三者關係研究的實證研究設計。本部分介紹了研究的研究對象、研究結構、理論模型的建構和研究假設、管理學實證研究的一般程序簡介，同時對研究工具選擇、樣本採集以及樣本的人口統計學特徵、實證分析中使用的數據分析方法做了簡單介紹。

　　第五部分為隱性知識的測量。本部分首先對隱性知識測量的可行性進行了論證，並且對現有隱性知識測量工具進行了橫向與縱向的梳理，接著針對研究內容，編製了個體隱性知識測量初試量表和正式施測量表。正式施測量表用於本研究的實證研究部分，是研究的第一階段成果。

　　第六部分為實證分析結果。本部分是研究的主體和核心。首先對人口統計學變量與隱性知識、關係績效進行了獨立樣本T檢驗和方差分析，接著對施測的三份量表進行了信度分析和效度分析。通過對個體層面和團隊層面、子模型和總模型的劃分，將隱性知識、關係績效和任務績效三者關係的兩兩關係以及它們的影響路徑進行了假設和驗證，利用結構方程模型和多層統計分析模型分析了三者關係以及其影響路徑。

　　第七部分是研究結論及建議。本部分一方面實證研究的驗證結論並分別就個人層面和團隊層面提出相應的討論和建議，提出本書的創新點以及對企業人力資源管理實踐的啟示和建議；另一方面總結本研究存在的局限性，展望未來的研究方向和思路。

2 研究的目標、內容與方法

2.1 研究的目標與內容

隱性知識理論是麥克爾·波蘭尼（Michael Polanyi）於1958年在他的專著《個人知識》中提出「隱性知識」概念以后才被重視和發展的一門理論，涉及哲學、管理學、社會學、心理學等領域。在中國進行隱性知識及其相關理論的實證研究，提出將隱性知識與關係績效和任務績效相結合的研究框架，可以進一步探索中國人力資源管理理論中以知識管理為核心的相關研究。

隱性知識雖然不易察覺，但是對人和組織的行為起著潛移默化的影響，並具有延續性和持續性影響，是改善、提高組織關係績效和任務績效的基礎與出發點。隱性知識能夠正向影響組織的績效，並且這種影響是持久性的，是與組織的核心競爭力相關的。因此，在現代企業管理中，建立柔性的管理制度，重視對個人隱性知識、團隊隱性知識的開發和共享可以有效提升組織的任務績效，幫助組織形成核心競爭力。

基於以上研究目標，本書研究的主要內容如下：

2.1.1 梳理研究現狀，構建理論框架

本書深入挖掘在人力資本理論、組織行為學理論和知識管理理論背景下隱性知識、關係績效和任務績效的三者內在邏輯聯繫和實踐意義，通過搜集、整理現有研究文獻，結合中國的管理實踐分析三者的關係，確定研究的出發點。本書在思考這三者關係的同時，對國內外涉及隱性知識、關係績效和任務績效的關注焦點、發展趨勢、研究方法和工具進行整理和歸納，評述在當前知識經濟時代研究這三者關係的必要性和重要性。本書在根據相關文獻研究的基礎上，確定需要研究的各個概念的「結構」和「維度」，思考是否能確定恰當地適合本研究的量表、研究工具和研究方法。本書在收集專家信息和管理人員訪

談的基礎上，結合管理實踐和理論研究的基礎，進行定性分析，結合現有研究成果，構建隱性知識、關係績效和任務績效三者關係的理論研究框架。這部分既是本研究的理論基礎，也是現實基礎。

2.1.2 編製和確定研究量表，確定實證內容

本書通過文獻法、訪談法和問卷法收集量表項目，編製個人隱性知識初試問卷，進行預試研究和項目分析，並對正式量表進行驗證性因子分析，分析問卷的內容效度。本書選取被試對象（大樣本），選擇恰當工具，採用 SPSS 軟件對收集的數據進行統計分析，確定量表的鑑別程度，編製正式施測的個人隱性知識量表。結合第一部分提出的研究理論框架和邏輯關係，選擇並確定適合該研究的任務績效和關係績效的成熟量表，確定實證研究的具體假設以及所要使用的研究方法和研究軟件。從現階段組織行為學的研究方法趨勢來看，我們採用了個人層面和團隊層面的研究視角，在微觀模型中採用結構方程模型，在宏觀模型中採用多層統計分析模型的方法進行實證研究。

2.1.3 分析實證結果，理清三者關係

在個人層面和團隊層面，我們主要採用結構方程模型進行隱性知識、關係績效和任務績效三者關係的實證研究，對於個人和團隊的總體模型，由於考慮到跨層因素的影響，採用多層統計分析模型進行研究。在實證研究階段，我們採用第二部分研究內容中編製的個人隱性知識量表（正式量表）和關係績效、任務績效的成熟量表進行分析，將隱性知識、關係績效和任務績效三者的測量工具進行信度和效度檢驗，分析數據收集的可靠性和有效性；對隱性知識、關係績效和任務績效三者之間的關係進行結構方程模型與多層統計分析相結合的研究，驗證理論模型構建。

2.1.4 根據實證結論，提出相應建議

根據實證結論，我們提出在柔性導向的企業管理理論中個體隱性知識和團隊隱性知識的管理模式，包括建立健全符合企業實際的績效管理制度、注重隱性知識的傳播與共享、塑造柔性管理的價值觀。隱性知識和關係績效是兩個不同的範疇，但有著共同的特點：它們都從「隱性」的方面對企業的任務績效起著正向的促進作用。隱性知識在企業中是以經驗、技能、洞察力和心智模式等表現出來的知識。關係績效雖然對組織的技術核心沒有直接的貢獻，但它是以間接的方式，通過構成組織的社會、心理背景為支撐來促進組織內的溝通，

促進個人和組織任務績效的完成。團隊成員彼此間之所以能夠產生積極的行為預期,是因為個體通過隱性知識的共享,實現個體到團隊隱性知識的傳遞,再通過團隊的關係績效促進任務績效的完成,即所謂「隨風潛入夜,潤物細無聲」的過程。柔性管理價值觀是指以人為本的管理價值觀。它是在研究員工的心理和行為規律的基礎上,採用非剛性化、非強制的方式,使員工心中產生一種內在的對組織的認同,把完成組織目標變成個人自覺行動的一種有效管理方式。特別是針對知識性員工,組織柔性管理的價值觀越強,就越有利於組織目標的實現。

2.2 關於研究方法的思考與選擇

2.2.1 關於管理學研究方法的爭論與選擇

2.2.1.1 關於現有管理學研究方法的爭論與思考

第一,研究方法的外部效度迷失困惑。

外部效度是因變量與自變量之間關係的推廣性程度,涉及實驗結論的概括力和外推力。外部效度是指在脫離研究情境後,研究結果還能成立的程度。每一項研究都是在特定的時間和地點進行的,有特定的被試、指導語、測量技術和實驗程序。儘管研究本身具有特異性,但研究者通常期望研究結果不是特異的,可以推廣到研究情境之外。管理學研究方法的外部效度指的是其研究結果可以推廣到管理實踐中去,管理研究的理論成果能夠指導管理實踐活動。一般我們將研究結果能同樣適用於特定實驗範圍之外的其他時間、情境和人群的研究,稱為具有外部效度;相反,如果結果僅限定在約束條件內,則缺乏外部效度。對外部效度造成損害的因素有許多,包括被試者特徵、主試者特徵、研究的操作程序和測量方法等因素,其中任何一種因素與原設定的不一樣,都有可能制約研究結論的可推廣性。

管理學作為一門社會科學,研究對象是人和組織以及其管理問題,這屬於社會事實範疇。社會事實的本質屬性首先造成了本體論的分歧,構成了管理學研究中科學主義與人文主義分歧的根源[1]。本體論和認識論的分歧,在方法論上表現為管理學研究中的實證論與詮釋論的分歧。實證論是科學主義方法論思想的具體體現,強調理性和邏輯中心的作用。一直以來,實證論貫穿管理學研

---

[1] 薛求知,朱吉慶.科學與人文:管理學研究方法論的分歧與融合[J].學術研究,2006(8):5-11.

究，並占據統治地位。管理學科的創建是以泰勒的科學管理為標誌，實證管理研究的代表作即是早期經驗主義的研究成果。在實證論中，管理學以自然科學為標杆，試圖發現組織構成及其變遷的規律性，力求對社會組織達到客觀理性的認識，其最終目標是使管理學研究成為一門科學。雖然實證論方法是管理學研究的主流方法，但詮釋論也並未被摒棄。詮釋論以符號互動主義、詮釋學、建構學、現象學、本土方法論等哲學思潮為理論基礎，這些理論認為知識產於思維活動，而個體相互之間共有的包含互惠觀點的符號或象徵決定了思維能力。詮釋論方法對問卷設計與建構變量指標體系、確定操作性定義以及經過實證的量化結果均持否定態度，並認為統計數字和量表的運用會產生歪曲事實的效應，從而較重視研究者本身的研究能力與素質，強調管理行為的主觀意義以及研究對象內心的思想、情感、行為目的、動機需要等因素；強調對當事人的洞察、理解和解釋，這種方式通常應用於探索性研究。

　　實證論強調組織及管理活動的客觀性、研究主客體的可分離性和管理學研究的價值無涉性，而詮釋論則注重組織及其管理活動的主觀性、研究主客體的不可分性和管理學研究的價值有涉性。簡而言之，實證論盡可能削弱人的主觀作用，使管理學成為一門接近自然科學的學科，追求以客觀事實為實證基礎，客觀超然的因果定律；詮釋論則凸顯人的作用，使管理學成為一門人學，注重觀念作用、社會實踐文化意義[1]。

　　由於中國現代學術研究的起步較晚及民族文化中理性與實證主義傳統的缺失，使得我們在學術研究中對實證主義的態度呈現出「不得不追隨但時刻感到苦惱」的消極狀態。實證研究方法在西方實用主義者手中是一把利器，人文社會科學因為實證研究方法和研究工具的使用，似乎逐漸走上了科學的道路。然而，包括管理學、心理學、社會學、經濟學等在內的科學，每一門學科都有著自己的特點，也有著其不能被科學解釋的一面，或者說不能被現有經驗科學解釋的一面。這正是人文科學的魅力之所在，即它不會因為一個公式就能百分之百知道全部結果。管理學既是一門科學，也是一門藝術。我們把不能通過經驗科學解釋的一部分歸因為其藝術的部分。雖然我們承認管理學的兩面屬性，但仔細研究，其實它也並非所有問題都是具有兩面性的。就目前的研究成果而言，我們認為，涉及非領導理論的領域，其運用實證研究得出結論並得以推廣的外部效度仍然是比較高的；涉及領導理論的領域，由於領導的個人特質

---

[1] 薛求知，朱吉慶. 科學與人文：管理學研究方法論的分歧與融合 [J]. 學術研究，2006 (8): 5-11.

和風格以及其對於組織有較大的影響，因此其外部效度可能偏低。另外一個認為實證研究的推廣性差的原因在於一些研究者對於實證研究的理解、實證研究程序的掌握、研究方法的選擇和操作的嚴謹性不夠，造成了系統誤差，因此使得實證研究結果流於形式，不能在實踐上有所指導。

在方法論問題上，不但管理學如此，其他學科，如心理學、社會學、經濟學等皆是如此。從西方學術思想史的沿革來看，即便在西方，對實證主義的批評也一直在伴隨著學術發展的每一個過程。中國管理學者在方法論上的論證，實際上是沿襲了國外的爭論而已。不難看出，雖然部分學者反對片面的實證研究，但並未否定實證主義存在的必要性。這種爭論中，大家反對的主要有兩點：一是反對實證主義的強權統治，但在反對的同時，如何建構非實證的方法又是一件極其令人頭疼的事情。二是反對研究中的簡單唯方法論，即把科學的方法作為發表文章的工具，而非本著科學的態度，探尋對現象的認識、理解與解釋。

第二，多元化的管理研究方法正在興起。

管理學研究方法論存在著人文主義和科學主義之爭。科學主義認為管理學的研究可以採用自然科學的一套方法，追求以事實為實證基礎的客觀的自然的因果定律；人文主義則主張對研究對象進行深入描述理解，不要輕易超出既定的規律。科學主義與人文主義二者的競爭，深刻地體現著管理學研究不同本體論前提和認識論基礎，表現為實證論和詮釋論二者的分歧。而無論是管理活動的本質、管理學的學科屬性還是方法論本身，都是科學與人文交織的內在價值，從而可得知管理學研究方法論應該是一種人文和科學相融合的方法[1]。

尋求理論創新的常見學術探索方式——社會科學的交叉研究。管理學也不例外，其不僅在學科內交叉，也在學科間交叉，大量運用社會學、生態學、政治學、地理學等的知識框架、模型、元素去「發展」管理理論。對此，高良謀和高靜美（2011）[2]通過對西方文獻的檢索，發現西方學者對此也有兩種對立觀點：一種觀點認為，管理學的基本知識來源是學科借鑑，其豐富了管理學領域；另一種觀點認為，學科借鑑在一定程度上動搖了管理學的學科基礎，使得管理學面臨著喪失獨立性的風險且於實踐無意義[3]。

---

[1] 薛求知，朱吉慶. 科學與人文：管理學研究方法論的分歧與融合 [J]. 學術研究，2006 (8)：5-11.

[2] 高良謀，高靜美. 管理學的價值性困境：回顧、爭鳴與評論 [J]. 管理世界，2011 (1)：145-167.

[3] 郭驍. 構建面向「中國問題」的管理學研究範式 [J]. 經濟管理，2012，34 (5)：183-192.

儘管通過了上百年的發展，管理學仍面臨著許多困境和挑戰，人們對學科內一些元問題的認識仍然充滿爭議：因學科內關於管理學基本性質的爭鳴使得管理學的發展得到了促進，但這些不同的觀點也正好反應了管理學的發展仍處於前科學階段；管理學借鑒了大量的相關學科的知識，這有益於管理學本身的發展，但其隨之帶來了理論界對於學科本身合法性的疑義；為維護學科合法性，學者們不斷向科學化靠近，但又面臨著實踐相關性的重大挑戰。這些爭議意味著管理學在學科的基本性質、實踐相關性、學科的合法性、學科構建的方式和方法等諸多方面仍有著很多的矛盾和困境，管理學面臨著雙重窘境，即學科價值性和實踐價值性。辨析不同爭論之間的差異性與普遍性，這對於以何種標準判斷其是有效的管理學研究，進而對管理學本身進行清晰準確定位是十分重要的①。

　　管理學所用到的研究方法包括理論研究、實驗研究、實證研究和這三種研究的結合。同時，也有一些學者從不同的角度和層次對管理學中的研究方法進行了分類。例如，從管理研究的層次上劃分，可分為微觀研究和宏觀研究；從管理功能上劃分，可分為基礎研究和應用研究；從研究目的上劃分，可分為描述研究、解釋研究和規範研究。直接建立在對客觀事實觀測的基礎上則稱為實證，通過對一個或若干個具體事實或證據分析，從而得出結論或理論。實證主要解決「是什麼」的問題。實證的一個基本特徵是提出的命題是可測試其真實性的。

　　管理學研究領域常用到的實證方法，按照研究方式分類包括文獻法、比較分析法、實地研究法、訪問法、集體訪談法、問卷法和實驗法等。研究者與研究對象直接接觸的方法有實地研究法、訪問法、集體訪談法和實驗法，因此稱為直接研究。此外的其他研究方法則稱為間接研究法。這些研究方法的一個共同特點即研究者不參與到研究對象的活動當中，因此也稱為非參與性研究。當然還有一種不常用但非常重要的研究方法，即參與性研究，是指研究者直接參與到研究對象的活動中。參與性研究不僅能夠比非參與性研究獲得更多詳細準確的信息、數據和資料，更能夠讓研究者體會到作為參與活動成員的主觀感受和心理活動。實證方法按照研究對象的取樣範圍可分為全面研究（普查）、重點研究、典型研究、個別研究和抽樣研究。其中，抽樣研究又可分為隨機抽樣研究和非隨機抽樣研究。實證的研究結果，可以作為對現實管理活動的總結，

---

① 高良謀，高靜美．管理學的價值性困境：回顧、爭鳴與評論 [J]．管理世界，2011（1）：145-167．

還有對問題本質的發掘，對有價值經驗的一種概括，也可以是對已有理論的辯證①。

綜上所述，管理學是一門發展的學科，還沒有形成特有的、固定的研究方法，其本身就需要多元化的方法來發展和豐富理論。雖然在學科的發展過程中管理學仍然存在許多關於方法的爭論，但我們若站在辯證的視角，可以發現管理理論不能脫離實踐，管理實踐也要靠管理理論的經驗總結來發展。

2.2.1.2 關於管理學中統計方法的選擇和使用

統計學是應用數學的一個分支，主要通過利用概率論建立數學模型，收集所觀察的系統數據，進行量化的分析、總結，進而進行推斷和預測，為相關決策提供依據和參考。統計學被廣泛地應用在各門學科之上，從物理科學和社會科學到人文科學，甚至用於為工商業及政府的情報決策提供依據。任何一門學科的發展都離不開研究方法的有力支撐，研究方法的成熟程度和獨特性，是判斷學科獨立性和發展潛力的重要標準。無論何種學科領域，「最偉大而艱難的奮鬥是關於理論基礎和研究方法的」。一門學科的研究方法成熟與否，體現了該學科的發展程度，決定了這門學科的研究視野與理論深度，決定了該學科的發展方向。統計學的發展為許多學科和領域帶來了發展的契機，選擇恰當的統計分析方法也是非常重要的一個環節。

在管理學中，對統計方法的使用主要體現在兩個方面：一方面是在管理實踐的過程中，另一方面是在管理科學研究的過程中。

在管理實踐中，統計方法可以用來進行市場調查，同時也可以進行抽樣調查的應用。通過相關統計學的應用，我們可以得到一系列比較準確、合理的數據，為相關的管理決策者提供一定的依據。從宏觀上看，我們可以進行經濟管理的調查和數據分析，為調研報告提供相應的支撐數據等；微觀上看，我們可以進行薪酬管理中薪酬的計算和分析、績效管理中績效的考評和分析、員工招募過程中的履歷分析等。在管理實踐中運用統計學方法的主要目的是在現在所擁有的一切條件下，通過一系列的手段對管理活動的各個元素進行有效的組合配置，從而促進生產水平的提高。在公共管理領域，20世紀90年代以前，許多國內外研究者使用元分析、複雜因果關係模型和非線性模型等研究方法。20世紀90年代以后，一些學者嘗試使用更加高級的定量研究方法，如迴歸分析、

---

① 傅克俊. 實證方法在管理學研究中的應用 [J]. 山東工商學院學報，2005，19（5）：122-124.

羅杰指數分析、時間序列分析、結構方程和事件歷史分析等①。

當前管理學研究領域主要使用線性相關、線性迴歸、因子分析等簡單統計分析方法進行第一階段的研究，使用典型相關分析、結構方程模型、多層統計分析等進行更深入的研究。管理學研究中應用最廣泛的統計分析方法是迴歸分析法。迴歸分析法一般建立在問卷調查的數據基礎上，其應用非常廣泛，既可以應用在截面數據的研究中，也可以應用於時間數列的分析中。這種研究方法通常被用來分析解釋變量對被解釋變量的影響情況。迴歸分析和一般的線性模型一樣，對模型中的誤差項假設或是因變量的假設是相當嚴格的。因此，在迴歸模型中，因為這關係到使用的統計分析方法是否符合統計理論中對模式的假設，所以數據的特性特別是誤差項或是以變量的獨立性就顯得尤為重要。一般而言，正規數據分析的程序，會對統計模型分析后所產生的殘差項進行殘差分析，以檢驗數據分析后的殘差是否符合統計模型對誤差項的假設。在一般社會科學橫斷面的研究中，如果資料的取得是來自簡單隨機抽樣的結果，此時數據不應該也不會有相關性。因此，在進行迴歸分析后，殘差分析中殘差項間不應該具有非獨立的特性。

隨著管理學研究的不斷發展和深入，研究與探索多變量之間複雜關係及不可直接測量變量的關係就變得越來越頻繁和重要。在這樣的背景下，以往的研究工具已經不能滿足深入研究的需要，於是學者們開始尋找新的工具。因此，結構方程建模（SEM）逐漸進入到了管理學研究領域，現在已經發展成為管理學研究的重要工具之一。在20世紀70年代中期，瑞典統計學家卡爾·G. 杰斯隆（Karl G Joreskog）首次提出結構方程建模的概念②。

最近的20餘年來，社會科學在越來越廣泛的領域應用多層統計分析模型或多水平模型來分析社會現象，如教育學、心理學、社會學、經濟學和公共衛生研究等。多層統計分析模型所分析的多層數據或多級數據的優勢在於它們囊括了在微觀水平所觀察到的信息和從宏觀角度所得到的數據。在各類豐富的文獻中，多層統計分析模型被冠以各種不同的名稱，如隨機系數模型（Random Coemcient Model）、方差成分模型（Variance Component Model）、分級線性模型（Hierar Chical Linear Model）、隨機效應模型（Random Effect Model）、混合模型（Mixture Model）和經驗貝葉斯模型（Empirical Bayes Model）等。

---

① 範柏乃，樓曉靖.中國公共管理研究方法的統計分析及演進路徑研究［J］.公共管理學報，2013, 10（2）：94-100.

② 史江濤，楊金風.結構方程建模方法（SEM）在中國管理學研究中的應用現狀分析［J］.經濟管理，2006（1）：24-30.

在多層模型分析方法還不是很成熟以前，從事社會科學研究的學者就曾經關注和從事分級結構數據的分析工作。在20世紀50年代后期和20世紀60年代早期，美國哥倫比亞大學的教授拉扎斯菲爾德（Lazarsfeld）和默頓（Merton）曾就社會場景對個人行為的效應進行了研究。20世紀70年代，在教育學研究中，多層統計分析模型分析得到了飛速發展。博伊德（Boyd）和伊德（Iversen）在一項有關場景效應（Contextual Effects）的研究中，系統地討論了如何用微觀模型和宏觀模型去擬合多層數據，即在個體水平構建組內迴歸模型，然后將組內迴歸系數與描述組群的場景變量（Contextual Variable）聯繫起來。其缺陷在於，在研究中，模型估計採用的是不適合分析多層數據的普通最小二乘法（Ordinary Least Squares，OLS）技術。

多層統計分析模型的重大進步是在20世紀80年代初期，美國密西根大學從事人口學研究的社會學家發展了多層模型的統計理論，編製了相應的計算機程序，並將其應用於聯合國全球生育率調查（World Fertility Survey，WFS）數據的分析。在教育學研究中，美國的伯瑞克（Bryk）和勞登布什（Raudenbush）博士以及英國的戈登斯坦（Goldstein）博士做了大量工作，進一步完善了多層統計分析模型的方法論，同時編製了「用戶友好的」的計算機程序，從而使多層統計分析模型的應用得到推廣。

目前，多層統計分析模型在社會科學的各個研究領域已經被廣泛地應用。近幾年來，現代科學發展使各門學科不斷融合，各學科已經成為一個相互聯繫、不可分割的統一整體。學科間相互滲透和借鑑，推動著統計學的發展。模糊論、突變論及其他新的邊緣學科的出現為多層統計的進一步發展提供了新的科學方法和思想。另外，一些尖端科學成果被引入統計學，使統計學與這些學科的交互發展成為未來統計學發展的趨勢。國內許多學者已經開始將信息論、系統論以及圖論、控制論、混沌理論、模糊理論等方法和理論引入統計學，這些新的理論和方法的滲透必將會對統計學的發展產生深遠的影響[1]。

總之，統計學產生於應用，在應用過程中發展壯大。在經濟社會的發展、各學科相互融合趨勢的發展和計算機技術的迅速發展的現代背景下，統計學的應用領域、統計理論與分析方法也將不斷發展，在眾多領域展現其重要作用，為推動各個學科的發展提供研究工具。

2.2.1.3 關於多種研究方法結合的討論

從總體意義上而言，方法是人看世界的眼睛，是人們應對和改造世界的手

---

[1] 孟瑤. 基於多層統計分析的哈爾濱城市社區醫療服務滿意度研究 [D]. 哈爾濱：東北林業大學，2010.

足,直至作為手足功能之延長的工具。各種具體方法在本質上的集合就形成了方法論。人所看到的世界圖像,包括看見哪些圖像以及被看見的圖像的結構、關係、特質、功能和演化的方式等都和方法論有關,方法論變了,這些人所看到的世界圖像就會發生根本的變化。從學術研究的角度來說,方法論是研究者構建的,其作用是表述一整套他們關於現實世界的看法、科學的研究與理論標準的觀點,它貫穿研究始終,因此也可以看成理論研究過程中的哲學。所有的理論研究都是建立在一系列的基本假設之上的,從方法論的層面看,對現實世界的基本假設是研究者進行研究的一系列複雜的本體論(Ontology)和認識論(Epistemology)的假設的集合,是研究者賴以觀察、理解、分析問題的預設前提、方式方法,代表了思想系統形式的世界觀和信念。也就是說,方法論就像一座橋樑,使得理論可以通向現實世界。方法論為這條通道提供了一個本體論和認識論方面的標準,在這個標準之上,知識創造者之間建立一個檢驗、評價、推進理論的平臺,通過這個平臺,研究者群體進行對話、交流以使整個研究工作得以有效率地進行。因此,管理學研究中的科學與人文之爭表面上是方法論的競爭,實質上卻有著深刻的理論根源,體現為理論研究不同的本體論前提和認識論基礎。這是由方法論在整個「社會科學研究過程」的理論框架中的地位決定的,如圖 2-1 所示①。

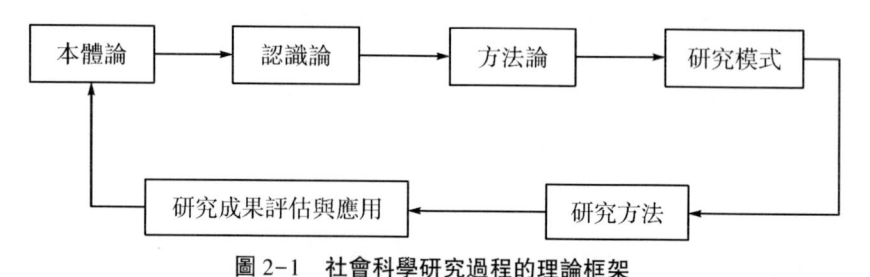

圖 2-1 社會科學研究過程的理論框架

　　管理學作為一門綜合性的學科,至今都尚未形成統一的或獨特的研究範式。管理學的發展是一個源源不斷引入其他學科研究方法的過程,如經濟學、心理學和社會學等學科的研究方法對管理學的影響深厚。其中,最突出的是量化研究方法的應用,量化研究方法使得管理科學的研究更加具有科學性和客觀性,進一步提高了科學理論或研究結果的逼真度。
　　實際上我們認為,每種方法都有其合理性和適用性,其是否有效,還有待

---

① 薛求知,朱吉慶. 科學與人文:管理學研究方法論的分歧與融合 [J]. 學術研究,2006 (8):5-11.

時間和實踐的雙重檢驗。結合本研究的內容和特點，我們選擇使用實證研究的方法，採用結構方程模型和多層統計分析模型相結合完成定量的分析。

2.2.2　本書對研究方法的選擇

目前關於隱性知識、關係績效和任務績效幾個主題的研究文獻比較豐富，既有採用規範研究的，也有採用實證研究的。作為管理學領域的一項研究，本研究綜合運用文獻研究法、比較分析法、訪談法、問卷調查法、實證分析與規範分析相結合、結構方程模型與多層統計分析模型相結合的方法。

2.2.2.1　文獻研究法

我們對有關隱性知識、關係績效和任務績效的文獻資料進行查閱和整理，把握和瞭解以往對於三者的關係及其前因變量和結果變量的研究成果；對中國期刊網、碩士博士學位論文全文數據庫提供的大量學術資料，通過文獻檢索的方法，對各種有關隱性知識、關係績效和任務績效的研究焦點與研究方法等進行梳理與綜合分析，找出研究隱性知識、關係績效和任務績效三者的關係的切入點和相關理論基礎。

2.2.2.2　比較分析法

我們結合國內外關於人力資本理論、組織行為理論、知識管理理論對於隱性知識、關係績效和任務績效的研究模式，比較國內外對三者的認識和研究的異同、趨勢；針對中國的管理情境，對隱性知識、關係績效和任務績效三者的關係的理論構建和管理啟示進行探討；針對問卷調查得到的研究數據，運用統計學思維建立結構方程模型和多層統計分析模型；根據微觀和宏觀的研究模型，對研究假設進行實證檢驗和結果比較分析。

2.2.2.3　訪談法

我們尋找典型的企業管理人員和專家學者，就隱性知識、關係績效和任務績效三者的關係進行訪談，對三者在管理研究和企業實踐中的影響和關係通過訪談收集資料並確定研究思路；積極吸取專家學者、各類管理人員對於隱性知識、關係績效和任務績效的直觀認識和研究建議。

2.2.2.4　問卷調查法

我們綜合國內外文獻分析應用的指標體系和眾多專家篩選的影響因素，設計出適合本研究的個人隱性知識量表調查問卷；根據抽樣調查的一般原則和方法，選取一部分有代表性的企業員工和管理人員，對個體和個體所在團隊進行數據的收集和調查；通過問卷調查，首先評估調查問卷的信度和效度，其次分析隱性知識、關係績效和任務績效三者的關係和作用激勵，並找出其中需要進

一步提高的方面。

2.2.2.5 實證分析與規範分析相結合

我們採用實證分析與規範分析相結合的方法。實證分析法：為了掌握隱性知識、關係績效和任務績效三者關係，需要在一定的抽樣基礎上對典型企業或組織進行實地調研；將數據進行收集整理，運用適當的分析方法和分析軟件，對個人和團隊層面的隱性知識、關係績效和任務績效三者的關係進行分析研究。規範分析法：基於實證分析結果，將人力資本理論、組織行為學理論、知識管理理論和統計分析等相關理論結合在一起，對隱性知識、關係績效和任務績效三者的關係進行規範化的研究。

2.2.2.6 結構方程模型與多層統計分析模型相結合

結構方程模型是基於變量的協方差矩陣來分析變量之間關係的一種統計方法，是一般線性模型的拓展，包括因子模型與結構模型，體現了傳統路徑分析與因子分析的結合。多層統計分析模型為研究具有分級結構的數據提供了一個方便的分析框架，研究者可以利用該框架系統分析微觀因素和宏觀因素對結局測量的效應，檢驗宏觀變量如何調節微觀變量對結局測量的效應以及個體水平解釋變量是否影響組水平解釋變量的效應。因此，基於個人視角和團隊視角的隱性知識、關係績效和任務績效三者的關係的研究，既需要利用結構方程模型的分析思路和方法，也需要結合考慮微觀層面和宏觀層面的多層統計分析模型的分析思路和方法。在管理學和社會學研究中，研究者們很多只選用一般線性模型，而一般線性模型的構建前提在人文社科類的研究中往往因為數據的來源質量而達不到基本要求。因此，在該研究中，我們利用原始數據的協方差陣來解決數據可能出現的不能符合模型建立前提條件的問題，利用水平解釋變量來解釋個體與團隊的問題。

2.2.2.6.1 結構方程模型簡介

其一，結構方程模型的來源與理論。

結構方程模型是近些年在社會科學研究中最受青睞的統計模型之一。該方法在20世紀80年代就已經成熟，但在那時使用該方法的研究者並不多。在社會科學以及經濟、市場、管理等研究領域，有時需處理多個原因、多個結果的關係，或者會碰到不可直接觀測的變量（即潛變量），這些都是傳統的統計方法不能很好解決的問題。20世紀80年代以來，結構方程模型迅速發展，彌補了傳統統計方法的不足，成為多元數據分析的重要工具。它被認為是社會科學定量研究領域第三代定量模型和第四代定量模型之間的橋樑；它通過將測量模型和因果模型相結合，實現了社會科學描述性研究和解釋型研究的統一；它使

得社會科學實證研究的宏觀分析和微觀分析得以溝通，實現了研究層次的突破；它採取的是驗證性分析和探索性分析相結合的策略，符合科學理論發展演進的邏輯。

結構方程模型是基於變量的協方差矩陣來分析變量之間關係的一種統計方法，實際上是一般線性模型的拓展，包括因子模型與結構模型，體現了傳統路徑分析與因子分析的完美結合。結構方程模型一般使用最大似然法估計模型（Maxi-Likelihood，ML）分析結構方程的路徑系數等估計值，因為最大似然法估計模型使得研究者能夠基於數據分析的結果對模型進行修正。

從統計模型發展的歷史脈絡上來說，結構方程模型是因子分析和路徑分析兩種古典的統計模型互相結合的產物，它構造處理一個與現實世界的認知形式和多元因果鏈具有高度同構性的統計模型。結構方程模型是一個極富生命力的統計模型，在近期的發展中，它成功地將多層次模型（Multi-Level Model）和縱貫分析（Longitudinal Analysis）等新的統計模型和技術納入到其體系之中，而在最近幾年更是借助於廣義線性模型（Generalized Linear Model）的一些技術，在將定類變量引入結構方程模型分析中取得了一定的進展。如果能把定類變量引入結構方程模型的問題徹底解決，這在統計學發展史上將具有革命性的意義。

結構方程模型分析同常用的統計模型有較大的不同，它在分析中所使用的數據不是原始數據，而是基於原始數據之上的協方差矩陣，它在具體的分析和實際應用中也有很多需要加以特別注意的地方。

因子分析和路徑分析是結構方程模型的兩個來源，所以結構方程模型的歷史最早可追溯到1904年查爾斯·斯皮爾曼（Charles Spearman）所發表的那篇關於因子分析的論文。在那篇論文中，斯皮爾曼用六門課的考試成績來綜合反應學生的智力。具體而言，因子分析對結構方程模型的貢獻主要在兩個方面：一是引入了潛變量的概念，二是基於變量間的協方差矩陣來估計模型的參數。路徑分析則出現得相對較晚，它以斯維爾·耐特（Swell Wright）於1918年發表的那篇論文的出現為標誌。但是，有更多的人認為路徑分析才是結構方程模型的真正開始（Bollen, 1989; Maruyama, 1998）[1]。路徑分析同樣也是基於變量的協方差矩陣來估計路徑參數的，其對結構方程模型的貢獻有三個方面：一是結構方程模型的基本形式，二是路徑圖，三是將變量間的效應分解成直接效

---

① BOLLEN, KENNETH A. A New Incremental Fit Index for General Structural Equation Models [J]. Sociological Methods & Research, 1989, 17 (3): 303-316.

應和間接效應。在路徑分析出現后，有近半個世紀的時間，結構方程模型完全等同於路徑分析，直到 20 世紀 70 年代，朱里斯考克（Joreskog）、基辛（Keesing）和威利（Wiley）三人將路徑分析、因子分析及其他相關技術結合起來，提出了一個一般性的模型，這才代表著現代意義上的結構方程模型的出現。由於這三個人在結構方程模型發展史上的重大貢獻，因此結構方程模型在早期也被稱為 JKW 模型。

由於統一的一般性模型的出現以及隨之出現的以 Lisrel 軟件和 AMOS 軟件為代表的相關統計軟件，在 20 世紀八九十年代，結構方程模型被稱為最主流的統計方法之一，在社會學、心理學、經濟學等相關學科得到了大量的應用。在 20 世紀 90 年代，隨著統計學的應用重點向定類數據分析轉向，結構方程模型的應用一時間被冷落了。但是，隨著研究人員的不斷擴展，結構方程模型得到了進一步的發展，主要表現在對定類數據的處理能力以及多層次模型的應用上，並且正進一步向著建立一個把所有的統計方法都統一起來的統計模型的方向努力，結構方程模型在近幾年來又重新掀起了一波應用的熱潮。

其二，結構方程模型中一些基本概念①。

結構方程模型的基本概念包括結構方程模型的變量和結構方程。

結構方程模型的變量按可否觀測和直接獲得，分為觀測變量和潛變量兩種類型。其中，觀測變量是指可直接測量的變量，通常是研究中的一些具體指標或數據；潛變量也稱隱變量，是無法直接觀測或測量的變量，潛變量需要通過設計若干指標間接加以測量。結構方程模型的變量按是否受其他變量影響，分為外生變量和內生變量兩種類型。其中，外生變量是指那些在模型或系統中，只起解釋變量作用的變量。它們在模型或系統中，只影響其他變量，而不受其他變量的影響。在路徑圖中，只有指向其他變量的箭頭，沒有箭頭指向它的變量均為外生變量。內生變量是指那些在模型或系統中，受模型或系統中其他變量包括外生變量和內生變量影響的變量，即在路徑圖中，有箭頭指向它的變量。內生變量也可以影響其他變量。

結構方程是用方程形式表現研究關係的一組方程式，結構方程模型通常包括測量模型和結構模型構成的三個矩陣方程式。

測量模型如下：

$y = \Lambda_y \eta + \varepsilon$

$x = \Lambda_x \xi + \delta$

---

① 王衛東. 結構方程模型原理與應用 [M]. 北京：中國人民大學出版社，2010.

結構模型如下：

$\eta = B\eta + \Gamma\xi + \zeta$

其中，Λ_x 是外生觀測變量與外生潛變量直接的關係，是外生觀測變量在外生潛變量上的因子載荷矩陣；Λ_y 是內生觀測變量與內生潛變量之間的關係，是內生觀測變量在內生潛變量上的因子載荷矩陣；B 是路徑系數，表示內生潛變量間的關係；Γ 是路徑系數，表示外生潛變量對內生潛變量的影響；ζ 是結構方程的殘差項，反應了在方程中未能被解釋的部分。

結構方程模型把對概念的測量和概念間的作用關係同時納入模型中，因此由測量模型和結構模型兩部分構成。在結構方程模型中，自變量稱為外生變量，因變量被稱為內生變量，這是從計量經濟學中借用的術語，因為外生變量在模型中是不可以被解釋的，而內生變量則可以從模型中得到解釋。需要強調的是，在結構方程模型中，內生變量和外生變量都是潛變量，或者被稱為概念或因子。這些潛變量是由多個觀察變量或者指標來測量的。

任何統計模型都有其使用的前提條件，結構方程模型也不例外。

針對其測量模型，有以下三個前提條件：

第一，$E(\eta) = 0$，$E(\xi) = 0$，$E(\delta) = 0$，$E(\varepsilon) = 0$；

第二，ε 與 η，ξ，δ 不相關；

第三，δ 與 η，ξ，ε 不相關。

針對其結構模型，有以下三個前提條件：

第一，$E(\eta) = 0$，$E(\xi) = 0$，$E(\zeta) = 0$；

第二，ζ 與 ξ 不相關；

第三，$(\Gamma - B)$ 為非奇異矩陣。

其三，結構方程模型的特點。

結構方程模型與其他傳統的統計分析模型相比，有一些較為突出的優點。例如，能同時提供總體模型檢驗和獨立參數估計檢驗，迴歸系數、均值和方差可以同時被比較、驗證性因子分析模型能淨化誤差，有擬合非標準模型的能力等。具體而言，其優點主要有以下幾點：

第一，能同時處理多個因變量。

結構方程分析可同時考慮並處理多個因變量。在迴歸分析或路徑分析中，就算統計結果的圖表中展示多個因變量，其實在計算迴歸系數或路徑系數時，仍是對每個因變量逐一計算。因此，圖表看似對多個因變量同時考慮，但在計算對某一個因變量的影響或關係時，都忽略了其他因變量的存在與影響。

第二，容許自變量和因變量含測量誤差。

包括廣義線性模型在內的大多數常規的統計方法，在形式上都可以歸於迴歸方法族中。下面以最常見的多元線性迴歸為例：

$$y = \sum \beta x + \varepsilon$$

其他同屬於歸回方法族的統計方法在形式上與上式具有同構性，而從該公式中可以發現一個隱藏著的假設，即在模型中，因變量 y 是有誤差的，其在公式中表示為 ε；而自變量 x 是沒有誤差的。這一點明顯同實際情況不符。而在結構方程模型中，內生潛變量和外生潛變量的測量模型在形式上是統一的，都有誤差項，因此更符合實際的情況。但是，這裡應該進一步考慮結構方程模型中自變量和因變量的誤差是從何而來的，因為這些誤差是由於潛變量是由多個觀察變量的測量所導致的。在潛變量只由一個觀察變量來測量的特殊情況下，無論是內生潛變量還是外生潛變量，都會同迴歸方法族中的自變量一樣，是不存在測量誤差的。

態度、行為等變量，往往含有誤差，也不能簡單地用單一指標測量。結構方程分析容許自變量和因變量均含測量誤差。變量也可用多個指標測量。用傳統方法計算的潛變量間相關係數，與用結構方程分析計算的潛變量間相關係數，可能相差很大。

第三，同時估計因子結構和因子關係。

絕大多數統計模型與屬於迴歸方法族的統計方法一樣，只容許模型中有一個因變量。在這類模型中，模型參數代表在條件等同（即其他所有自變量的取值都相同）的情況下，某個自變量的變化對因變量的影響。即便是在模型中引入了多個因變量，其實質也是分別就一個因變量和一組自變量建立模型，模型之間不存在相互影響。

首先，所有的內生潛變量（因變量）和外生潛變量（自變量）都只是由一個觀察變量來測量，即不存在測量誤差。

其次，所有的外生潛變量之間都只是相關關係，不存在影響（因果）關係。

最后，所有的內生潛變量之間都不存在影響（因果）關係，即 B 矩陣為零矩陣。

因此，只允許模型中存在一個因變量的實質是假設模型中所有的變量都只對一個變量有影響（因果）關係，其他變量都只是相關關係。這一點同現實情況是不符的。而結構方程模型的一般形式在模型中引入多個因變量，並且可以設定因變量之間的關係，從而意味著一個變量不僅受其他變量的影響，而且自身也可以影響別的變量，即某個因變量也可以作為另一個因變量的自變量，

並且變量間的影響可進一步分解為直接影響和間接影響。由於變量間的關係變得更加複雜，所以結構方程模型能更逼真地模擬實際情況。

假設要瞭解潛變量之間的相關性，每個潛變量要用多個指標或題目測量，一個常用的做法是對每個潛變量先用因子分析計算潛變量（即因子）與題目的關係（即因子負荷），進而得到因子得分，作為潛變量的觀測值，然後再計算因子得分，作為潛變量之間的相關係數。這是兩個獨立的步驟。在結構方程中，這兩步同時進行，即因子與題目之間的關係和因子與因子之間的關係同時考慮。

第四，容許更大彈性的測量模型。

傳統上，我們只允許每一題目（指標）從屬於單一因子，但結構方程分析允許更加複雜的模型。例如，我們用英語書寫的數學試題去測量學生的數學能力，則測驗得分（指標）既從屬於數學因子，也從屬於英語因子（因為得分也反應英語能力）。傳統因子分析難以處理一個指標從屬多個因子或者考慮高階因子等有比較複雜的從屬關係的模型。

第五，估計整個模型的擬合程度。

在傳統路徑分析中，我們只估計每一路徑（變量間關係）的強弱。在結構方程分析中，除了上述參數的估計外，我們還可以計算不同模型對同一個樣本數據的整體擬合程度，從而判斷哪一個模型更接近數據所呈現的關係。

第六，符合科學研究的邏輯。

利用統計學方法將社會科學研究定量化的過程中最常犯的一個錯誤就是把所有的研究都歸為探索性研究，以對數據本身分析和解釋作為研究的開始。這實際上是把所有的研究割裂成一個個孤立的片段，從而否定了連續發展的可能性。但是，科學研究更應該被視作一個歷史的過程和存在，它是一個累積和發展的過程，因此科學研究應該是探索性研究和驗證性研究的結合。任何一項科學研究都需要一個研究起點（研究假設），這個起點可以是以前的研究成果，可以是對研究對象的理性分析，可以是對研究內容的常識性看法；然后對研究假設操作化，通過經驗數據對研究假設進行檢驗，使其得到發展。總體來說，這是一個假設-檢驗型的思路。

結構方程模型分析與其他的統計方法不同的一點就是它完全是一種檢驗型的分析策略。在測量模型部分，各個觀察變量（指標）分別對應哪個潛變量（因子）是事先設定的，需要做的是檢驗各指標能否有效地測量其所對應的因子，即擬合優度能否達到某個水平，因此是驗證性因子分析，其遵循的是滿意原則。它不同於探索性因子分析——各觀察變量對應哪個潛變量是由數據所決

定的，從而擬合優度也能達到最優。而在結構模型部分，變量之間的關係（路徑）設定也是要基於事先的理論假設，而不是從一個個變量間都存在路徑的全模型開始，逐步去除路徑，最終得到一個擬合最優的模型。無論是測量模型還是結構模型，如果採取探索性的分析策略，儘管會針對其對應的樣本數據擬合最優，但是都會面臨這樣一個難題：如果兩個不同的樣本數據擬合出最優模型不一致該怎麼辦？對這兩個模型進行取捨的標準是什麼？兩個模型間的差異到底是因為樣本之間存在某種重要的差異呢，還是只因為樣本的隨機波動？因此，即使是科學研究本身也必須是一個歷史的過程，不然就會出現混亂。

具體來說，結構方程模型的分析策略有以下三種：

模型驗證型策略（Comfirmatory Modeling Strategy）：對事先設定的模型通過經驗數據進行檢驗，以確定對模型的接受或拒絕。

模型競爭型策略（Competing Modeling Strategy）：將多個可能的解釋模型放入經驗數據中進行檢驗，從中選出對經驗數據擬合得最好的模型。

模型發展型策略（Model Development Strategy）：對事先設定的模型通過經驗數據進行檢驗，然后對模型稍加改動，看是否存在比此模型擬合得更好的模型，如存在，則將此模型作為起點，用新的經驗數據對其進行檢驗，依次不斷發展出新的模型。

總之，無論是哪一種具體的分析策略，都可以看出結構方程模型分析是符合科學研究的邏輯的。

其四，結構方程模型的建模步驟和具體操作。

步驟1：模型設定（Model Specification）。

構建研究模型，具體包括觀測變量（指標）與潛變量（因子）的關係以及各潛變量之間的相互關係等。針對具體的問題，在確定利用結構方程模型進行分析的前提下，首先需要明確模型的形態。一般來說，需要明確模型中有幾個潛變量，各個潛變量分別由哪些觀察變量來測量，潛變量中哪些是內生變量、哪些是外生變量，各潛變量之間具體是何種路徑（關係）。需要強調的是，模型設定不是隨機的，也不是在對所研究的問題沒有任何信息的情況下就開始的。在測量模型部分，不應該給予探索性因子分析（Exploratory Factor Analysis）的結果來設定潛變量和觀察變量的對應關係，而應該基於以前經過檢驗的測量工具或者具有內容效度的測量，因此儘管結構方程模型的測量模型形式上等同於因子分析，但它不同於常見的探索性因子分析，而是驗證性因子分析（Confirmatory Factor Analysis）。而在結構模型部分，設定路徑關係時不應採取從所有潛變量間都存在路徑的飽和模型（Saturated Model）開始，然后看各

個路徑系數是否顯著來進一步修正模型的策略，而應該對研究問題進行邏輯分析而得出研究假設，或者經過檢驗的研究結果來設定路徑。

步驟 2：模型擬合（Model Fitting）。

對模型求解，其中主要是模型參數的估計，求得參數使模型隱含的協方差矩陣與樣本協方差矩陣的「差距」最小。模型擬合是指將設定的模型代入一個具體的樣本數據中，對模型求解，即對模型的各參數進行估計。在這個過程中，需要根據變量的屬性及分佈特徵來確定採用哪一種方法進行參數估計，常用的方法有最大似然法和最小二乘法。當然，並不是所有的模型都是有解的。在模型無解的情況下，需要考慮模型的設定中是否存在什麼問題，然后對模型進行修正。

步驟 3：模型評價（Model Assessment）。

在求出模型的解的情況下，需要對模型的有效性進行評估。進行評估需要主要考慮模型的各個參數是否顯著；模型的各個參數是否合理，如相關係數的絕對值是否小於或等於 1，某個具體參數是否與邏輯和常識相矛盾；通過一系列統計指標，評估模型在整體上能否很好地擬合樣本數據。

步驟 4：模型修正（Model Modification）。

在模型無法擬合的情況下需要對模型進行修正。而對於可以擬合的模型，也要根據模型評估的結果，對模型進行修正。然後又回到步驟 1，不斷重複以上步驟，以得到最合理、解釋力最強、對樣本數據擬合良好的最終模型。

以上四個步驟為結構方程模型的建模步驟，在具體操作中，還應注意樣本量的選擇、信度和效度的檢驗、模型的擬合度評估等環節。在數據準備階段，一般認為樣本數最少應在 100 以上才適合使用最大似然估計法（MLE）來估計結構方程（侯杰泰，2004）[1]。但樣本數過大（如超過 400～500 時），MLE 會變得過度敏感，容易使所有的擬合度指標檢驗都出現擬合不佳的結果（侯杰泰，2004）[2]。針對缺失的數據，應採用列刪除法、配對刪除法、插補法進行處理。對模型擬合程度的評估需要估算每一個因子的載荷量（標準化因子載荷反應了觀測變量影響潛在變量的部分差異，用於表示觀測變量與潛變量之間的相對重要程度），檢查每一個單一因子的測量模型對問卷數據的擬合度，檢查整個模型對問卷數據的擬合度，估算潛變量之間的關係等。

---

[1] 溫忠麟，侯杰泰，馬什赫伯特.結構方程模型檢驗：擬合指數與卡方準則 [J].心理學報，2004（2）：186-194.

[2] 溫忠麟，侯杰泰.隱變量交互效應分析方法的比較與評價 [J].數理統計與管理，2004（3）：37-42.

結構方程模型的基本擬合標準是用來檢驗模型的誤差以及誤輸入等問題。其主要包括不能有負的測量誤差、測量誤差必須達到顯著性水平、因子載荷必須介於 0.5~0.95、不能有很大的標準誤差。

結構方程模型的內在結構擬合度是用來評價模型內估計參數的顯著程度、各指標及潛在變量的信度。其主要包括潛變量的組成信度（CR），0.7 以上表明組成信度較好；潛變量的 CR 值，即其所有觀測變量的信度的組合，該指標用來分析潛變量的各觀測變量間的一致性；平均提煉方差（AVE），0.5 以上為可以接受的水平，AVE 用於估計測量模型的聚合效度，反應了潛變量的各觀測變量對該潛變量的平均差異解釋力，即潛變量的各觀測變量與測量誤差相比在多大程度上捕捉到了該潛變量的變化。

結構方程模型的整體模型擬合度是用來評價模型與數據的擬合程度的。其主要包括：絕對擬合度，用來確定模型可以預測協方差陣和相關矩陣的程度；簡約擬合度，用來評價模型的簡約程度；增值擬合度，理論模型與虛擬模型的比較。具體指標包括 χ^2 卡方擬合指數、RMR 殘差均方根、RMSEA 近似誤差均方根、GFI 擬合優度指數、PGFI 簡效擬合優度指數、PNFI 簡效擬合優度指數、NFI 規範擬合指數、TLI Tucker-Lewis 系數、CFI 比較擬合指數。

2.2.2.6.2 多層統計分析模型簡介

其一，多層統計分析模型的來源與理論[①]。

近 20 多年來，多層統計分析模型或多水平模型（Multilevel Models）（Mason, Wong 等, 1984[②]; Bryk & Raudenbuh, 1992[③]; Raudebush & Bryk, 2002[④]; Goldstein, 1987[⑤], 1995[⑥]）已廣泛地應用於社會科學各領域，如教育學、心理學、社會學、經濟學和公共衛生研究等學科。多層統計分析模型所分析的多層數據（Multilevel Data）不僅包括在微觀水平上所觀察到的信息，也包括從宏

[①] 王濟川，謝海義，姜寶法. 多層統計分析模型——方法與應用 [M]. 北京：高等教育出版社，2008.

[②] HAMBRICK DONALD C, PHYLLIS A MASON. Upper Echelons: The Organization As A Reflection of Its Top Managers [J]. Academy of Management Review, 1984, 9 (2): 193-206.

[③] BRYK, ANTHONY S, STEPHEN W RAUDENBUSH. Hierarchical Linear Models: Applications and Data Analysis Methods [M]. CA: Sports Illustrated, 1984.

[④] RAUDENBUSH, STEPHEN W, ANTHONY S BRYK. Hierarchical Linear Models: Applications and Data Analysis Methods [J]. Advanced Qualitative Fechniques in the Social Sciences, 2002 (1).

[⑤] BENBASAT, IZAK, DAVID K GOLDSTEIN, et al. The Case Research Strategy in Studies of Information Systems [J]. MIS quarterly, 1987, 11: 369-386.

[⑥] GOLDSTEIN, HARVEY. Hierarchical Data Modeling in the Social Sciences [J]. Journal of Educational and Behavioral Statistics, 1995, 20 (2): 201-204.

觀角度所得到的數據。在文獻中，多層統計分析模型被冠以各種不同的名稱，如分級線性模型（Hierarchical Linear Model）、隨機效應模型（Random-Effect Model）、隨機系數模型（Random Coefficient Model）、方差成分模型（Variance Component Model）、混合模型（Mixed-Effects Model）和經驗貝葉斯模型（Empirical Bayes Model）等。

在較成熟的多層模型分析方法出現以前，社會科學工作者就曾經關注和從事分級結構數據的分析工作。在 20 世紀 50 年代后期和 60 年代早期，美國哥倫比亞大學的教授拉扎斯菲爾德（Lazarssfeld，1961）和默頓（Merton，1957）[①] 曾就社會場景（Social Contexts）對個人行為的效應進行了研究。20 世紀 70 年代，在教育學研究中，多層統計分析模型分析得到了飛速發展。在一項有關場景效應的研究中，博伊德和艾弗森（Boyd & Iversen，1979）[②] 系統地討論了如何用微觀-宏觀模型去擬合多層數據，即在個體水平構建組內迴歸模型，然后將組內迴歸系數與描述組群的場景變量聯繫起來。但是，在他們的研究中，模型估計採用的是普通最小二乘法（Ordinary Least Squares，OLS）技術，而該技術是不適合分析多層數據的。

20 世紀 80 年代初期，美國密西根大學從事人口學研究的社會學家發展了多層模型的統計理論，編製了相應的計算機程序，並將其應用於聯合國全球生育率調查數據的分析。目前多層統計分析模型已經廣泛地應用於社會科學的各個研究領域。

社會科學研究的一個基本概念是社會是一個具有分級結構的整體。所謂分級結構，是指較低層次的單位嵌套於較高層次的單位之中。在社會中人不是孤立的個體，而是整個社會中的一個成員。作為個體，人是各類集體的成員，處於各種不同的社會場景中。例如，每個人都屬於某個家庭、某個鄰里、某個組織（如學校、公司、工廠……）或居住在某個具體城市、地區等。由此，學者們認識到，某個個體的行為或結局不僅受其本身特徵的影響，還會受其所處社會環境的影響。多層統計模型分析能夠評估個體水平的解釋變量（Explanatory Variables）和結局測量（Outcome Measure）的關係是如何受組群水平變量調節的。

社會的分析結構自然而然地使由其所產生的數據呈現分級或多層結構。在該類數據中，低一層的單位嵌套於或聚集在高一層的單位之中。該類數據的實

---

① MERTON ROBERT K. Social Theory and Social Structure [M]. NewYork：Free Press，1957.
② BOYD LAWRENCE H，GUDMUND R IVERSER. Contextual Analysis：Concepts and Statistical Techniques [J]. Wadsworth，2010（10）.

例不勝枚舉。最常用來說明多層數據結構的例子是對學生學習成績的研究。如學生嵌套在班級裡，而班級又嵌套在學校裡，由此形成了 3 個層次的分級結構。第一個層次的觀察單位是學生，第二個層次的觀察單位是班級，第三個層次的觀察單位是學校。學生是微觀層次單位或個體單位，所有更高一層的單位（即班級、學校）統稱為宏觀層次單位或社會場景。實際研究中最常用、最簡單的多層數據是具有兩層結構的數據，由其微觀層次單位和宏觀層次單位組成。

分析數據中的宏觀單位並不只限於縣、學校、村莊、診所或醫療中心等社會單位。個體有時也可以被處理為「宏觀」單位。例如，在縱向研究中，需要長期追蹤研究對象，對同一研究對象反覆收集數據。這種縱向觀察數據也可以看成分級結構數據。在這類數據中，重複測量嵌套於個體研究對象之中。因此，研究對象不同時間的重複測量是第一層觀察單位，而被研究的個體則是第二層觀察單位。當然，如果還有嵌套研究對象個體的更高層單位數據，也可以將第三層觀察單位引入數據結構，從而創建一個三層結構的多層數據。

有時候，多層數據的「微觀」和「宏觀」觀察單位均可以是個體。某些個體扮演第一層觀察單位的角色，而其他研究對象個體則扮演更高一層觀察單位的角色。例如，醫生和病人都是研究對象的個體，他們可以構建起一個多層結構數據。作為個體的醫生可以治療多個病人，因此他是多層結構的「宏觀」單位，而他所治療的病人則被看成「微觀」單位。同樣的情況還包括教師和學生、教練員和運動員、訪談者和被訪談者等。

還有一種特殊類型的多層統計分析模型——薈萃分析（Meta-Analysis）。該模型是通過綜合一系列相關研究的結果和發現，分析評估並解釋其一致性的一種綜合性分析方法（Glass，1976[①]）。在薈萃分析的數據中，個體套疊在某個具體的研究中，即研究對象為水平 1 單位，而具體的研究（如某教授的研究）為水平 2 單位。但是，我們通常不可能獲得各具體研究的原始數據，而只有其結果報告。薈萃分析可對這樣的數據進行多層模型分析。

其二，多層數據中的變量。

在多層統計分析模型中，結局變量是在個體水平測量的變量，而解釋變量則既在個體水平（微觀水平），也在組群水平（宏觀水平）測量。與常規統計分析一樣，個體解釋變量通常包括社會、人口學特徵（如性別、種族、受教

[①] GLASS GENE V. Primary, Secondary, and Meta-Analysis of Research [J]. Educational Researcher, 1976, 5 (10): 3-8.

育程度、年齡等），其他如心理和行為測量等，是否納入解釋變量則取決於研究者的理論假設。

在組水平上測量等變量稱為場景變量（Eontextual Variables）。猶豫個體特徵對組群水平特徵存在影響，樣本對組群特徵或樣本內各個體特徵對簡單聚集（如個體水平變量的組內平均值或組內某些個體的百分數或比例）可被處理為場景變量。這種場景變量是代表組群背景或特徵的聚集信息（Aggregate Information）。

然而，組群變量並不僅僅是樣本中個體信息的簡單集合，某些組群水平的特徵在個體水平是得不到的。例如，在關於學生在校表現的研究中，場景變量可包括聚集測量（如學生的性別、比例和平均入學成績等）和學校特徵測量（如學校在其所在地的排名、學生教師比、教師的教學經驗等）。前者代表學生等集體特徵，可由樣本本身產生，而后者代表學校等環境特徵，必須從學校水平的渠道去收集數據。

場景變量可以是連續變量，也可以是分類變量。例如，在有關兒童肥胖症的多層結構研究中，兒童是第一層觀察單位，家庭鄰里環境可以是第二層觀察單位。研究者可用一個虛擬變量（Dummy Variable）（1——是，0——否）來表示其家庭居住地周圍是否有快餐店。家庭居住地周圍有快餐店可能會對兒童飲食結構產生影響，從而影響兒童的肥胖情況。

理論上講，在統計分析中可以用 $j-1$ 個虛擬變量來代表 j 個組水平單位的所有場景特徵。然而，在組數較多的情況下，由於會在宏觀水平方程中出現太多的虛擬變量，這種方法不可行。

其三，多層統計分析模型的優點及局限性。

從統計分析技術角度上講，傳統分析方法在分析多層數據時所遇到的問題可通過多層統計分析模型得到解決。另外，多層模型分析不需要假設數據中的觀察相互獨立，因而可以修正因觀察數據的非獨立性引起的參數標準誤差估計偏倚。

多層統計分析模型的產生是社會科學理論研究和方法論的進步。多層統計分析模型為研究具有分級結構的數據提供了一個方便的分析框架，研究者可以利用該框架系統分析微觀和宏觀因素對結局測量的效應，檢驗宏觀變量如何調節微觀變量對結局測量的效應，以及個體水平解釋變量是否影響組水平解釋變量的效應。多層統計分析模型的這些能力可以廣泛地應用在社會科學研究中。

多層模型分析不僅能夠使研究人員瞭解個體水平和組群水平變量對結局測量的效應及組群變量對個體水平變量效應的調解，而且提供了研究結局測量在

不同水平變異的機會。通過多層模型分析，我們能將結局測量中的變異分解成組內變異和組間變異，可以研究結局測量在個體水平和組群水平相對變異的情況。

另外，多層模型對稀疏數據是一個特別有用的分析工具。例如，在少數民族學生學習成績等研究中，如果某校樣本中少數民族學生的數量太少，在評估學生成績時，組內迴歸模型不能提供可信的統計推論。但是，如果學生樣板來自一定數量的學校，運用多層統計分析模型可以利用所有學校的數據，這樣就能彌補個別學校樣本中的數據稀疏問題。多層統計分析模型是適合於此類數據的重要統計分析方法。

多層統計分析模型可以用來研究縱向數據中結局測量隨時間變化的發展軌跡。錯層模型在縱向數據分析中的應用稱為發展模型（Growth Model，GM）。與傳統重複測量分析方法比較，發展模型有明顯的優勢。它不僅可以分析研究對象隨時間發展的個體內變化，也可以分析這種變化的個體間變異。發展模型的優點還有：其一，發展模型需要均衡數據（Balanced Data），即不要求每次測量都有等數量的觀察對象，也不要求每次測量都有相同的時間間隔；其二，在數據隨機缺失（Missing At Random，MAR）的前提下，發展模型允許數據存在缺損值；其三，發展模型能夠在模型中方便地處理時間變化協變量（Time-Varying Covariates），還能夠評估結局測量隨時間的變化率與個體結局測量水平之間的關聯；其四，發展模型也可以方便地將個體套疊其中的社會場景單位納入模型分析，從而將模型擴展成三層或更多層次的模型。

然而，在社會科學研究中，沒有一種統計學分析或定量分析方法是完美無缺的。多層統計分析模型也有其局限性，具體如下：

第一，因為在微觀和宏觀水平上同步分析結局測量變異，多層統計分析模型較普通迴歸模型複雜。它的模型參數量較大，不夠簡約。

第二，多層統計分析模型需要較大的樣本量，以保證模型估計的穩定性。

第三，實際研究中，經常遇到的一個問題是組群數量相對較少（儘管樣本總量足夠大）。這樣，組水平模型的殘差可能呈非正態分佈，因為模型的參數估計，特別是組水平的方差成分和標準誤差估計以及跨層交互作用估計均可能出線偏倚（Bias）。在多層數據中，較高單位（如組群）往往不是通過隨機方法從嚴格定義的總體中抽取的。例如，一個多地區的公共衛生研究項目，其項目實施地點通常分佈在不同的地區或城市，這些研究點往往不是隨機選擇的，而是研究者根據對研究地區是否熟悉、某地區健康問題的嚴重程度、在該地區實施研究的可行性來選擇的。儘管有時候研究者也認真考慮了研究地點的

分佈，但這種研究地點的選擇通常不是隨機的，其對目標人群中較高層次的回應單位沒有代表性。因此，在對此類數據的多層模型分析結果做出推論時應慎重。

第四，某些場景變量通常是樣本中各組內個體的聚集測量，而不是目標總體內各族群的聚集測量。如果組群子樣本量不是足夠大，場景變量的測量就會出現偏倚，從而產生錯誤的組群信息。

第五，因為研究對象通常具有流動性，具體組內的研究對象並非同時進入該組，從而受組群水平因素影響的時間長短不同。因此，早進入和後進入各組的研究對象受組水平因素影響的程度不相同。解決此問題的方法，是在數據分析中控制各組成員在組內的時間。遺憾的是，在實際數據中，通常沒有組內成員在組內時間長短的信息。因此，只能假設同一組內的研究對象受組群水平因素影響的方式和程度是一樣的。

第六，在傳統的迴歸分析中，將所有的解釋變量都看成固定變量（Fixed Variables）。事實上，大多數變量不是固定變量，而是隨機變量。隨機變量意味著存在測量誤差。也就是說，變量值可隨測量而發生變化。例如，一個人的血壓在同樣的條件下可能會有不同的測量值。結構方程模型（Structural Equation Models，SEM）可用於處理測量誤差。如多數普遍運用的統計分析模型一樣，目前流行的多層統計分析模型均假定所有變量都沒有測量誤差。

第七，在多層模型中，通常假設多層數據是完全嵌套的。這就是說，每一個較低層的單位嵌套於且只能嵌套於一個較高層的單位。

其四，多層統計分析的一般模型。

如果組內相關係數檢驗具有統計顯著性，則可將解釋變量納入模型進行多層模型分析。為簡便起見，下面在一個兩水平多層模型中包括兩個水平1解釋變量和一個水平2解釋變量：

$$y_{ij} = \beta_{0j} + \alpha_1 x_{1ij} + \beta_{1j} z_{1ij} + e_{ij}$$
$$\beta_{0j} = \gamma_{00} + \gamma_{01} \omega_{1j} + u_{0j}$$
$$\beta_{1j} = \gamma_{10} + \gamma_{11} \omega_{1j} + u_{1j}$$

其中，y_{ij} 表示在第 j 個水平2單位（如第 j 組）中的第 i 個個體的水平1結局測量；$i=1, 2, \cdots, n$（n 是總樣本量），$j=1, 2, \cdots, j$（j 是水平2的單位數）。

其五，建立多層統計分析模型的步驟。

在統計模型分析中，無論是理論知識還是實踐經驗，往往都不能提供準確信息來決定什麼具體模型適合某特定數據的分析。通常，人們首先在現有理

論、文獻或之前研究的基礎上,提出有關模型的一些基本想法或假設。在研究開始時,沒有人確切知道哪個模型擬合數據最滿意,可以提供有意義、可解釋性的結果,同時又是簡約模型。一般說來,模型的建立通常是一個既基於統計學考慮,又基於理論考慮的探索過程。多層統計分析模型建模的指導方針及步驟在許多研究中都有過討論。結合浩克(Hox,1994)[1] 和辛格爾(Singer,1998)[2] 所推薦的方法,在下列多層模型的建模過程中,我們以擬合截距模型或空模型來檢查結局測量變異開始,然后一次檢查可能影響結局變異的宏觀和微觀解釋變量及其跨層交互作用。

步驟1:運行空模型(Running the Empty Model)。空模型或截距模型是多層模型建模的基礎。只有在確定了數據存在顯著性組內相關后,才有必要繼續多層模型的建模;否則,用常規多元迴歸分析該數據便可以了。空模型的結果可以說明總截距測量變異中多大程度是由組內變異引起的,多大程度是由組間變異引起的。微觀和宏觀來源的截距測量變異可以用來計算組內相關係數(ICC),並檢驗是否所有組群都具有相同截距均數的假設。此外,空模型還能夠提供關於截距測量總均數以及各組均數的可靠性等重要信息,同時還能夠作為與其他複雜模型進行比較的基礎模型。因此,在多層統計分析模型建立的過程中,第一步總是先運行空模型。

步驟2:將水平2解釋變量納入空模型(Adding Level-2 Explanatory Variables into the Empty Model)。多層模型建模的第二步是在空模型中加入水平2解釋變量或水平1解釋變量。我們傾向辛格爾的方法,即首先通過加入水平2解釋變量來擴展空模型。如果空模型結果顯示數據存在顯著組織內相關或存在組內同質性,意味著該數據存在組間異質性。這樣,平均截距的組間變異便有待解釋。從邏輯上講,模型構建的下一步便是在模型中加入組水平變量來解釋這種變異。

在理論上,所有的組水平解釋變量都應考慮納入模型。但正如迴歸模型匯總自變量數不能多餘觀察數一樣,所要考慮的組水平變量數不能多於組群數(即水平2單位數)。實際研究中,納入多層模型中的組水平變量非常有限。為簡便起見,我們用一個水平2解釋變量來預測隨機水平1截距的組間變異:

$$y_{ij} = \beta_{0j} + e_{ij}$$

---

[1] HOX JOOP J, ITA GG KREFT. Multilevel Analysis Methods [J]. Sociological Methods & Research, 1994, 22 (3): 283-299.

[2] SINGER JUDITH D. Using SAS Proc Mixed to Fit Multilevel Models, Hierarchical Models, and Individual Growth Models [J]. Journal of Educational and Behavioral Statistics, 1998, 23 (4): 323-355.

$\beta_{0j} = \gamma_{00} + \gamma_{01} \omega_{1j} + u_{0j}$

$y_{ij} = \gamma_{00} + \gamma_{01} \omega_{1j} + (u_{0j} + e_{ij})$

該試驗性模型可稱為帶宏觀解釋變量主效應的隨機截距模型。與截距模型比較，該模型具有相同的隨機成分或隨機效應，但其固定效應不同。當用 LR 卡方檢驗進行該模型與截距模型的比較時，模型需用 ML 法而不是 REML 法估計。

步驟3：將水平1解釋變量納入截距模型（Adding Level-1 Explanatory Variables into the Empty Model）。在建模的第二步，檢測組截距均數與組水平變量之間的關係時沒有控制個體特徵，即水平1解釋變量。在建模的第三步，我們將水平1變量加入模型，並將所有的水平1斜率看成固定斜率。為簡便起見，我們這裡僅在模型中納入一個具有固定效應的水平1解釋變量：

$y_{ij} = \beta_{0j} + \alpha_1 x_{1ij} + e_{ij}$

$\beta_{0j} = \gamma_{00} + \gamma_{01} \omega_{1j} + u_{0j}$

$y_{ij} = \gamma_{00} + \gamma_{01} \omega_{1j} + \alpha_1 x_{1ij} + (u_{0j} + e_{ij})$

以上試驗性模型稱為隨機截距模型，其水平模型的設定原則與多元迴歸模型相似，有關水平解釋變量均應包括到該方程中。

建模步驟2和步驟3中的設定模型具有相同的隨機效應，但其固定效應不同。當用 LR 卡方檢驗比較具有相同隨機效應、不同固定效應的模型時，模型估計使用 ML 法而不是 REML 法。

步驟4：檢驗水平1隨機斜率（Testing Level Random Slopes）。在建模第三步之後，我們需要確定模型中哪些水平1斜率是隨機系數，以便檢驗模型中的跨層交互作用。多層模型中，不僅截距測量組均數會跨組變化，而且水平1解釋變量與截距項之間的關係也會隨組群的變化而變化。換言之，每一個水平1解釋變量都可能有一個隨機斜率，並且不同的水平1隨機系數，包括隨機截距和隨機斜率之間都可能相互關聯。建模的第四步，即確定模型中的水平1隨機斜率。從理論上講，水平1的截距和所有的斜率都可能是隨機的，這種模型有時被稱為隨機效應模型。但是如果模型中僅有某些水平1迴歸系數是隨機的，而其他系數是固定的，這種模型有時被稱為混合模型。其中，隨機和固定迴歸系數混合併存。

前面空模型或截距模型實際討論的是如何檢驗多層模型中水平1隨機截距，但如何確定模型中的隨機斜率呢？當然，我們可以將模型中所有的斜率都設定為隨機斜率。然而，這樣的模型構建策略可造成水平1隨機斜率數量太多，因而產生模型估計問題，如導致模型估計不收斂等。因為當水平1隨機斜

率的數量增加時水平 2 殘差方差或協方差參數的數量會大量增加。例如，在一個僅有一個水平 1 隨機系數的截距模型中，僅有一個水平 2 殘差方差。增加一個水平 1 隨機斜率，就會有三個水平 2 殘差方差和協方差。如果有 q 個水平隨機斜率加隨機截距，水平 2 殘差方差和協方差的參數和數量就會達到（q+1）[（q+1）+1]/2 個。這需要大量的信息來估計模型的隨機部分，即需要很大的數據規模來避免模型估計的不穩定性。

基於理論、假設和經驗，研究者通常應首先對模型中哪些水平 1 解釋變量可能具有隨機斜率有一個初步估計。然後，通過對水平 2 殘差方差或協方差矩陣中的斜率進行統計顯著性檢驗，以確認哪些水平 1 斜率是隨機系數。如果統計檢驗不能拒絕零假設，則表明相應的水平 1 斜率在各組間沒有顯著性變化，因此可以將其作為水平 1 固定斜率處理，其對應的水平 1 解釋變量為固定效應變量。

假定模型中有一個水平 1 隨機截距和斜率，並且暫不用組水平解釋變量來預測水平 1 隨機斜率的變異，模型可表達如下：

$$y_{ij} = \beta_{0j} + \beta_{1j} z_{1ij} + e_{ij}$$
$$\beta_{0j} = \gamma_{00} + \gamma_{01} \omega_{1j} + u_{0j}$$
$$\beta_{1j} = \gamma_{10} + u_{1j}$$
$$y_{ij} = \gamma_{00} + \gamma_{01} \omega_{1j} + \gamma_{10} z_{1ij} + (u_{0j} + z_{1ij} u_{1j} + e_{ij})$$

步驟 5：檢驗跨水平交互作用（Testing Cross-Level Interacions）。如果某些水平 1 斜率經檢驗是隨機的，可將其作為宏觀模型中組水平解釋變量的函數，在組水平上解釋其組間變異。例如，如果將組水平解釋變量分別納入在公式中，則有如下多層模型：

$$y_{ij} = \beta_{0j} + \beta_{1j} z_{1ij} + e_{ij}$$
$$\beta_{0j} = \gamma_{00} + \gamma_{01} \omega_{1j} + u_{0j}$$
$$\beta_{1j} = \gamma_{10} + \gamma_{11} \omega_{1j} + u_{1j}$$
$$y_{ij} = \gamma_{00} + \gamma_{01} \omega_{1j} + \gamma_{10} z_{1ij} + \gamma_{11} \omega_{1j} z_{1ij} + (u_{0j} + z_{1ij} u_{1j} + e_{ij})$$

經過以上建模探索後，我們希望能夠建立起一個「最終」模型。不過，一個擬合數據良好的模型，並不一定是令人滿意的模型。模型的選擇是一個統計學和研究理論共同驅動的過程。模型建立的目的不僅僅是提出一個數據擬合滿意的統計模型，更重要的是要建立一個具有結果可解釋型的簡約模型。

2.2.3 本書對研究視角的選擇

本書的研究選取了個人層面和團隊層面兩個視角分別進行實證分析，將個

人層面和團隊層面共同納入包含團隊水平的多層統計分析模型中。以下我們對研究視角的選取進行簡要論證。

2.2.3.1 個人視角

2.2.3.1.1 個人知識管理

隨著科學的發展，一種客觀主義的科學觀和知識觀開始形成。在人類認識世界以及探索世界的科學研究過程中，所有含有個體性的成分都被視為有悖於客觀主義知識理想的否定性因素。波蘭尼正是在此看出其問題癥結之所在，從而提出了個體知識論。他認為，知識是主觀的、私人化的，具有內隱性和默會性，而具有主觀性、內隱性和私人化的知識不論借助任何邏輯形式來表達，都不能完全實現知識的顯性化。

不可否認的是，任何組織層面上的知識管理，其成功實施都必須依賴於「個人」這個重要因素。個人通過有意識、有針對性地學習知識、管理知識、創造新知識，然后應用新知識，提高個人績效和競爭力，最后使個人價值得到更好地實現是實施個人知識管理的目的。個人知識管理通常包括以下三個層面：第一層面是對個人已經獲得的知識進行管理；第二層面是通過各種國內知識管理學科研究熱點、前沿與趨勢分析途徑，不斷學習新知識，吸取和借鑑別人的經驗、優點和長處，彌補自身思維和知識缺陷，建構和完善自己的知識體系和特色；第三層面是利用自己所掌握的知識以及長期形成的觀點和思想，使隱性知識向顯性化方向轉變，激發創造新知識。以此看來，個人知識管理對組織的成功具有非常重要的意義。通過對相關文獻的分析，我們發現，國內個人知識管理研究主要包括個人知識管理的基本理論、教師個人知識管理、學生個人知識管理和圖書館館員個人知識管理等方面的內容，並朝著「雲計算」下的個人知識管理、智能手機操作系統的個人知識管理平臺、個人知識管理與個人知識管理績效評估等方向發展。

特定的知識所表達的含義依賴於不同的時間和地點，即隨著具體情形等外在條件而變化，因此對個人具有很大的依賴性，個人知識會隨著個人年齡、經驗和知識容量等的不同而呈現不同的意義指向。更值得注意的是，很多個體知識是以潛在的未編碼的知識、經驗和技能等形式存在的隱性知識。個體知識往往處於分散狀態，而要實現個體知識的價值，需要對分散的個體知識進行聯結與融合，再將整合的個體知識融入組織的知識體系中，最后應用到產品和服務中去。員工個人所擁有的知識在時間上的互補性和不同個體知識之間空間上的互補性，為知識的交流和知識的演化提供了條件和基礎。

員工個體知識處於動態的知識轉化循環系統中，個體知識只有通過交流才

能被更好地創造，才能實現知識的互補。不同類型的知識以及不同知識個體之間的交流和分享，可以讓交流者從對方獲得啓發和靈感，為現有知識的充實和擴展提供動力，為知識向更高層次的發展提供能量。

卞繼偉與鄭孟煊認為，員工個體的知識結構是指頭腦中不同類型的知識的相互數量和質量的關係。邵仲岩等則將個體的知識結構界定為個體具有的相互聯繫和相互作用的各種因素、方法、經驗等知識形成的知識子系統構成的知識大系統。

總之，知識並不是獨立存在於個體之上的，它是人類思考或反思的結果。因此，本書探討的員工個體知識概念是在員工個體具有某種確信程度的信念基礎之上的，是人對自然與社會現象和法則的認知，是一個不斷確信或不斷懷疑的過程。因此，員工個體知識是員工構造出來的，具有一定確信程度的模式，這個模式使得經驗裡的規律具有了意義和結構。這種理解有助於更加深刻理解知識的內涵，從深層次探討基於知識視角的員工創新行為發生機制。

2.2.3.1.2 個人在團隊和組織中的作用

個人、團體和組織作為三個重要的層面，各自有著其特定的對話體系和相互連接的内在機制。個體是所有實踐活動的踐行者，是知識的接收者和傳遞者，是認識的主體。所有相關人的活動，最后的落脚點和出發點都在於個人這個層面。相比較於個體，團隊的角色主要是整合①。整合是團隊層面的對話，因為當個體在團隊中進行互動和交流，就會形成思維的碰撞、觀點的融合，就會使團隊知識得到豐富、修正和完善。

由跨層次理論可知，同一自變量在個體、群體兩個層面都能對因變量產生影響。如今，團隊研究的重點是如何最大限度地調動成員的積極性，發揮其集成優勢。更重要的是，伴隨著個體間的知識共享、信息交流以及彼此信任感的增加、擴散和滲透作用，這一過程能夠促使團體創新效能不斷提升。同時，團隊共同的價值觀能有效地提升員工的歸屬感和工作滿意度，加強員工間的合作精神，最后促使員工把奇思妙想落實到具體行動中。團隊心理資本對知識員工創新績效有正向促進作用；個體心理資本在團隊心理資本與創新績效之間起跨層次仲介作用。

心理學認為，個人的認知能力是人類對外部環境刺激做出反應的核心和基礎，由於個體間的差異，不同的個體在相同的刺激下會產生不一樣的行為反

---

① 賈良定，尤樹洋，劉德鵬，等．構建中國管理學理論自信之路——從個體、團隊到學術社區的跨層次對話過程理論［J］．管理世界，2015（1）：99-117．

應，而同一個體在不同的環境條件下面對同一種刺激時也會做出不同的反應①。

作為個體的人，其認知能力特徵上的差異是天然存在的，一旦個體加入組織，組織成員間就會相互影響，這使得個體間的認知能力出現交叉和混合，隨著時間的推移，組織會形成一套既定的認知能力模式，這套模式既使得每個組織個體成員相互區別，又使得組織與組織之間的異質性得到體現。組織之間的異質性也會使組織在其行為上的表現區別於其他組織。組織所具有的行為異質性會受到組織成員的認知能力因素影響，當組織遇到環境的變化時，組織會表現出一定程度上抗拒這種變化的傾向。組織在長期的發展中，其成員尤其是關鍵成員的人格特質和認知能力固化於組織，促使組織根據過去的經驗形成對組織慣例、規則的依賴和排他。因此，組織會拒絕從現實情況吸收新信息來改變自身的行為。

由於一個組織在認知能力上的發展是基於該組織的所有成員的認知能力，因此組織認知能力在很多方面的表現形式和個體成員的認知能力表現形式會有所相似。圖2-2為組織智力架構研究中對個體和組織層面各能力的圖解。

2.2.3.2 團隊視角

團隊作為企業組織的一個重要構成部分在企業實現目標的過程中發揮了重要作用。團隊管理研究已經成為企業管理領域中研究的重點。由於團隊是現代組織常見的形式，團隊內部的互動頻繁，成員互相依賴的程度較高，信任的作用在團隊中體現得尤為顯著②。組織和團隊均是人與人之間關係存在的載體③。可見，以團隊為視角的研究具有非常重要的意義。其中，知識共享對團隊的影響一直是學者們研究的重點。知識共享分為顯性知識共享與隱性知識共享。隨著互聯網的普及以及文化建設水平的提升，顯性知識的獲取相比隱性知識的獲取要容易得多，但是很多有價值的知識都來源於隱性知識的共享。

2.2.3.2.1 團隊的相關概念

在人力資源管理領域，團隊這種組織方式十分流行，團隊與現階段強調員工的合作和滿意的管理哲學相一致，關於團隊的研究則可以追溯到20世紀50年代。1949年，多伊奇（Deutsh）指出合作與競爭對組織的影響。他認為，應該使人們在組織中具有共同目標，在共同的目標下合作共事。20世紀60年代

---

① 吳鐘海.組織智力架構研究［D］.大連：東北財經大學，2011.
② 郎淳剛，席酉民.信任對管理團隊決策過程和結果影響實證研究［J］.科學學與科學技術管理，2007（8）：170-174.
③ 劉雪梅，趙修文.關係績效與離職傾向的實證研究：以團隊信任為仲介變量［J］.科研管理，2013，24（3）：93-98.

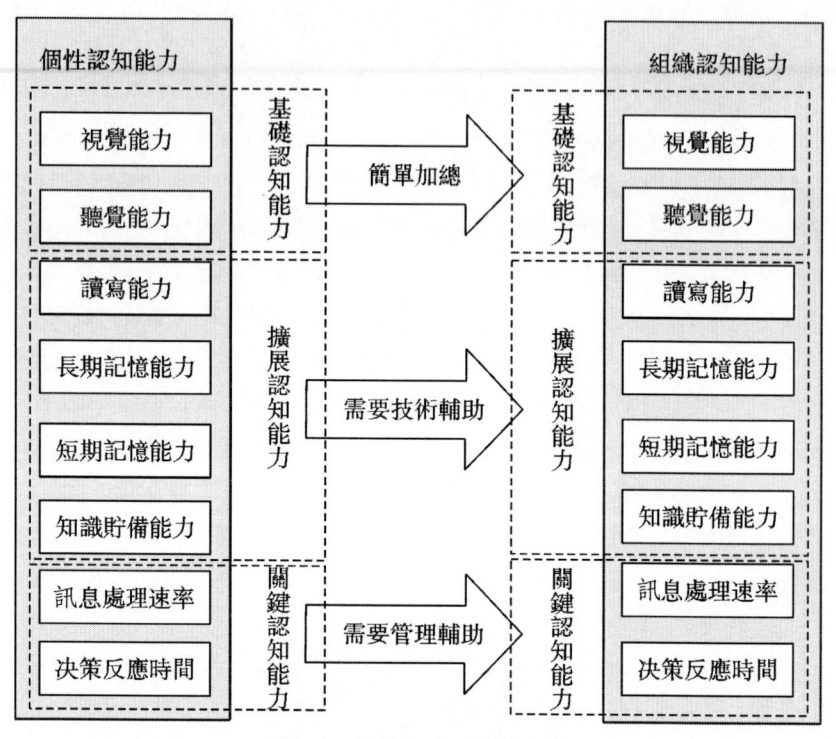

图 2-2　組織智力架構研究圖

末至 70 年代初，日本豐田汽車公司等把團隊這種組織形式運用於企業的經營管理中，隨后日本經濟產生了飛躍性的發展。這就引起了西方眾多國家的不斷效仿，也使眾多專家學者開始了對團隊的關注和研究。到了 20 世紀 90 年代，著名學者斯蒂芬·羅賓斯明確指出，若在企業中採用團隊形式，至少能在以下幾方面對組織起到促進作用：一是促進員工的團結和合作，提高員工的士氣；二是增強員工滿意感；三是可以讓管理者把許多問題留給團隊自身解決，使管理者有更多時間進行戰略性的思考，提高組織決策的速度，因為團隊成員與組織具體問題有實際和密切的接觸，使得團隊成員能更好地把控組織情況，所以團隊決策的速度會既迅速又有效；四是促進組織成員隊伍的多樣化；五是提高團隊和組織的績效。

關於團隊的定義及特徵，眾多學者因不同的研究目的而對團隊給出了不同的定義。在對有關團隊定義的研究進行梳理的基礎上，我們將眾多學者對團隊定義的關鍵點總結如表 2-1 所示。

表 2-1　　　　　　　　　　團隊定義的關鍵點歸納

學者	對團隊定義的主要關鍵點
Alder（1977）& Hackman（1987）	一群個體、相互依存和作用、團隊成員被自己和他人視為一個完整的社會實體
Shonk（1982）	至少由兩人組成，並且彼此間互相配合以完成共同使命
Larson & Fasto（1989）	至少由兩人組成，依靠成員的共同努力完成特定的工作目標
Hackman（1990）	團隊內的成員能夠認同共同目標，並且能夠自主決定工作方式、進度安排及任務安排等，並以團隊整體績效來考核個人績效
Jessup（1992）	團隊不僅關注整體目標的實現，更看重成員間的相互依賴和彼此承諾關係
Quick（1992）	成員以完成團隊目標為首要任務，各成員均有其專業技能，彼此互相協作，能公開明確地與其他成員交流
Swezey & Salas（1992）	可區別兩個或兩個以上的人，每個成員都擁有其專業技能，為實現共同的目標而進行動態、相互依賴、適應性的互動，並且每個人都起著各自不同的作用
Katzenback & Smith（1993）	一群個體成員的組合，團隊成員的才能彼此互補，以相同的績效標準和努力方向，相互信任完成工作目標
Lewis（1993）	一群認同某個共同目標的人所組成，這群人喜歡在一起工作，共同致力於高質量地完成共同目標
Daniel Levi & Charles Slem（1995）	協作和相互依存（Mutual Dependence）
Ainger, Kaura & Ennais（1995）	由一群有共同目標與意圖的人組成的團體，彼此帶給整體專業的技術與知識
Cohen & Mohrman（1995）	由一群一起工作的人組成，團隊成員擁有共同目標，通過相互協調與合作完成任務，提供產品或服務，所有成員共同對工作結果負責
嚴志慶、王振江、金敏（2000）	共同目標、高效、團隊凝聚力
Robbins（2000）	團隊可以通過成員的共同努力產生積極協同作用，使團隊績效的水平遠遠高於個體成員績效之和
何燕珍（2001）	共同的宗旨和績效目標、共擔責任、技能互補的異質成員

表2-1(續)

學者	對團隊定義的主要關鍵點
陳尚義、吳秋明（2006）	具有不同知識、技術、技能、技巧，擁有不同該訊息，相互依賴緊密的一流人才所組成的一種群體

資料來源：筆者根據現有文獻整理①

在以上的眾多定義中，比較被人們廣泛認可的是斯蒂芬·羅賓斯對工作團隊的定義。斯蒂芬·羅賓斯對團隊完整定義的闡述為：「團隊是由少數人組成，他們具有互補的技能，為達到共同的目的和組織績效目標，他們共同承擔責任。」其中，「互補的技能」包括三方面：一是技術或職能專長；二是解決問題和制定決策的技能；三是處理人際關係的技能。斯蒂芬·羅賓斯還認為：「工作團隊是在特定的可操作範圍內，為實現特定目標而共同合作的人的共同體。通過其成員的共同努力能夠產生積極的協同作用，團隊成員努力的結果使團隊的績效水平遠大於個體成員績效的總和。」

「團隊」和「群體」這兩個概念常常被放在一起對比。「群體」被定義為兩個或兩個以上相互作用和相互依賴的個體，為了實現某個特定目標而聚集在一起。許多國外的文獻將團隊與群體等同對待，如科恩（Cohen，1997）② 及古斯沃等（Guzzo 等，1996）③ 都認為這兩個術語可以互換。也有學者認為團隊的含義更深層次，如卡岑巴赫和史密斯（Katzenbach & Smith，1993）④ 認為當群體發展出共同承諾並在力求協同行動時就成就了團隊。因此，團隊和群體之間的差別就是：是否有共同的目標、是否產生協同配合、彼此間是否有責任的承諾和技能的互補（見圖2-3）。

結合以上的分析，我們將團隊的概念界定為：團隊是一個具有共同目標的正式工作群體，其成員多於兩人，成員間技能互補，為了完成共同目標而彼此依賴和合作，並共同為工作成果負責。

---

① 鄭雁. 組織公民行為對團隊效能影響的研究 [D]. 成都：西南財經大學，2007.
白明垠. 變革型領導、團隊學習與團隊績效：模型與機理 [D]. 北京：中國地質大學，2013.
② COHEN SUSAN G, DIANE E BAILEY. What Makes Teams Work: Group Effectiveness Research from the Shop Floor to the Executive Suite [J]. Journal of Management, 1997, 23 (3): 239-290.
③ GUZZO, RICHARD A, MARCUS W DICKSON. Teams in Organizations: Recent Research on Performance and Effectiveness [J]. Annual Review of Psychology, 1996, 47 (1): 307-338.
④ KATZENBACH JON R, DOUGLAS K SMITH. The Wisdom of Teams: Creating the High-Performance Organization [M]. Boston: Harvard Business Press, 1993.

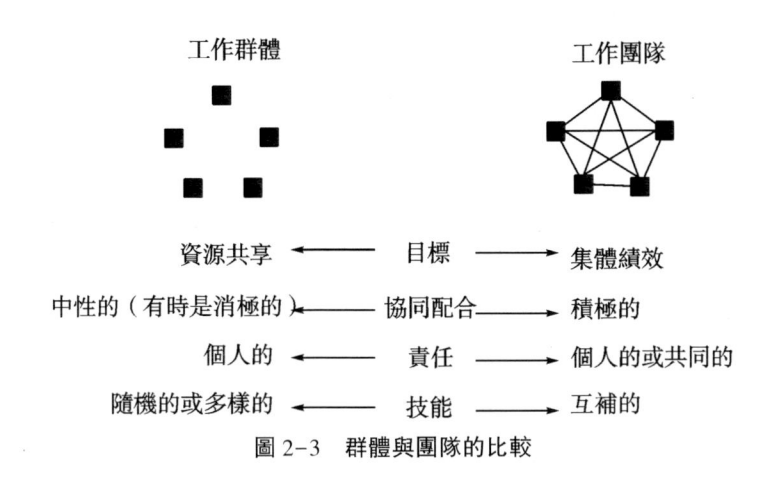

```
     工作群體                    工作團隊
        ■                         ■
    ■       ■                 ■       ■
        ■                         ■
      ■   ■                     ■   ■

    資源共享  ←——  目標  ——→  集體績效
  中性的（有時是消極的）←— 協同配合 —→ 積極的
      個人的  ←——  責任  ——→  個人的或共同的
    隨機的或多樣的 ←— 技能 —→  互補的
```

圖 2-3　群體與團隊的比較

2.2.3.2.2　團隊的類型和各自的特點

團隊自出現以來，已經演變出許多形式，有在組織內部自然產生的非正式團隊，也有在組織高層組建的正式團隊，有處在組織基層的基層團隊，也有處在組織高層主要發揮領導作用的國家主管團隊，還有其他的團隊在組織中發揮著不同的作用。對於團隊的分類有著不同的分類標準。

團隊類型是指團隊針對其任務而來的互動形態。團隊自出現以來，已經有學者基於不同的研究目的對團隊的績效進行了不同的闡釋，並不存在一個單一、始終如一的衡量標準。

團隊類型是指團隊針對其任務而形成的互動形態。不同的學者對團隊的類型進行了不同的分類。根據團隊成員的來源、擁有自主權的大小以及團隊存在的目的不同，我們可以將團隊分為以下三種類型：一是問題解決型團隊。問題解決型團隊是一種臨時性的團隊，為解決組織面臨的特殊問題而設立。例如，組織成員往往就如何改進工作程序、方法等問題交換不同看法，並就如何提高生產效率、產品質量等問題提供建議。二是自我管理型團隊。自我管理型團隊是一種真正獨立自主的團隊。自我管理型團隊的團隊成員不僅探討問題的解決方法，還會親自執行解決問題的方案，並對工作承擔全部責任。三是跨功能型團隊。跨功能型團隊由來自同一等級、不同工作領域的員工組成，他們相互交流信息，激發新觀點，解決問題，協調完成複雜項目。

有的學者則將現代組織中的團隊分為以下四種類型：一是工作團隊。工作團隊是指生產產品和提供服務的連續性的工作單位，其成員的資格一般穩定，通常是全職的，並且定義清楚。二是平行團隊。平行團隊是將不同工作單位的人們集合起來，團隊成員從事一般常規組織不能執行好的一些活動。例如，解

决問題和改進導向管理團隊是由負責各分部門的管理者組成，對企業整體績效負責。三是項目團隊。項目團隊是指生產一次性產出的臨時性的群體。四是管理團隊。

由於團隊的工作性質不同，按照不同的劃分標準，團隊可以劃分為不同的類型，如表2-2所示。雖然團隊的類型有很多，但是團隊成員在與他人相處中，影響成員行為的社會心理機制是相同的。也就是說，團隊類型不會對團隊的行為有顯著差異（Edmondson，1999[①]）。本書根據團隊的任務和職能，將生產型團隊排除在外，以知識型團隊作為研究對象，即將團隊分為研發團隊、營銷團隊、人力資源團隊、財務團隊、物流團隊等類型。

表2-2 團隊類型

劃分標準	團隊類型	舉例
功能	跨職能團隊	業務改進團隊
	單職能團隊	研發團隊、銷售團隊等
時間	時限性團隊	項目工程團隊
	長期性團隊	教學型團隊
領導	有領導的團隊	行政組織
	自我管理團隊	興趣小組
科恩和貝利（Cohen & Bailey, 1997）的分類方法	工作團隊	車間生產團隊
	平行團隊	監督審查委員會
	項目團隊	工程團隊
	管理團隊	教研科
團隊存在目的、擁有自主權限	問題解決型團隊	諮詢服務團隊
	自我管理型團隊	興趣小組
	跨功能型團隊	任務攻堅隊

資料來源：筆者根據現有文獻整理

2.2.3.2.3 團隊的作用

為了更好地適應環境的不確定性和任務的複雜性，組織採用了形式更為靈活、結構更加扁平的團隊方式來開展工作。團隊被用來執行複雜工作，並保持

[①] EDMONDSON AMY. Psychological Safety and Learning Behavior in Work Teams [J]. Administrative Science Quarterly, 1999, 44 (2): 350-383.

靈活性，以應對難以預料的環境變化在組織扁平化結構中起到了重要作用。團隊被用來執行複雜任務，並保持靈活性，以應對難以預見的內外部環境變化，成為當今組織應對變化環境的一種重要方法（Cohen & Bailey, 1997[1]）。正如卡岑巴赫（Katzenbach, 1993）[2]所指出的，團隊由眾多技能互補的成員組成，結構靈活，並且能夠進行快速的組合、配置、重新定位和解散，對內外部環境的反應更迅速，可以實現團隊整體績效大於個人績效之和的效應。可見，團隊在組織活動中扮演著越來越重要的角色，高績效團隊已成為提高生產率與組織成功的關鍵。團隊結構因素包括團隊構成的多樣性、團隊的規模、團隊角色的組合。團隊過程因素主要包括團隊氛圍、團隊學習和自主管理、團隊管理動因、團隊績效評價四個因素。團隊成員的角色多樣化包括成員在性格、性別、態度以及知識背景或經驗等方面的互補。成員角色多樣化會影響到團隊的行為、動力與產出。對管理者而言，團隊成員的基本個性與態度無法輕易改變，但可以通過影響團隊成員的行為角色取得一定的效果。

由此可見，團隊在組織活動中扮演著越來越重要的角色，高績效團隊已成為提高生產率與組織成功的關鍵。在影響團隊績效的因素中，團隊學習被認為是提升團隊績效的有效途徑。團隊學習是知識和信息在團隊成員之間的共享與交流的方式。通過學習，成員獲得團隊和組織發展的各個階段所需知識、技能和能力，這成為團隊應對複雜多變的環境的持久源泉。一些研究表明，團隊學習不僅直接影響團隊績效，還對組織創新以及組織績效有影響。然而，團隊學習以及團隊績效的提高並非自發產生的，需要團隊領導對團隊成員加以管理、激勵，才能強化團隊學習，進而促進團隊績效[3]。

團隊績效在人力資源管理中，是指主體行為或者結果中的投入產出比。團隊績效作為衡量團隊活動結果的指標，在人力資源管理的研究中被廣泛探討。對於績效內涵的理解存在著三種觀點，即分別用結果、行為和能力來衡量績效。採用團隊形式，團隊的績效會明顯高於個體的工作績效之和。

在團隊中，目標、成果和成員角色具有依賴性，因此團隊績效是團隊成員

---

[1] COHEN SUSAN G, DIANE E BAILEY. What Makes Teams Work: Group Effectiveness Research from the Shop Floor to the Executive Suite [J]. Journal of Management, 1997, 23 (3): 239-290.

[2] KATZENBACH JON R, DOUGLAS K SMITH. The Wisdom of Teams: Creating the High-Performance Organization [M]. Boston: Harvard Business Press, 1993.

[3] 白明垠. 變革型領導、團隊學習與團隊績效：模型與機理 [D]. 北京：中國地質大學，2013.

集體努力的結果。海克曼（Hackman，1987）[①] 和桑德斯特倫（Sundstorm，1990）[②] 指出，團隊績效是指團隊對之前設定的目標完成情況，包括團隊生產的產量、團隊對成員的影響、提高團隊及其成員的工作能力等方面。團隊績效是具有廣度的團體產出、成員滿意度和達到對組織所作出的義務的承擔等，團隊績效和團隊有效性是同一個概念。從狹義上講，團隊績效是指團隊完成既定的目標或任務的程度，即任務績效。迪瓦恩和菲利浦（Devine & Philips，2001）[③] 認為，團隊績效是團隊完成自己的目標或任務的程度。不難看出，相比狹義的團隊績效，廣義的團隊績效還包括團隊成員滿意度、團隊成員知識技能的提升和團隊的生存能力等方面。本書採用廣義的團隊績效定義，將團隊績效界定為團隊為完成既定目標所採取的行為及其結果以及未來工作能力的提升。

團隊績效具有以下三個特點：一是多因性。由於團隊績效受到諸多因素的影響，如組織外部環境、組織及團隊自身因素，都會直接或間接地影響團隊的工作績效。二是多維性。除了任務績效外，其他方面對團隊也是至關重要的，如團隊成員滿意度。團隊工作的重要價值之一就是培養組織所需的技能或能力，而團隊成員的滿意度越高，越有利於團隊成員持續為團隊工作。因此，團隊績效不僅指團隊的任務完成情況，還應包括成員滿意度以及團隊發展能力等方面。三是動態性。由於團隊任務具有創新性、獨特性，在運行過程中也會面臨多方面的不確定性，需要不斷調整團隊績效的內容。因此，團隊績效處於動態過程中，不是一成不變的。

團隊學習被認為是提升團隊績效的有效途徑。團隊學習是知識和信息在團隊成員之間共享與交流的過程。通過學習過程，成員獲得團隊和組織發展的各個階段所需知識、技能和能力，是團隊應對複雜多變的環境的持久源泉。一些研究表明，團隊學習不僅直接影響團隊績效，還對組織創新以及組織績效有影響[④]。對團隊學習的界定，認知觀強調團隊成員對知識獲得與理解上的加深，行為觀強調團隊成員的學習行為，過程觀強調團隊成員有關學習上的相互依賴的活動，如實驗、共享、反思、改進等，結果觀強調團隊通過學習后取得的成

[①] HACKMAN LARRY, JOAN WARNOW BLEWETT. The Documentation Strategy Process: A Model and a Case Study [J]. The American Archivist, 1987, 50 (1): 12–47.

[②] SUNDSTROM, DAVID FUTRELL. Work Teams: Applications and Effectiveness [J]. American Psychologist, 1990, 45 (2): 120.

[③] DEVINE DENNIS J, JENNIFER L PHILIPS. Do Smarter Teams Do Better a Meta–analysis of Cognitive Ability and Team Performance [J]. Small Group Research, 2001, 32 (5): 507–532.

[④] 白明垠. 變革型領導、團隊學習與團隊績效：模型與機理 [D]. 北京：中國地質大學，2013.

果,如團隊績效的提高、成員知識技能的加強等。

不同學者基於各自不同的假設提出了衡量團隊績效的不同指標,如表2-3所示。

表2-3　　　　　　　　　　團隊績效指標歸納表

代表人物	團隊績效指標
Hackman（1987）	個人績效、團隊績效:承諾、內聚力,成員滿意感等
Sundstrom（1990）	團隊生產的產量;團隊對其成員的影響（結果）、團隊工作能力的提高
Guzzo & Shea（1993）	團隊的產品、團隊的發展能力、團隊成員的滿意感等
Borman & Motowidlo（1993）	任務績效、周邊績效
Levi & Slem（1995）	組織效能、團隊關係、個人獲利
Cohen & Bailey（1997）	團隊任務、成員態度、成員的行為
徐芳（2001）	團隊的工作成果、團隊成員的工作成果和團隊未來工作能力的改善
戚振江、王端旭（2003）	業績效能、員工態度、行為結果

資料來源:筆者根據現有文獻整理

尼威亞（Nieva）、朱厄爾（Jewll）、雷茨（Reitz）、海克曼（Hackman）等人都對團隊績效做了非常深入的研究。他們提出的影響團隊績效的模型中,團隊成員的知識、特質、技能、個人因素、態度、人格特質等都是對團隊績效的影響面,並且都被認為是影響團隊績效的先決條件。

瓦德曼認為,個體因素是通過與工作相關的行為來作用的,個體因素同工作成果之間沒有直接的關係。工作行為與個人因素和系統因素相互作用,工作行為和系統因素共同決定工作成果。科恩和貝利（Cohen & Bailey）通過概括過去六年的團隊有效性研究而提煉出的一個包括環境因素、設計因素、團隊內部和外部過程、團隊心理特質的團隊效能模型。相比以前許多只關注團隊內部過程的團隊效能模型,該模型注意到團隊外部過程同樣對團隊有效性有著重要影響。

王大剛、席西民（2006）在整合了西方針對團隊績效衡量具有代表性的多層次目標反饋模型、演化成熟模型等理論研究的基礎之上,構建了一個衡量

團隊績效的四模塊概念模型①,如圖2-4所示。

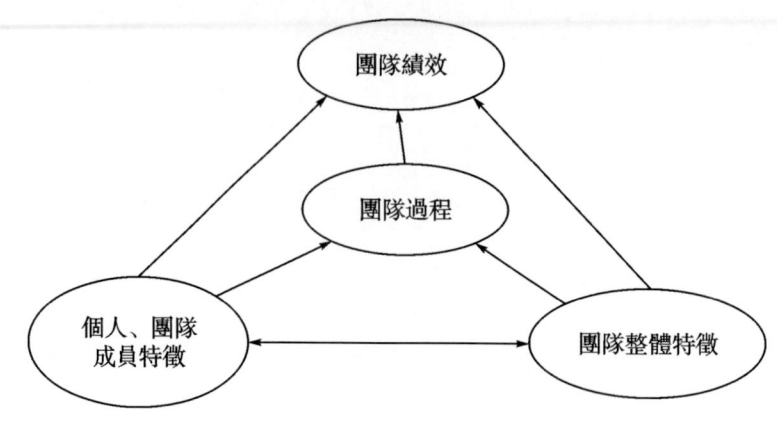

圖2-4 王大剛、席酉民的團隊績效衡量模型

該模型在團隊績效衡量中考慮了個人和團隊成員特徵,並且提出與關係績效有關的因素往往反應了成員的一種內心感受和實際狀態,因此他們認為,由團隊成員自身來評估自己的關係績效更為客觀。

2.2.3.3 個人層面和團隊層面視角選擇小結

在社會科學研究範疇中,很多研究問題的數據結構都是多水平的、多層次的,如在教育心理學研究領域、管理學研究領域中,相似的數據結構經常出現。例如,在實證分析中,為了符合研究對樣本數量的要求,研究者經常會在不同的企業中對其員工發放問卷或統計相關信息,而員工又鑲嵌於不同的團隊或部門,有著不同的團隊或部門領導,同時這些團隊或部門又鑲嵌於不同的企業。企業或團隊層中不同的領導風格或激勵機制,往往對員工行為的選擇有著重要的作用。因此,員工層變量結果中的差異,或者變量之間的關係的差異,可以解釋為團隊層上或企業層上的預測變量的函數。

在研究中,由於個人隱性知識作為一個高度個人化、難以形式化的實踐知識,其研究的出發點是員工個體。而在組織中,我們最終關心的不是個人的績效,是組織的績效、團隊的績效,因此如何達到這樣的績效,就需要結合個人層面和團隊層面進行跨水平的研究和驗證。在管理實踐中,由於個人或團隊成員只對其所在團隊有影響,因此若要研究個人隱性知識、關係績效以及團隊任務績效的關係,必須考慮團隊邊界對於研究的影響。簡而言之,若團隊 A 和

---

① 王大剛,席酉民.團人績效衡量模型研究 [J].科學學與科學技術管理,2006,27 (12):144-149.

團隊 B 是兩個沒有相互工作聯繫的不同團隊，它們可能是不同的組織、不同的部門等，那麼分別在團隊 A 和團隊 B 中的成員，其個人的隱性知識是不會影響到彼此團隊的任務績效的。因此，在研究設計時，我們選擇對個人及其所在團隊，或者說團隊及其成員進行有標示地收集數據，並做對應分析。這樣的控制可以提高研究的可信度和外部效度。

2.2.4 本研究的技術路線

本研究以文獻研究為起點，通過對人力資本、組織行為學、知識管理理論的回顧，以隱性知識、關係績效和任務績效的文獻述評為基礎，結合當前管理實踐確定研究問題和內容，在此基礎上，提出研究的總體思路和結構。研究的整體研究思路和框架主要分為三個部分：提出問題、分析問題和解決問題（見圖 2-5）。

2.2.4.1 提出問題

這部分通過對隱性知識、關係績效和任務績效的概念、內涵以及當前研究的熱點和難點進行文獻回顧與梳理，結合現階段人力資本、組織行為學、知識管理方面的人力資源管理問題，提出問題，確定研究內容和對象。研究內容是隱性知識、關係績效和任務績效三者及其關係，研究對象是組織中的個體和團隊。

2.2.4.2 分析問題

這部分主要包括該研究的兩個主要內容：個體隱性知識量表的編製和隱性知識、關係績效和任務績效三者的關係的分析。在系統搜集現有隱性知識測量工具的基礎上，總結和初步修訂了一份適用於一般個體的隱性知識量表，在對其進行了預研究和項目分析後，將確定的正式量表用於研究分析。我們通過問卷調查和實證研究，對隱性知識、關係績效和任務績效三者的關係進行深入具體的研究和分析。收集的數據使用 SPSS、AMOS 等統計軟件進行分析。

2.2.4.3 解決問題

這部分通過數據的定量分析和研究原始假設，對研究結果進行評析，得出本書的研究結論，提出對管理實踐的對策建議，同時指出研究的不足和進一步發展的方向，提出問題。

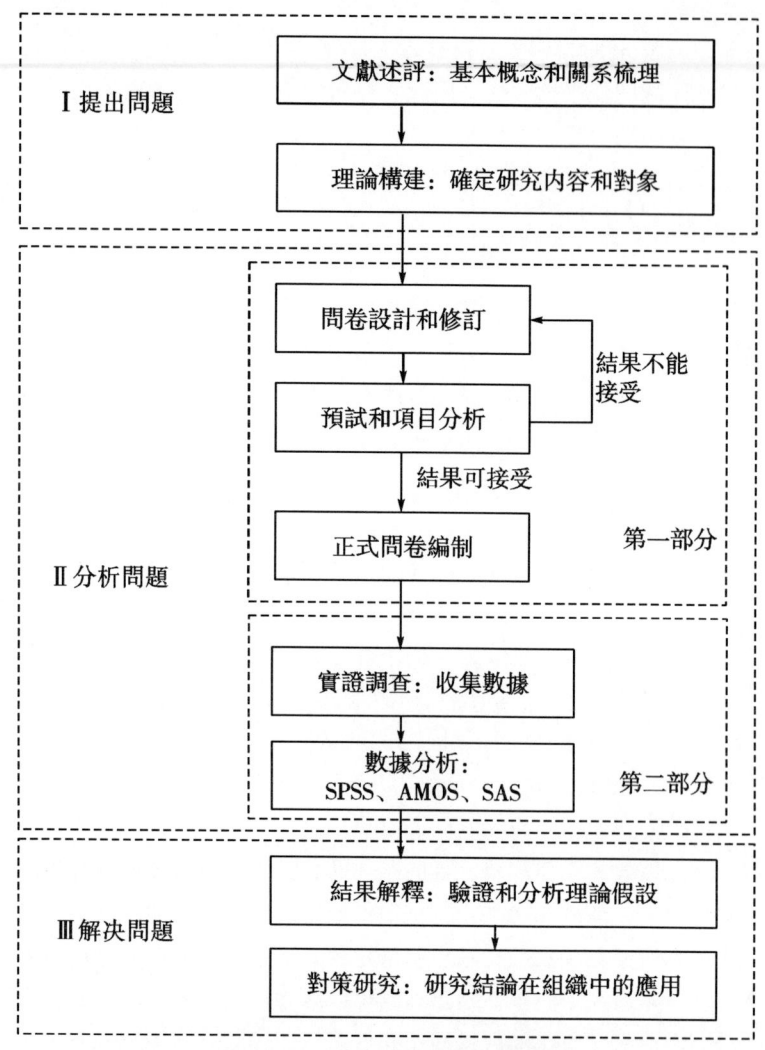

图 2-5 本书的研究框架示意图

2.3 实证样本的选择

确定研究方案和研究假设后，需要通过调研获取数据。调查问卷主要包括两部分：被调查者的人口统计学量表和隐性知识、关系绩效、任务绩效三个自评量表。调查问卷对象为在组织内的员工个体，问卷通过团队编号和排序相对应。

在編製和發放問卷之前，我們充分與人力資源管理領域的相關專家和管理實踐者進行過溝通，對問卷的編排和措辭進行了修訂和調整。同時，為了在最大限度下回收有效的數據，我們在研究中對樣本的選擇和確定做了以下工作：

2.3.1 樣本來源選擇

樣本的來源城市為成都市、上海市、吉林市和福州市。由於近幾年國內生產總值的高速發展主要是靠大城市的經濟發展帶動，這些地區中的人力資源的年齡範圍和行業分佈都較為廣泛、人力資源的知識和學歷結構較為豐富、企業發展迅速且對於人力資本質量和企業績效等都十分重視，既有較合適的研究對象，也有解決企業問題的實際需要。因此，在這些地區進行樣本的選擇對於研究及其結論更有針對性和實用性。

2.3.2 樣本過程控制方面

研究問卷的發放和數據採集過程主要通過實地調研、網上預約聯繫等，收集方式有紙質問卷填寫、網上及電子郵件回覆等形式。在進行調查之前，有專門負責各個地方的調查員對研究內容進行過學習和瞭解，較為熟練地掌握了研究內容思路以及調查過程的注意事項。在調查過程中，調查員對被調查者都給予了充分的說明和解釋，以便獲得更加真實有效的數據。

2.3.3 樣本的數據收集和整理

通過各種方式收回數據後，我們及時對樣本數據進行整理和分析，對於明顯亂答、自相矛盾和漏答的問卷（未作答題項比例超過總題數15%，或初步描述統計時極端值占比超過20%），作為無效問卷予以剔除，將餘下的有效問卷進行研究分析。

3 相關理論回顧與評析

3.1 隱性知識理論

隨著知識經濟的興起，知識被認為是企業獲得和保持持續競爭優勢的主要源泉，知識傳播被廣泛地強調為企業競爭的戰略性問題，而隱性知識則被認為是企業競爭和發展最重要的因素。因此，近年來隱性知識引起人們的廣泛關注，圍繞如何開發、利用隱性知識開展了大量的研究工作，主要包括對隱性知識本質、價值、開發和利用以及對隱性知識的保護問題研究等①。

對於隱性知識的涵義及特徵的論述，主要有三派學者的觀點，他們分別從哲學、心理學和管理學的角度出發來研究隱性知識。波蘭尼（Polanyi）認為，隱性知識或個人知識是沉默的、心照不宣的、只能意會而不能言傳的知識，來源於個體對外部世界的感知和理解，這些理解都是基於人們的內心，即個人的心智模式。隱性知識很有價值，但它難以捕捉和限定，有些甚至難以表達。在波蘭尼看來，隱性知識本質上是一種理解力，是一種領會和把握經驗、重組經驗，以期實現對經驗的理智控制的能力。

心理學方面主要是從認知心理學的角度出發來研究隱性知識。美國認知心理學家斯騰伯格（Sternberg）認為，隱性知識指的是以行動為導向的知識，它的獲得一般不需要他人的幫助，它能使個體達到個人追求的目標。斯騰伯格與其同事認為，隱性知識是實踐智力的重要方面，是反應從經驗中學習並把這種知識運用於實現個人價值目標之實踐能力的知識。

隱性知識成為管理學研究的熱門課題，緣起於《知識創造公司》（*The Knowledge-creating Company*）一書的出版。野中鬱次郎（Nonaka）認為，隱性知識是一種主觀的、基於長期經驗累積的知識，它的內容有特殊的含義。隱性

---

① 張生太，段興民. 企業集團的隱性知識傳播模型研究 [J]. 系統工程，2004，22（4）：62-65.

知識高度個人化、難以形式化或溝通、難以與他人共享，也就是我們常說的「只能意會不可言傳」。隱性知識包括信仰、隱喻、直覺、思維模式和所謂的「訣竅」。

這三派學者對隱性知識的理解各有側重。隱性知識的概念最早是由波蘭尼（Polanyi）提出的；斯騰伯格（Sternberg）側重認知的角度研究隱性知識，即隱性知識是一種具有實踐性的認知能力；野中鬱次郎（Nonaka）則借用了這一概念。雖然目前對隱性知識還沒有一個統一的、明確的定義，但對其本質已有一些基本共識。這主要包括以下幾方面：一是隱性知識具有情境依賴性；二是隱性知識高度個性化，是在實踐經驗中獲得的，與認知者個體無法分離；三是隱性知識不易被編碼和格式化，難以表達、傳播與溝通；四是隱性知識具有穩定性，一旦具備，很難被遺忘或被複製；五是隱性知識可以通過一定途徑和方法顯性化，達到共享目的[①]。

趙修文（2010）[②] 指出，隱性知識具有如下特徵：第一，默會性。隱性知識一般很難進行明確表述與邏輯說明，是人類非語言智力活動的成果，這是其最本質的特性。第二，個體性。隱性知識是存在於個人頭腦中的，它的主要載體是個人。第三，非理性。隱性知識是通過人們的身體的感官或者直覺、領悟獲得的，不是經過邏輯推理獲得，人們不能對它進行理性的批判。第四，情境性。隱性知識總是與特定的情境緊密聯繫的，是對特定的任務和情境的整體把握。第五，相對性。隱性知識在一定條件下可以轉化為顯性知識；相對於一個人來說是隱性知識，但是同時對另一個人來說可能已經是顯性知識了。第六，穩定性。個體一旦擁有某種隱性知識就難以對其進行改造，其建構需要在潛移默化中進行。第七，整體性。隱性知識是個體內部認知整合的結果，對個體在環境中的行為起著主要的決定作用，其本身也是整體統一、不可分割的。

3.1.1 隱性知識的來源

隱性知識自提出至今已有 50 餘年的歷史，其理論還在不斷豐富當中。隱性知識和顯性知識從哲學本質出發對知識的分類方法已經被證明了對於組織的建立和發展具有重要影響。對隱性知識的研究，國外一直走在前沿，近十餘年中國學者從管理學、心理學、社會學和哲學等多個學科進行研究，屬於多領域交叉的邊緣問題。在不同領域，對隱性知識研究的側重點不盡相同，就管理學

---

① 王曉坤，王家玉. 基於隱性知識的企業核心競爭力 [J]. 現代企業教育，2008（6）：53-54.
② 趙修文，李一鳴. 高校導師制隱性知識傳播的微分動力學模型研究 [J]. 科學學研究，2010, 28（11）：1700-1704.

領域來看，對隱性知識的研究主要是圍繞如何利用隱性知識提高人力資源管理的效率。因此，其研究內容主要分為四個方面：隱性知識的概念結構的研究、隱性知識的轉化和轉移的研究、隱性知識對組織產生什麼影響以及如何影響的研究、隱性知識測量的研究。

隱性知識的概念結構的研究以波蘭尼（Polanyi, 1958）等人為代表。波蘭尼在他的著作《個人知識——通向后批判哲學》（*Personal Knowledge—Towards a Post-Critical Philosophy*）一書中首次提到隱性知識的概念，即我們知道的多餘我們能言說的（英文原文：「We know more than we can tell.」）。從此開創了隱性知識理論在哲學領域的先河。波蘭尼提出了隱性知識的三元結構理論，即認識者、集中意識和輔助意識，三個元素在隱性知識及其轉換中不可或缺。

野中鬱次郎和竹內弘高（1995）就管理領域的隱性知識轉化模式在《知識創造公司》（*The Knowledge Creating Company*）一書中提出了 SECI 模型。這一模式已成為知識管理研究的經典基礎理論。SECI 模型，即社會化（Socialization）、外部化（Externalization）、組合化（Combination）和內隱化（Internalization）的簡稱，這四種基本模式就是隱性知識和顯性知識相互作用和轉化的過程。野中鬱次郎認為，隱性知識是高度個人化的知識，有其自身的特殊含義，因此很難規範化也不易傳遞給他人。他還認為，隱性知識不僅隱含在個人經驗中，同時也涉及個人信念、世界觀、價值體系等因素。中國學者張生太（2004）[1] 等利用系統動力學模型構建隱性知識在組織內部及企業集團成員之間的轉移，為隱性知識的定量研究提供了較為嚴密的數學參考方法。

研究者們普遍認為隱性知識對組織產生的影響一般是對組織知識的整合、組織核心競爭力的提升以及績效的改善。有研究者（Huang Jiangquan & Chang Lihua, 2010）認為，對組織內隱性知識的開發和管理是加速組織知識創造和增強核心競爭力的關鍵所在。有研究者（Chen Xiaojing, 2011）在其實證研究中發現，隱性知識的創造對組織的核心競爭力的演變有顯著的影響。還有研究者（Rita Crauise O'Brien, 1995）[2] 通過實證研究，驗證了員工隱性知識的貢獻有利於組織的績效提升。

隱性知識測量的研究以瓦格納和斯騰伯格（Wagner & Sternberg, 1987）、

---

[1] 張生太, 李濤, 段興民. 組織內部隱性知識傳播模型研究 [J]. 科研管理, 2004, 25（4）: 28-32.

張生太, 段興明. 企業集團的隱性知識傳播模型研究 [J]. 系統工程, 2004, 22（4）: 62-65.

[2] RITA CRAUISE O'BRIEN. Employee Involvement in Performance Improvement: A Consideration of Tacit Knowledge, Commitment and Trust [J]. Employee Relations, 1995, 17（3）: 110-120.

李作學（2008）等人為代表。隱性知識由於其有個體依附性，測量的對象一般都是個體。西方學者與中國學者在這部分研究重點略有差異。西方學者對個人隱性知識測量以及工具的開發比較重視在特定專業領域中進行。瓦格納和斯騰伯格（Wagner & Sternberg，1987）、南希·倫納德和格雷·S. 因奇（Nancy Leonard & Gary S Insch，2005）①、彼得·布什（Peter Busch，2008）分別開發了管理人員隱性知識量表（TKIM）、高校科研人員隱性知識量表（ATKS）和信息系統行業員工隱性知識量表。這些測量工具採用自陳式量表方式、李克特 7 點尺度記分。通過實證分析研究，其對於專業領域內的隱性知識測評具有較好的效果，但其適用範圍僅限於專業領域。中國學者對個人隱性知識測量和工具的開發分為三個方向：對國外成熟量表進行本土化修訂，如唐可欣（2004）② 編製的初步修訂的 TKIM；對特定專業領域的隱性知識進行度量，如楊文嬌、周治金（2011）③ 以及王曉坤（2009）編製的研究生科研隱性知識問卷、保險人員隱性知識量表；對隱性知識測度指標體系的構建和完善，如李作學（2008）的個體隱性知識能力調查問卷，李永周、彭璟（2012）④ 對企業研發團隊個體隱性知識的測度。

知識的形態多種多樣，人們考察知識的視角不同，對知識的分類標準和分類方式也當然有所不同。在知識管理領域，主要是採用按知識的表現形式的方法來劃分知識。波蘭尼（Polanyi）就是按照這一分類形式將知識劃分為顯性知識和隱性知識。顯性知識就是能用文字和數字表達出來，容易交流和共享，並且經編輯整理的程序或者普遍原則。這類知識一般可存儲在文檔和計算機系統等載體中。隱性知識又稱為緘默知識、默會知識等，指的是尚未被語言或者其他形式表述的知識。在 20 世紀 60 年代初，波蘭尼首先提出隱性知識的概念，並指出，在一個人所知道的、所意識到的東西與他所表達的東西之間存在著隱含未編碼的知識。他認為，這類知識的絕大部分是難以用語言表達的，這就是他的著名命題「我們知曉的往往比我們能夠說出的多」。波蘭尼證明隱性知識的經典比喻是「我們能在成千上萬張臉中認出某個人的臉，但是，在通常情況下，我們卻說不出我們是怎樣認識這張臉的」。在現代知識管理研究中，隱性知識一直是很多專

---

① Nancy Leonard, Gary S. Insch. Tacit Knowledge in Academia: A Proposed Model and Measurement Scale [J]. The Journal of Psychology, 2005, 139 (6): 495-512.
② 唐可欣. 管理人員隱性知識量表 TKIM 的初步修訂 [D]. 重慶：西南師範大學, 2004: 1-41.
③ 楊文嬌, 周治金. 研究生科研隱性知識的實證研究——基於六所高校的問卷調查 [J]. 高教探索, 2011 (6): 61-66.
④ 李永周, 彭璟. 企業研發團隊個人隱性知識測度及其應用研究 [J]. 科技管理研究, 2012 (18): 183-187.

家的研究焦點。實質上，從認知科學角度來看，隱性知識是一種存在於人們潛意識之中的知識，是所說的「訣竅」。當人們通過隱性知識來處理問題時，大腦之中是幾乎不會發生思考過程的，人們往往是利用一種本能的意識來反應並處理問題。相對於一般性的常識來說，越是具有專業性和個性化的隱性知識，就越是難以提煉並編碼進行存儲。因此，主體在行為中經歷一個實踐的過程，這個實踐過程才是獲得隱性知識的來源，隱性知識才得以體現，隱性知識很難被描述和解釋。

德魯克（Peter F. Durcker）認為，隱性知識，如某種技能，是不可用語言來解釋的，它只能被演示證明它是存在的，學習這種技能的唯一方法是領悟和練習。目前世界上最權威和流行的知識的分類是經濟合作與發展組織（OECD）的分類方法。經濟合作與發展組織在1996年發表的《以知識為基礎的經濟》報告中沿用了西方自20世紀60年代以來關於求知的概念，並將知識分為四種類型：知道是什麼的知識（Know What），即事實知識；知道為什麼的知識（Know Why），即自然原理和規律；知道如何做的知識（Know How），即技能知識；知道誰能做的知識（Know Who），即人為知識。經濟合作與發展組織的報告，把第一類和第二類知識，稱為可編碼知識，即顯性知識，把第三類和第四類知識，稱為隱性知識[①]。

隱性知識和顯性知識的區別如表3-1所示。

表 3-1　　　　　　　　　　隱性知識和顯性知識的區別

隱性知識	顯性知識
非規範化、非系統化	規範化、系統化
難以表達和傳播	易表達和傳播
實踐性	理論性
路徑依賴性	獨立性
不易獲取、整理、共享、傳遞	易獲取、整理、共享、傳遞

相關資料顯示，國外針對知識管理績效評價方面的研究文獻不多，專門研究隱性知識管理評價體系的更少，其中又以研究個體隱性知識體系為主。管理者隱性知識量表（TKIM, Tacit Knowledge Inventory for Managers）是斯騰伯格（Sternberg）等人最早開發的量表，在國外廣泛應用於組織管理者隱性知識的

---

① 李敏. 企業隱性知識評價研究 [D]. 南寧：廣西大學，2009.

相關研究。

目前，知識管理的研究主要還是集中在顯性知識管理這一領域，隱性知識應用的研究工作在中國尚處於起步階段，還沒有建立專門的隱性知識評價體系，並且缺乏規範的評估方法。但近幾年有不少學者和組織已在進行探討和摸索，並取得了一些積極的成果。理論界也在積極探討關於建立企業隱性知識評價體系的問題。通過對企業隱性知識的評價來改善組織的知識管理，提高知識管理的效益，已經成為中國知識管理理論研究的一個熱點問題。

組織隱性知識評價體系是知識管理具體研究內容中的一個重要組成部分，對於組織的隱性知識評價問題，已有早期的初步評價體系、定性評價體系和現在的定性與定量相結合的評價體系共三個階段的研究[①]。

吳鐘海（2011）[②] 認為，在組織成立之初就存在的一部分隱性知識，是組織建立的關鍵基礎。這些隱性知識隱藏在企業家精神、專業技術人員和專業管理人員的個體知識結構中，但尚未上升到組織知識層面。鑒於隱性知識對於組織的成長和績效具有很強的作用效果，隱性知識不但成為組織發展中進行智力和知識管理時的重要內容，也是研究者希望通過一定方式將這類個體知識中的關鍵內容轉化並上升到組織層面。

以往知識管理的分類方法具有很高的學術價值，但將這些學術成果應用在實際時發生了比較多的障礙，這種障礙反應在現實中就是相當部分的組織在實踐中只能落實到知識管理第一個層次，即按知識主體劃分的個體、團隊、組織間的傳遞行為，包含相關的學習、培訓和測試，也即從知識哲學本質出發研究顯性知識傳遞和管理。這樣的應用結果還不能夠達到知識管理發展的第二階段，即隱性知識的轉化問題。造成這樣的一個局面是管理學研究者所不願意看到的。在企業管理實踐中，管理者既沒有能力也沒有明確的標準來確定組織知識中哪些是顯性知識和哪些是隱性知識。進一步的問題是，哪些隱性知識是可以轉化的和哪些隱性知識是無法納入組織知識管理範圍的。因此，我們接下來要討論的是隱性知識的分類及其管理問題，這將有助於研究者認識隱性知識及其管理的研究邊界，同樣也能有助於管理者在實踐中加以運用。

3.1.2 隱性知識的概念、分類及其管理

隱性知識（Tacit Knowledge）的概念出自波蘭尼（Polanyi, 1958）[③] 那句

[①] 李敏. 企業隱性知識評價研究 [D]. 南寧：廣西大學, 2009.
[②] 吳鐘海. 組織智力架構研究 [D]. 大連：東北財經大學, 2011.
[③] Michael Polanyi. The Tacit Dimension [M]. Chicago: The University of Chicago Press, 1966: 3-4.

简單的描述「我們所知道的多餘我們能言說的」。波蘭尼（Polanyi）提出的隱性知識的概念有兩種不同的含義：一是指由非言述的智力發展而來的一種人的認識能力、認識技能，是語言所不能表述清楚的；二是指隱性知識的動態結構中人們對輔助項的認識即「格式化」的隱性知識，也是語言所無法表達清楚的。前者是認識方面的隱性知識，后者為技術方面的隱性知識。但隱性知識在心理學、哲學、社會學、人工智能和管理學等領域中的定義卻不盡相同。本研究主要介紹心理學、管理學和計算科學領域對這一概念的代表性界定。在心理學領域，李祚等（2007）[①] 從連續的認知角度將完全隱性知識和完全顯性知識比喻為一條數軸的兩端，而中間的部分則是「很多過程性的知識狀態，並且存在『能夠意識到但不能通過語言表達的知識』」。在管理學領域，野中鬱次郎和竹內弘高（1995）[②] 認為，隱性知識是高度個人化和難以形式化的、難以交流和共享的知識。主觀來說，知覺和預感也算隱性知識。隱性知識如個人所擁有的理想、價值觀或情感一樣，深深地根植於個人的言行和經驗之中。在信息和計算科學領域，祝慶績（2002）[③] 認為，隱性知識是存在於數據庫中的，但必須通過某幾種操作或邏輯運算才能得到的知識。

還有一些學者從隱性知識的各個側面對其進行了闡釋和分析，因此他們對隱性知識概念和內涵的理解也各不相同。羅森伯格（Rosenberg）將隱性知識界定為以特定方式和在特定結果下起作用的有關技能、方法和設計的知識。野中鬱次郎（Nonaka）對隱性知識的概念進行了深化探討，認為隱性知識是高度個人化、難以正式化，並且難以與他人交流和溝通的知識類型。同時，他從兩個維度對隱性知識進行了分類：一是技能方面的隱性知識，如操作訣竅；二是認知方面的隱性知識，如信仰、理念和價值觀體系等。豪厄爾（Howell）認為，隱性知識是通過非正式學習行為和程序獲取的未編碼的或者不能編碼的訣竅。格蘭特（Grant）從隱性知識適用性的角度對其進行了分析，認為隱性知識只有在應用中才能體現出價值，並且隱性知識是難以轉移的。金明律教授認為，隱性知識是指用文字、語言、圖像等形式不易表達清楚的主觀知識，它以個人、團隊、組織的經驗、印象、技術訣竅、組織文化、風俗等形式存在。徐耀宗研究員認為，隱性知識是一種不易用語言表達、不易傳播、不易確知、不

---

① 李祚，張開荊. 隱性知識的認知結構 [J]. 湖南師範大學社會科學學報，2007（4）：38-41.

② IKUJIRO NONAKA, HIROTAKA TAKEUCHI. The Knowledge-Creating Company: How Japanese Companies Create the Dynamics of Innovation [M]. New York: Oxford University Press, 1995.

③ 祝慶績. 數據庫漢語查詢系統中隱含知識查詢的研究 [J]. 計算機工程與應用，2002，38（19）：198-200.

易編碼輸入計算機的知識。王方華教授認為，隱性知識是建立在個人經驗基礎之上並涉及各種無形因素，如個人信念、觀點和價值觀的知識，是高度個性化的，是難以公式化和明晰化的。

個體隱性知識是由多種知識能力要素構成的有機體，個體運用隱性知識創造卓越績效是由多種隱性知識要素共同作用的結果。根據野中鬱次郎的觀點，隱性知識可以分為技能層面的隱性知識和認知層面的隱性知識。總體上來講，相對於顯性知識來說，隱性知識在工作、組織和環境中的可轉移性較低。但是根據隱性知識的特徵以及在工作、組織和環境中的可轉移程度，可以將隱性知識分為通用隱性知識和專用隱性知識兩種類型。通用隱性知識就是那些能夠在不同工作和不同情境下運用的，能夠滿足多種工作需要的隱性知識，如個人對價值觀、性格、認知等方面的隱性知識。專用隱性知識指的是只適用於特定工作的，在不同工作和情境下難以轉移的隱性知識，如專業技能、技巧和工作訣竅等方面的隱性知識。盧比特（Roy Lubit, 2001）把組織的隱性知識分為四類，即難以表達的技能（Know-How）、心智模式（Mental Models）、處理問題的方式（Ways of Approaching problem）、組織慣例（Organizational Routines）。其中，心智模式和處理問題的方式屬於通用的隱性知識。根據信息、知識、智能相統一的理論，江新等人把個體隱性知識分為基於身體的隱性知識、基於言語的隱性知識、基於個體元認知的隱性知識和基於社會文化的隱性知識。這裡基於個體元認知的隱性知識，如把握價值觀、情感方面的知識等屬於通用的隱性知識，而基於身體的隱性知識和基於言語的隱性知識屬於專業的隱性知識，這類知識具有很高的專用性。

個體隱性知識是一種有機的綜合能力。知識工作者在運用隱性知識的工作過程中，既需要具有一定的通用隱性知識，又需要具有同具體工作有著緊密相關的專用隱性知識。而通用隱性知識是專用隱性知識的基礎，專用隱性知識是個體在一定的通用知識的基礎上，根據具體工作情境和人物的特定要求而衍生出來的技能知識，它往往比通用知識更能解釋具體業績的差異。專用隱性知識是在具體的工作環境下通過師徒制方式、自我學習領悟、向他人學習、組織培訓、經驗累積獲得的。專用隱性知識的獲取可以進一步豐富通用隱性知識，完善通用隱性知識。個體的隱性知識正是通過通用隱性知識和專用隱性知識的互動，來呈現有機特性的[①]。

張慶普等人從技能和認識角度將企業的隱性知識劃分為兩類：一類是技能方

---

① 李作學，王前. 個體隱性知識的層次結構及維度模型分析 [J]. 情報雜誌，2006 (11): 75-77.

面的隱性知識，包括那些非正式的、難以表達的技能、技巧、經驗和訣竅等；另一類是認識方面的隱性知識，包括洞察力、直覺、感悟、價值觀、心智模式、團隊的默契和組織文化等。隱性知識存在於個體、團隊或部門、企業等不同層面的知識主體之中。從企業隱性知識可編碼程度分類，隱性知識又可分為可編碼的隱性知識、不易編碼的隱性知識和不能編碼的隱性知識（在一定時期不具備條件）。由於企業隱性知識的隱含性和複雜性，一般而言，可編碼化或顯性化的隱性知識僅占小部分，大部分隱性知識不易編碼或不能編碼。國外有學者（Row Lubff）根據隱性知識的內在聯繫對其進行了分類，認為企業中有四類隱性知識，即難以表達的技術訣竅、心智模式、逼近問題的方式以及企業慣例。從隱性知識載體的角度，我們從以下維度對隱性知識的類別進行了細分。一是物化在機器設備、設計圖紙、產品工藝流程中的隱性知識；二是存在於企業內個體、團隊和組織各層次中的技能類和認識類的隱性知識（見表3-2）。

表 3-2　　　　　　　　　　　　隱性知識分類[①]

I	物化在機器設備、設計圖紙、產品工藝流程中的隱性知識
II	個體擁有的技能類隱性知識（包括個人掌握的技能、技巧、手藝、訣竅、經驗等）
III	個體擁有的認識類隱性知識（個人的直覺、靈感、信念、價值觀、感悟、洞察力、心智模式等）
IV	團隊（或部門）擁有的技能類隱性知識（團隊所掌握的技藝、操作過程）
V	團隊（或部門）擁有的認識類隱性知識（團隊成員的協作能力、默契、合作共識等）
VI	企業擁有的技能類隱性知識（企業層次掌握的技巧、訣竅、經驗、運作過程、決策能力等）
VII	企業擁有的認識類隱性知識（企業的文化、慣例、價值觀、共同願景等）

從以上對隱性知識的分類中我們可以看出，第一類隱性知識可以伴隨著設備的購買和引進、技術許可證等方式進入企業；而后幾類的隱性知識必須伴隨著人員的流動才能發生轉移。總體來說，個體是隱性知識轉移、消化吸收和創造的源泉，無論是物化在設備、工藝流程中的隱性知識，還是嵌入在個體、團隊（或部門）、企業層面中的隱性知識，都必須通過個體能動的學習意願和學習能力才能實現企業內外部隱性知識的整臺、流動轉化和創造，從而實現技術

[①] 汪穎.基於隱性知識轉化的企業技術能力提升研究［D］.大連：大連理工大學，2005.

能力的提升①。

　　組織進行隱性知識管理的目的是旨在提高企業智商,而企業智商的高低,取決於組織能否廣泛分享信息以及如何善用彼此的觀念來成長。在這種彼此分享的過程中,隱性知識可以在一定程度上轉化為顯性知識,組織成員間的交流與合作是轉化的途徑。一個人通過從同事、朋友那裡獲得解決問題知識的概率比通過其他渠道獲得的知識高出 5 倍多②。一些學者認為,組織中的隱性知識就是其共同認可的潛在性知識。這種潛在性知識相當於個體所擁有的特殊學習習慣和能力,這種知識在個體層面上體現一種類似組織層面上的核心競爭力性質。因此,潛在性知識是不可被模仿的。如果不專門提出這種潛在性知識的分類,那麼潛在性知識仍然屬於隱性知識類型,是組織成員對技術、技能、工作內容的一種理解和思考,這種理解和思考反應在組織成員的大腦中,並體現在組織成員的語言和行為中。因此,組織成員間的交流與合作就是這些理解和思考內容融合的途徑,組織通過對成員互動的管理,促進成員間的交流,是可以促進組織知識管理的效果的。但是,在轉化成功之前,隱性知識本身是不能被直接納入知識管理範圍的,組織只能通過管理組織成員的行為,間接地管理組織內的隱性知識,能夠被直接管理的知識應該是顯性知識。

　　很多企業非常注重組織文化對員工的塑造作用,長時間的引導就會形成個體具有較為穩定的隱性知識,如服務意識、責任心、成就動機等方面。情感隱性知識維度指的是根據元認知和價值觀知識,個人在工作中成功調整個人情感的知識能力。具有較多隱性知識的人,應該有更強的知情意相貫通的能力,能夠將顯性知識和隱性知識有機結合,在認知活動中恰當地發揮情感因素的作用,創設適於接收、交流和共享隱性知識的氛圍,使隱性知識的獲取和運用保持開放態勢。這種知識包括自我控制能力、容忍力、移情能力等方面。上面提到的三種知識都是個體在工作中以取得卓越管理績效為目的的自我激發和自我表現的知識,即自我管理的知識。自我管理的知識大多屬於通用隱性知識,工作中可轉移程度較高。

　　這也是為什麼要在研究隱性知識和績效關係的時候,區分關係績效和任務績效,並且把關係績效對隱性知識的仲介作用分別放在個人層面和團隊層面進行分析的原因。因為隱性知識本身是不容易管理的,或者說是不能被直接管理的,需要通過使其行為化來間接管理。通過管理其行為,來管理其隱性知識的

---

① 汪穎. 基於隱性知識轉化的企業技術能力提升研究 [D]. 大連:大連理工大學,2005.
② ARGOTE L, EPPLE D. Learning Curvesin Manufacturing [J]. Science, 1990, 247 (2): 920 -924.

轉化、轉移和共享。因此，在經典理論中，大多數文獻都是對顯性知識管理和隱性知識轉化的研究，幾乎沒有發現在知識管理的過程中對隱性知識進行直接管理的研究內容和研究結論。

3.1.3 隱性知識的維度與計量

3.1.3.1 為什麼要劃分維度和計量

在知識經濟時代，對個體隱性知識的研究是科技管理、知識管理、人力資源管理和組織學習理論等領域研究的必然選擇。鑒於隱性知識的複雜性，迫切需要其他學科參與進來，進行共同研究。在評價個體隱性知識水平過程中，考慮到隱性知識的整體性和有機性特點，針對不同的組織和崗位，其知識維度具體內容和權重應該有所不同。

根據個體隱性知識內部的四個層次，可以提出個體隱性知識結構維度框架。個體隱性知識維度模型，需要先從大量國內外有關隱性知識的研究文獻（特別是心理學上對隱性知識的研究）中歸納總結出來，然后採用專家訪談的形式，對這些維度元素進一步整理而確定下來。王曉坤（2009）[①] 認為，個體隱性知識結構維度的具體內容有價值觀知識維度、元認知隱性知識維度、情感知識維度、操作技能知識維度、人際關係知識維度和基於社會組織文化的隱性知識維度。他認為，價值觀知識維度居於模型的中心，元認知隱性知識維度處於基礎地位，這種知識能夠將其他維度的知識整合在一起，通過個人在工作中的整體卓越績效表現出來。元認知隱性知識表現為個人學習能力、自我發展能力、創新能力以及解決問題的能力。人際關係隱性知識屬於中間技能層次，指的是關於在工作過程中同人打交道，處理好同上級、下級和同伴之間的人際交往知識。操作技能隱性知識是一種程序性知識，包括經驗類知識和技能訣竅。社會文化的隱性知識指的是不同國家、地區、民族、意識形態等形成的社會大環境以及不同組織環境對個體產生潛移默化的深遠影響的知識。這種知識深嵌於個體自我管理知識、人際關係知識和操作技能知識的具體過程之中。

瓦房格納（Wagner, 1987）根據斯騰伯格（Sternberg）的智力三元理論的情境亞理論，在實證研究的基礎上，提出了隱性知識的結構模型。他認為，隱性知識是一個三維立體結構。第一維度是內容（Content），包括管理他人、管理任務、管理自我；第二維度是情景（Context），包括局部情景、全局情景；第三維度是定位（Orientation），包括理想主義定位、實用主義定位。瓦格納的

---

① 王曉坤. 保險銷售人員工作隱性知識結構研究 [D]. 沈陽：沈陽師範大學，2009.

這一隱性知識的結構，類似於吉爾福特的智力結構模型。但這種結構模型允許人們從多種角度去認識和理解隱性知識，為后來的有關隱性知識的研究奠定了理論基礎。

斯騰伯格和瓦房格納（Sternberg & Wagner，1987）① 通過實證研究對這一理論上的結構模型進行驗證，結果發現隱性知識是一維的，即隱性知識具有一個潛在的一般因素。安布羅西尼和鮑曼（Ambrosini & Bowman，2001）② 認為，隱性知識是與個體技能發展緊密相關的知識。而其他人（Blacker，1995③；Castillo，2002④；Lam，2000⑤）將個體隱性技能和隱性知識等同。

野中鬱次郎（Nonaka，1994）⑥ 認為，隱性知識包含認知和技能兩個維度。技能維度的隱性知識是指怎麼做的技能，認知維度的隱性知識是運用心智模式或模仿情境而得來的。這些心智模式在我們的頭腦中根深蒂固，在運用時是無意識的。他還認為，認知隱性知識可以通過運用隱喻、類比和原型而達到部分顯性化。

中國學者李作學、王前（2005）⑦ 認為個體隱性知識是一種有機的綜合能力，與個體的績效相關，分為認知和技能兩個維度。他們將隱性知識分為通用隱性知識和專用隱性知識兩個層次。通用隱性知識屬認知層面，包括認知和價值觀；專用隱性知識屬技能層面，包括專業訣竅知識和中間技能知識。

由於目前對隱性知識的研究還較有限，因此還不能就當前研究得出隱性知識具有一個穩定的結構模型的結論。瓦格納（Wagner）也指出，隱性知識的結構可能會隨著職業的不同而有所變化。因此，關於隱性知識的結構還需要進一步予以深入研究和證實⑧。

---

① WAGNER RICHARD K, ROBERT J STERNBERG. Tacit Knowledge in Managerial Success [J]. Journal of Business and Psychology, 1987, 1 (4): 301-312.

② AMBEROSINI VERONIQUE, CLIFF BOWMAN. Tacit Knowledge: Some Suggestions for Operationalization [J]. Journal of Management Studies, 2001, 38 (6): 811-829.

③ SUCKLING J, et al. Segmentation of Mammograms Using Multiple Linked self-organizing Neural Networks [J]. Medical Physics, 1995, 22 (2): 145-152.

④ SIMOS PANAQIOTIS G, et al. Dyslexia-specific Brain Activation Profile Becomes Normal Following Successful Remedial Training [J]. Neurology, 2002, 58 (8): 1203-1213.

⑤ LAM Alice. Tacit Knowledge, Organizational Learning and Societal Institutions: An Integrated Framework [J]. Organization Studies, 2000, 21 (3): 487-513.

⑥ NONAKA IKUJIRO, et al. Organizational Knowledge Creation Theory: A First Comprehensive Test [J]. International Business Review, 1994, 3 (4): 337-351.

⑦ 李作學，王前，惠贊. 個體隱性知識的層次結構及維度模型分析 [C] //中國科學學與科技政策研究會. 首屆中國科技政策與管理學術研討會2005年論文集（下），2005: 9.

⑧ 王曉坤. 保險銷售人員工作隱性知識結構研究 [D]. 沈陽：沈陽師範大學，2009.

3.1.3.2 隱性知識測量的可行性和現有工具

3.1.3.2.1 隱性知識測量的研究現狀

隱性知識及其測度是伴隨著西方創新理論的發展而興起的一個新興研究領域。早在20世紀中期，經濟史學家波蘭尼（Polanyi, 1962）[①]就最先給出隱性知識的定義並闡釋其重要意義，區分了顯性知識與隱性知識這兩種不同的知識形態。斯騰伯格（Sternberg, 1985）[②]從心理學角度指出隱性知識與人類思維及心理過程之間的關係，認為組織的許多知識存在於員工主觀的見解、直覺、預感、理想、價值觀、想像中，並經多次試驗和修訂開發了管理者的隱性知識量表。

進入21世紀后，在最新的有關隱性知識理論的研究實證中，南希·倫納德（Nancy Leonard, 2005）等[③]提出了隱性知識的六因素多維模型，由此衍生出隱性知識量表，相關指標有認知技能（自我激勵與自我組織）、技術技能（個人任務與組織任務）、社交技能（任務相關與一般相關），並將542個問答組成的隱性知識量表進行發放測試，驗證了量表的有效性。安南·T.錢喬洛（Anna T. Cianciolo）等（2006）[④]針對校園學生對實踐智力和隱性知識進行了三方面的相關研究，證實發展的新隱性知識量表能有效、可靠地評估學生的實踐智力。格里戈連科（Grigorenko）等（2006）[⑤]在初等學校的教師效能和實用智力的隱性知識預測度量研究中，採用距離平方法以美國和以色列為樣本進行隱性知識水平研究，實證得出隱性知識存量與教師評級正相關等結論。喬安·林哈格（Joanne Greenhalgh, 2008）等[⑥]把隱性知識引入臨床學中，認為在臨床決策過程中應當平衡顯性知識（標準化的測量結果）和隱性知識，並把臨床醫學者的隱性知識分為直覺判斷、臨床經驗和專業知識。沙龍·瑞安

[①] POLANYI MICHAEL. Tacit Knowing: Its Bearing on Some Problems of Philosophy [J]. Reviews of Modern Physics, 1962, 34 (4): 601.

[②] STERNBERG ROBERT J. Beyond IQ: A Triarchic Theory of Human Intelligence [J]. Behavioral & Brain Sciences, 1984, 7 (2): 269-287.

[③] LEONARD NANCY, GARY S INSCH. Tacit Knowledge in Academia: A Proposed Model and Measurement Scale [J]. The Journal of Psychology, 2005, 139 (6): 495-512.

[④] CIANCIOLO A T, et al. Tacit Knowledge, Practical Intelligence, and Expertise [J]. The Cambridge Handbook of Expertise and Expert Performance, 2006: 613-632.

[⑤] STERNBERG ROBERT J, ELENA L GRIGORENKO. Cultural Intelligence and Successful Intelligence [J]. Group & Organization Management, 2006, 31 (1): 27-39.

[⑥] GREENHALGH JOANNE, et al. Tacit and Encoded Knowledge in the Use of Standardised Outcome Measures in Multidisciplinary Team Decision Making: A Case Study of In-patient Neurorehabilitation [J]. Social Science & Medicine, 2008, 67 (1): 183-194.

(Sharon Ryan，2009)等①通過特定區域的三個實證研究，發展和驗證了軟件開發團隊隱性知識（TTKM）的相關測量。阿南德（Anand，2010）等②以六西格瑪管理項目為背景發展了概念化模型，發現知識創新實踐能夠影響項目流程改進的成功，新的尺度可以用來衡量項目流程改進過程中的顯性和隱性知識的創造。

國內方面，唐可欣（2004）③針對中國實際情況對TKIM量表進行了修訂，此量表可用於綜合測試管理人員管理自我、管理他人和管理工作時的隱性知識狀況。李作學（2006）④從知識經濟社會的視角，認為個體不願外露或無法明示的知識涉及的專業經歷、經驗、專業訣竅、價值觀和信念以及組織涉及的文化、慣例、習俗等，都屬於隱性知識的範疇，並通過分析運用模糊概念，建立知識廣度和深度、取象比類能力、運用意象能力、隱性知識相對績效、知情意向貫通能力五個評價指標，構造員工隱性知識的模糊綜合評判模型，研究員工隱性知識的識別問題。單偉、張慶普（2006）⑤通過分析企業隱性知識管理的關鍵影響因素，依據物元理論、可拓數學與關聯函數理論，建立企業隱性知識管理績效評價物元模型，通過計算其綜合關聯度給出定量數值評價結果，為企業隱性知識管理活動提供決策依據。王連娟（2009）⑥在知識密集型行業和企業的研究中發現，團隊成員密切性深度、效度是影響團隊隱性知識學習的重要因素。王建軍（2009）⑦從學習型組織的新視角出發，闡釋隱性知識是創新的源泉，人在創新中必備的因素包括敏感性、洞察力、直覺及心智模式，而責任與使命感又是隱性知識生成的催化劑。黎仁惠（2009）⑧從社會資本角度指出隱性知識是企業技術的一個重要部分。在實際的技術轉移活動中，隱藏在研發人員頭腦中的技術訣竅，如關鍵產品部件的研發原理、研發人員構思解決問題

---

① RYAN SHARON, et al. Development of a Team Measure for Tacit Knowledge in Software Development Teams [J]. Journal of Systems and Software, 2009, 82 (2): 229-240.

② Anand Gopesh, Role of Explicit and Tacit Knowledge in Six Sigma Projects: An Empirical Examination of Differential Project Success [J]. Journal of Operations Management, 2010, 28 (4): 303-315.

③ 唐可欣. 管理人員隱含知識量表TKIM的初步修訂 [D]. 重慶：西南師範大學，2004.

④ 李作學，王前. 論隱性知識在中小企業技術創新中的作用和管理策略 [J]. 科技與管理，2006 (1): 24-27.

⑤ 單偉，張慶普. 基於隱性知識的高校核心競爭力分析 [J]. 哈爾濱工業大學學報：社會科學版，2006：87-89.

⑥ 王連娟. 密切性與團隊組織層面的隱性知識學習 [J]. 科技進步與對策，2009 (16): 107-111.

⑦ 王建軍，武曉峰. 學習型組織中隱性知識的開發 [J]. 管理觀察，2009 (17): 211-212.

⑧ 黎仁惠，王曉東. 從社會資本視角看技術轉移中隱性知識的轉化 [J]. 科技進步與對策，2009 (2): 130-133.

的方法等隱性知識，是實現引進技術消化吸收的關鍵，並受到結構、認知、關係維度的影響。

綜上所述，國內外關於隱性知識及其測度的研究結論主要集中在以下幾個方面：第一，隱性知識是高度個體化的知識，往往難以言表。植根於個體價值觀、信念、動機、責任及使命感等認知心智模式中，被組織涉及的文化、慣例、習俗所影響，是一種建立在個體之間經驗互動過程中不斷深化的知識體系。第二，團隊社交過程中隱性知識可通過觀察、體驗、模仿、對話、隱喻、歸納、演繹、領悟、反思等子環節不斷加強個體的經驗和技巧，取決於交流的頻度、深度及效度。第三，隱藏在研發人員頭腦中的技術訣竅類知識是建立在認知和社交維度基礎上的，是充分發揮這些隱性知識作用的關鍵。第四，隱性知識不斷深化、整合和創新的關鍵因素來源於敏感性、洞察力、直覺。第五，隱性知識的測量方法主要採用問卷量表和算法兩種形式，其中常用算法有模糊綜合評價法、語言信息的多指標群體綜合測評方法、遺傳算法、物元模型等。這些研究成果的取得為后人深入研究企業技術創新和研究開發過程中的隱性知識測度、開發員工知識潛能、建立基於知識貢獻分配的激勵機制奠定了良好的研究基礎①。

3.1.3.2.2 隱性知識測量的方法

第一，情境判定法。

斯騰伯格（Sternberg）及其同事開發了以關鍵事件法為基礎的情境判定測驗來測量隱性知識。情境判斷法首先通過關鍵事件法形成情境測驗的內容，之后通過情境判定測驗來測量個體隱性知識。

關鍵事件法是一種常用的行為定向的職務分析方法，由簡潔的事實報告組成，這些事實報告闡明了個體完成工作的有效或無效的行為。關鍵事件法要求職務專家來描述工作中遇到的一些工作情境。關鍵事件法可採用結構化的格式，要求職務專家說明當時的情境、如何處理以及結果如何。研究者對職務專家匯報的「關鍵事件」進行篩選、編輯和修訂，設計測驗的情境部分。情境判斷測驗就是設置一個社會實際工作（生活）的問題情境，並提供幾個解決這一情境下具體問題的可能產生的行為反應（或策略），令被試進行判斷與選擇，選出最願採取（或最不願採取）的行為反應，或對每一行為反應在李克特（Likert）等級量表上評定等級，然后予以賦分，推論其實有的解決社會工

---

① 李永周，彭璟．企業研發團隊個體隱性知識測度及其應用研究 [J]．科技管理研究，2012 (18)：183-187．

作（生活）問題實踐能力水平的測驗。

第二，因果映射法。

安布羅西尼和鮑曼（Ambrosini & Bowman, 2001）[①] 提出，用因果映射法來測量組織隱性知識。黑澤爾·泰勒（Hazel Taylor, 2007）[②] 認為，安布羅西尼等的方法也可用於個體的隱性知識測量。安布羅西尼和鮑曼（Ambrosini & Bowman, 2001）[③] 認為，隱性知識等同於隱性技能。因果映射法使用因果圖作為引發隱性知識的技術。因果圖是認知地圖的一種形式，由因果關係將相關概念整合在一起。首先，與其他關係相比，因果關係能提供程序性知識（怎麼做的知識）的一個更高預測水平，因此因果圖更適合研究隱性知識。其次，這種因果圖提問使用的問題——隱性知識是競爭優勢的源泉，這本身就是個因果問題。另外，因果圖用於引發隱性技能是依附情境的，隱性知識本身存在相應的情境中，與個人（組織）的行為或目標相一致。埃登（Eden, 1992）[④] 認為，這種技術能夠構成認知地圖，是人的主觀產物，它們能比其他模型更有意義地代表主觀數據。因此，因果圖能作為思維反應和問題解決的工具，這種技術很適合用來測量隱性知識。

因果映射法的過程如下：通過半結構化訪談或自我提問式訪談的方法來構建因果圖。自我提問式訪談技術是由布貢（Bougon, 1983）[⑤] 發展而來的一種無方向的繪圖技術。在此技術中，主要是被試訪談自己。這主要基於兩種觀點：一是被試很清楚自己的社會行為導向；二是被試提問基於自己的知識和思維方式。

半結構化訪談是讓被試報告一些例子，說出一些經歷。通常，被試者說一個成功的經歷和一個失敗的經歷。這些經歷是組織情境中隱性交流的一種方式。安布羅西尼和鮑曼（Ambrosini & Bowman, 2001）[⑥] 將兩種訪談技術結合，

[①] AMBROSINI VERONIQUE, CLIFF BOWMAN. Tacit Knowledge: Some Suggestions for Operationalization [J]. Journal of Management Studies, 2001, 38 (6): 811-829.

[②] TAYLOR HAZEL. Tacit Knowledge: Conceptualizations and Operationalizations [J]. International Journal of Knowledge Management, 2007, 3 (3): 60-73.

[③] AMBROSINI VERONIQUE, CLIFF BOWMAN. Tacit Knowledge: Some Suggestions for Operationalization [J]. Journal of Management Studies, 2001, 38 (6): 811-829.

[④] EDEN COLIN, FRAN ACKERMANN, STEVE CROPPER. The Analysis of Cause Maps [J]. Journal of Management Studies, 1992, 29 (3): 309-324.

[⑤] BOUGON MICHEL G. Uncovering Cognitive Maps: The Self-Q Technique [J]. Beyond Method: Strategies for Social Research, 1983, 173: 187.

[⑥] AMBROSINI, VERONIQUE, CLIFF BOWMAN. Tacit Knowledge: Some Suggestions for Operationalization [J]. Journal of Management Studies, 2001, 38 (6).

被試分為兩類，分別使用一種訪談技術。之后，依據因果圖的映射的過程，由問題「是什麼導致那種情況的發生？或它是怎麼發生的？」開始。例如，因果圖由「成功事件」開始，映射的目標就是找到成功的原因。因果映射的過程像是剝蔥頭的過程，隨著一層層地剝開，被試能找到詳盡、隱性的成功原因。在這個階段要關注的是「他們當前正在做的」。這些代表原因的行為就是隱性技能。

南希·倫納德和格雷·S. 因奇（Nancy Leonard & Gray S. Insch, 2005）[①]採用安布羅西尼和鮑曼（Ambrosini & Bowman, 2001）[②] 所述的半結構化訪談技術來引發隱性知識。文獻表明，這種技術目前還沒得到廣泛應用。我們可以看到，這種方法基於隱性知識等同於隱性技能的假設，通過有關行為經歷來預測技能，施測時要進行大規模訪談，要找到行為上的因果關係，從而也能探尋認知層面的知識。因果映射法能把隱性知識的三種水平很好地測量到，尤其對隱性知識的難於表達知識的水平，因為此方法本身就是基於挖掘行為導向的隱性技能的。

第三，問卷法。

問卷法是利用訪談法來收集相關信息，形成問卷，用問卷法對隱性知識進行測量，最后對調查問卷的結果進行統計分析。這裡的訪談法通常是半結構式訪談，半結構式訪談介於結構式訪談和無結構式訪談之間。這種訪談有調查表和訪談問卷，有結構式訪談的嚴謹和標準化的題目，也給被訪者留有較大的表達自己想法和意見的餘地，並且訪談者在進行訪談時，具有調控訪談程序和用語的自由度。半結構式訪談兼有結構式訪談和無結構式訪談的優點，既可以避免結構式訪談的呆板、缺乏靈活性、難以對問題作出深入的探討等局限，也可以避免無結構式訪談的費時、費力以及容易離題、難以進行定量分析等缺陷。問卷法就是通過這種半結構式訪談來搜集隱性知識的相關條目，形成調查問卷來測量隱性知識。

第四，現象學的質化研究法。

也有學者用現象學的質化研究來測量隱性知識。這項研究的方法是以全面深入的現象學方法和建構主義理論為基礎。研究者需要找到讓被試能夠填充這

[①] LEONARD NANCY, GARY S INSCH. Tacit Knowledge in Academia: A Proposed Model and MeasureMent Scale [J]. The Journal of Psychology, 2005, 139 (6): 495-512.

[②] AMBROSINI VERONIQUE, CLIFF BOWMAN. Tacit Knowledge: Some Suggestions for Operationalization [J]. Journal of Management Studies, 2001, 38 (6): 811-829.

些空隙的方法。馬頓（Marton，1981）① 把現象學描述為「潛意識水平的集中體現」。特里普（Tripp，1994）② 認為，反射作用能將我們的反應轉變為「技能知識」，這是通過經驗獲得的，很少通過別人幫助，但通常以行為的方式出現的知識。利用這種原理，研究者認為，隱性知識的累積會隨著時間在生活經歷中發生。因此，按照研究者的觀點，不是主要的事件，而是日常的富於挑戰的有意義事件。

麥爾斯和胡貝爾曼（Miles & Huberman，1984）③ 以及弗拉納甘（Flanagan，1954）④ 描述的關鍵事件法屬整體研究。這些研究者認為要在傳記體背景下，分析生活變更經歷，從而得出關鍵事件的描述。而也有研究者（Lorraine St Germain & David M Quinn，2005）⑤ 認為，這種方法是觀察明顯的有意義的事件，沒有背景的限定。按照安吉里德斯（Angelides，2001）⑥ 的觀點，當研究事件、反應和釋義的種類和量級時，這種方法能比弗拉納甘（Flanagan）等提出的關鍵事件法在更短時間內收集豐富的質化數據。但他們用的這種方法由於是純的質化研究，因此要對研究的每一個步驟加以嚴格控制，否則信度、效度不能保證。由於它能反應潛意識的水平，可將隱性知識的各個水平反應出來，因此用來測量隱性知識是很適合的。

第五，數學上的模糊綜合評判法。

這是一種基於模糊數學的綜合評價方法，根據模糊隸屬度理論把定性評價轉化為定量評價，將定性評價與定量評價結合起來。這種方法將隱性知識的存量測查到，是個很好的突破。由於隱性知識的屬性特別，這種方法的定性與定量結合程度需達到最佳測量的效果⑦。

---

① MARTON FERENCE. Phenomenography-describing Conceptions of the World Around Us ［J］. Instructional Science, 1981, 10（2）: 177-200.

② TRIPP CAROLYN, THOMAS D JENSEN, LES CARLSON. The Effects of Multiple Product Endorsements by Celebrities on Consumers' Attitudes and Intentions ［J］. Journal of Consumer Research, 1994, 20（4）: 535-547.

③ MILES, MATTHEW B, A MICHAEL HUBEERMAN. Qualitative Data Analysis ［M］. SAGE Publication, 1984.

④ FLANAGAN JOHN C. The Critical Incident Technique. Psychological Bulletin, 1954, 51（4）.

⑤ ST GERMAIN LORRAINE, DAVID M QUINN. Investigation of Tacit Knowledge in Principal Leadership ［J］. The Educational Forum, 2006, 70（1）.

⑥ ANGELIDES PANAYIOTIS. The Development of An Efficient Technique for Collecting and Analyzing Qualitative Data: The Analysis of Critical Incidents ［J］. International Journal of Qualitative Studies in Education, 2001, 14（3）: 429-442.

⑦ 王曉坤. 保險銷售人員工作隱性知識結構研究 ［D］. 瀋陽: 瀋陽師範大學, 2009.

3.1.3.2.3　隱性知識測量的局限性

對隱性知識的維度劃分，首先是對概念進行解讀。其一，波蘭尼提出了隱性知識三元結構：認識者、集中意識（Focal Awareness）和輔助意識（Subsidiary）。認識者是整合兩種意識的載體，集中意識是認識者對其所要關注的對象或所要關注的問題的意識，輔助意識是指認識者對所使用工具以及其他認識的意識。其二，哈里·柯林斯（Harry Collins, 2010）[①] 在其著作《隱性知識和顯性知識》（Tacit and Explicit Knowledge）中將隱性知識劃分為三個維度，即理論型隱性知識（RTK）、實踐型隱性知識（STK）、整合型隱性知識（CTK）。RTK 是由隱含的知識、實例型的知識等組成，是隱性知識的內容維度。STK 是指必須通過實踐才能被掌握的知識，是隱性知識的實踐維度。CTK 是指一旦離開集體或社會，人們的環境敏感性和個人能力便會減弱的知識，是隱性知識的環境維度。其次是對測量工具進行設計。瓦格納和斯騰伯格（Wagner & Sternberg, 1987）[②] 在度量管理人員隱性知識時確立了三維立體結構：內容（Content）、背景（Context）、定位（Orientation）。其中，內容包含管理自我、管理工作和管理他人三個維度；背景包含微觀背景和宏觀背景兩個維度；定位包含理想的和實踐的兩個維度。李作學（2008）[③] 在評價個人隱性知識及其結構時提出了五維結構：元認知、價值觀、情感、人際、專業技能。王曉坤[④]在考察保險人員隱性知識時提出了六維結構：組織協調、積極心態、市場關注、人際覺察、自我規範、銷售策劃。

3.2　績效管理理論

績效管理最開始在企業中的體現主要是進行績效評估，但是隨著經濟與管理水平的發展，越來越多的管理者和研究者意識到績效評估的局限性和不足。績效管理正是在對傳統績效評估進行改進和發展的基礎上逐漸形成和發展起來的[⑤]。

早期的績效管理側重於對生產效率的測評。在 19 世紀，美國紡織、鐵路、

[①]　HARRY COLLINS. Tacit and Explicit Knowledge [M]. Chicago: University of Chicago Press, 2010.

[②]　RICHARD K WAGNER, ROBERT J STERNBERG. Tacit Knowledge in Managerial Success [J]. Journal of Business and Psychology, 1987, 1 (4): 301-312.

[③]　李作學. 隱性知識計量與管理 [M]. 大連: 大連理工大學出版社, 2008.

[④]　王曉坤. 保險銷售人員工作隱性知識結構研究 [D]. 沈陽: 沈陽師範大學, 2009.

[⑤]　牛成拮, 李秀芬. 績效管理的文獻綜述 [J]. 甘肅科技縱橫, 2005, 34 (5): 103-104.

鋼鐵和商業部門的管理者根據本行業的經營特點建立了多種績效指標（如每碼成本、每噸鐵軌焦炭成本、銷售毛利等），用於評價企業內部的生產效率。19世紀末20世紀初，由於產品的品種及耗用資源種類的不斷增加，原先那些衡量單一產品和業務的簡單產出指標已難以滿足管理的要求，於是產生了一些更為複雜的指標體系，如泰勒基於工作效率研究為每一種產品制定了具體的原材料、人工消耗等數量標準。一些工程師與會計師還將數量標準擴展為價格標準（如每小時人工成本），建立了全面的產品成本標準。1903年，杜邦公司開始以投資報酬率來評價企業績效，並通過杜邦系統圖來規劃和協調各分部的經營活動，使企業成為一個各部門相互協作的有機系統，進而提高對企業績效的預測能力和控制能力。

20世紀30年代後，由於受經濟危機的影響，來自企業外部的會計準則和各種規範越來越多，迫使企業將注意力集中到對外財務報表的編製及財務指標的完善上。20世紀50年代，為了更好地反應企業的整體價值、未來機會和風險，很多企業開始運用內部報酬率、淨現值等會計指標。由於會計數據不像其他內部決策信息那樣難以獲得，因此當時出現了一種財務指標至上的狀況。這種狀況一直持續到20世紀80年代（王化成、劉俊勇，2004[①]）。

二戰以後，隨著市場競爭的加劇，許多企業認識到，應該隨著專業化分工的發展，不斷強化各個職能部門（如營銷、研發、人力資源、財務、生產等）的運作效率，為各個職能部門建立完善的測評指標體系，以應對環境的變化。例如，通用電氣公司1951年設計的評價指標體系，除了利潤指標外，還包括市場佔有率、生產力、員工態度和社會責任等指標。該公司主張企業在設計指標時應對短期目標和長期目標進行平衡。其間，一些新興的指標，如市場佔有率、顧客滿意度、新產品數量、員工滿意度等應運而生。這些指標與19世紀中期曾出現過的企業信用評價指標一樣，注重質量評估，而不是財務效果。然而，由於當時企業的各個職能部門往往獨立行事，協調性較差，因此不同部門的績效測評指標體系之間缺乏系統性和層次性。20世紀60年代，希斯（Seashore，1965）所提出的組織效能標準金字塔概念產生了較大的影響。他認為，想全面評價企業的經營活動，就應該設定最終、中間、基礎三個層次的指標，並且這些指標應相互關聯，彼此之間存在一定的邏輯性。

在20世紀70年代前，績效評估手段曾經一度被當成管理手段使用，由於

---

① 王化成，劉俊勇. 企業業績評價模式研究——兼論中國企業業績評價模式選擇 [J]. 管理世界，2004（4）：82-91，116.

績效評估手段和內容功能的單一性，在實施過程中通常不考慮組織的背景、文化、目標戰略等因素，加之由於缺乏有效的指導性，產生了一系列問題。在這一背景下，研究者拓展了績效的內涵，並在總結績效評估不足的基礎上，於20世紀70年代后期提出了績效管理的概念。績效管理在績效評估理論的基礎上，通過不斷拓展其管理功能，立足現代公司組織特點和管理需要，形成一套以定量評估為核心的績效管理科學體系。績效管理逐漸成為一個被廣泛認可的管理理論。縱觀績效管理理論形成發展，其大致可分為兩個階段：第一個階段是20世紀70~90年代的績效評估的反思重估階段。在這個階段，針對績效評估出現的種種弊端，人們開始重新認識其不足和局限性，並對其進行重新定位。第二個階段是績效管理理論體系的豐富發展階段，該階段始於對績效評估的反思。

20世紀70年代以后，相對完善的績效測量和管理（Performance Measurement and Management，PMM）理論開始形成，這主要表現在績效測評指標的設計理念發生了前所未有的變化。由於市場競爭日益激烈，營銷、生產、研發、財務和人力資源管理等職能部門的相互協調與配合顯得越來越重要。在這種背景下，孤立地從某一方面研究績效評價會陷入誤區。另外，隨著高科技的快速發展，企業的競爭優勢越來越取決於無形資產的開發和利用，於是單純以財務指標作為績效評價指標的做法受到越來越多的批評，非財務指標的作用日益得到重視。到了20世紀八九十年代，這種批評更加激烈，企業已無法通過深化財務指標的設計來滿足資本市場和股東的要求。

自20世紀90年代起，績效管理開始成為學術研究的一個明確主題。從此，績效管理研究成果成倍增加。其間，策略性績效管理（Strategic Performance Management）逐漸成為一個新生的主導流派[1]。

傳統的績效評估存在著嚴重不足：由於評估的主觀性，評估沒有得到很好的執行；許多管理者對員工的評估表面上和私下裡是不一致的，表面上的評估分數可能很高，但私下裡卻想解雇他們；注重評估的過程和形式，不注重評估的價值；對組織和員工的作用不大；等等。弗蘭德瑞（Fandray, 2001）[2]指出，應該用績效管理系統代替每年的績效評估。評估的廢止，僅僅只是績效管

---

[1] 賀小剛，徐爽. 策略性績效管理研究評述 [J]. 外國經濟與管理，2007, 29 (4)：24-32.
[2] FANDRAY DAYTON. The New Thinking in Performance Appraisals [J]. Workforce, 2001, 80 (5)：36-40.

理的開端。尼科爾斯（Nickols，1991）①認為，績效評估到績效管理依賴於以下四個原則：必須設定目標，目標必須為管理者和員工雙方所認同；測量員工是否成功達到目標的尺度必須被清晰地表述出來；目標本身應該是靈活的，能夠反應經濟和工作場所環境的變化；員工應該把管理者不僅僅當作評價者，而應該當作指導者，幫助他們獲得成功。詹金斯（Jenkins）認為，從績效評估到績效管理應該是組織整體文化的變化，包括指導、反饋、薪酬和晉升決定以及法律上的闡述。這其實包括了現在績效管理系統的大部分內容。綜上可知，績效評估是績效管理的一個重要的部分，但績效管理不等於績效評估②。

績效管理理論在西方國家得到了系統、全面的發展。綜觀績效評估的廢立與績效管理的確立，從尼科爾斯（Nickols）和寇恩（Coen）等提倡的績效評估的廢止為開端，涉及組織整體文化的變遷，包括指導、反饋、薪酬和晉升決定以及法律的闡述等內容。績效管理與績效考核之間無論是基本概念，還是實際操作，二者都有較大差異。但是，績效管理與績效考核又是一脈相承、緊密聯繫的。績效考核是績效管理不可或缺的一部分。通過績效考核，可以為組織的績效管理改善提供資料，幫助企業不斷提高績效管理的水平和有效性，使績效管理真正幫助管理者改善管理水平，幫助員工提高績效能力，幫助組織獲得績效目標。

隨著中國經濟持續發展和改革開放的深入，在引入國外的研究成果的基礎上，結合中國改革開放實踐經驗，國內學者在績效管理領域也取得了許多成就。張鼎昆指出，人類績效技術的主要理論基礎是行為科學、系統論、認知科學、神經科學和人力資源管理，應當運用系統的觀點進行績效管理。石書玲從管理者應具備的條件出發，將管理者的績效分為直接績效和間接績效。直接績效是通過企業管理者能力的釋放，直接體現出來的與個人能力有關的貢獻。間接績效是指那些與全體員工努力直接相關的貢獻。霍楚紅則從個體心理角度對績效評價過程中的情感或對被評價的喜愛程度進行了研究。她認為，被評價者的情感及情緒對績效評估過程具有潛在的影響，積極的情感有助於對存儲信息的回憶，能增加評定者在認知上的信息交流效果，提高評估的質量，但同時，其負面影響則是對評定者的喜愛可能產生暈輪效應而造成評估結果產生放大或者縮小的作用。唐翰有等在調查與分析了一些企業實際情況的基礎上提出了一個全新的整體績效考評體系，並給出了該考評體系中所涉及的考評原則、指標

---

① CONNORS V A, B B NICKOL. Effects of Plagiorhynchus Cylindraceus (Acanthocephala) on the Energy Metabolism of Adult Starlings, Sturnus Vulgaris [J]. Parasitology, 1991, 103 (3): 395-402.
② 牛成括, 李秀芬. 績效管理的文獻綜述 [J]. 甘肅科技縱橫, 2005, 34 (5): 103-104.

體系以及考評標準的確定方法，指出了該考評體系適合國有資產管理部門對國有企業的績效考評。劉苑輝等通過分析 LG 電子有限公司在績效考核過程中存在的問題，提出了建立以人為本的績效管理體系改造方案，建立績效管理系統，強調績效改進，淡化薪酬與績效的管理，科學地確定績效考核指標，激勵員工與企業一起成長。張衛枚分析了傳統績效觀點與知識團隊之間的衝突，指出了造成這種衝突的深層原因是管理理念的滯后。知識性團隊績效管理應該給予能本管理理念，他在此基礎上還分析了基於能本管理的團隊績效管理的優點及其各階段的特點。付亞和、許亞林等在績效管理的應用層進行了研究，並認為許多企業不能很好地解決績效管理問題。一是管理制度和落實沒有很好地銜接，二是績效管理沒有系統地落實。鑒於此，績效管理應當為管理人員提供系統性的績效管理知識，使他們瞭解績效管理是什麼、為什麼要進行績效管理以及有效的績效管理能為企業帶來什麼。

3.2.1 績效的含義與分類

從管理學的角度看，績效是組織期望的結果，是組織為實現其目標而展現在不同層面上的有效輸出，包括個人績效和組織績效兩個方面。從經濟學的角度看，績效與薪酬是員工和組織之間的對等承諾關係，績效是員工對組織的承諾，薪酬是組織對員工的承諾。

從社會學的角度看，績效意味著每一個社會成員按照社會分工所確定的角色承擔他的那一份責任。他的生存權利是由其他人的績效保證的，而他的績效又保障其他人的生存權利。績效有組織和員工個體兩個層面的績效。目前對績效的界定主要有以下幾種觀點：

第一，把績效看成一種結果。貝爾丁（Bemardin，1995）等認為，績效應該定義為工作的結果，因為這些工作結果與組織的戰略目標、顧客滿意感及所投資金的關係最為密切。凱恩（Kane，1996）[①] 指出，績效是一個人留下的東西，這種東西與目的相對獨立存在。我們可以看出，把績效看成一種結果的觀點認為績效是工作所達到的結果，是一個人的工作成績的紀錄。

第二，把績效看成個體的行為。墨菲（Murphy，1990）[②] 給績效下的定義是：績效是與一個人在其中工作的組織或單元的目標有關的一組行為。也有學

[①] HAFFTER PASCAL, et al. The Identification of Genes with Unique and Essential Functions in the Development of the Zebrafish [J]. Development, 123 (1): 1-36.

[②] JENSEN MICHAEL C, KEVIN J MURPHY. Performance Pay and Top-management Incentives [J]. Journal of Political Economy, 1990: 225-264.

者認為，績效是行為，應該與結果區分開，因為結果會受系統因素的影響。績效是員工自己能夠控制的與組織目標相關的行為，只有與目標相關的行為才算得上績效。貝特曼（Bateman，1983）[1] 提出的組織公民行為（Organizational Citizenship Behaviors）認為，組織公民行為是一種有利於組織的角色外行為和姿態，既不是正式角色所強調的，也不是勞動報酬合同所引出的，而是一系列非正式的合作行為所構成的，能從整體上有效地提高組織績效的行為，如幫助同事、保護組織和提出建設性建議等。

第三，把績效看成勝任特徵或稱勝任力（Competence）。這種看法符合現在有些企業和管理者提出的「向前看」的績效標準，即通過測量個體的勝任力來說明個體的績效。因為擁有這些勝任力的員工擁有獲得成功的更大可能性。在各組織越來越看重可持續發展的今天，對員工勝任力的考察日益受到重視。

綜上所述，不同行業的組織，對績效的看法會不同，包括結果、行為以及勝任特徵。具體該怎麼確定，要視組織的具體情況而定。實際上，中國目前的大多數組織經常用「德、能、勤、績」四個方面來衡量員工的績效。分析一下，我們可以發現這四個方面其實就是結果、行為和勝任力的綜合。在這種評估標準中，「勤」體現的是行為；「績」體現的是結果；「能」體現的是勝任力，也就是個人特質；「德」體現了行為，也體現了個人特徵。

3.2.2 績效管理及其作用

績效管理的概念於 20 世紀 70 年代提出，然后在 20 世紀 80 年代后半期和 20 世紀 90 年代早期，因為人們對人力資源管理理論研究和實踐研究的逐漸重視，績效管理也開始被廣泛認可為人力資源管理的重要過程。經過 40 多年的理論與實踐研究，績效管理在企業中的運用已相當成熟，大大提高了企業績效。

英國學者羅杰斯（1990）[2] 認為，績效管理是管理組織績效的過程。這種觀點將 20 世紀 80 年代和 20 世紀 90 年代出現的許多管理思想、觀念和實踐等結合在一起。其核心在於認為績效管理通過決定組織戰略以及通過組織結構、

---

[1] BATEMAN THOMAS S, DENNIS W ORGAN. Job Satisfaction and the Good Soldier: The Relationship between Sffect and Employee Citizenship [J]. Academy of Management Journal, 1983, 26 (4): 587-595.

[2] HARPENDING HENRY, ALAN ROGERS. Fitness in Stratified Societies [J]. Ethology and Sociobiology, 1990, 11 (6): 497-509.

技術事業系統和程序等來加以實施，主要從組織的角度來考慮目標制定、績效改進和考查。其看起來更像戰略或事業計劃等，而在這個過程中個體員工雖然會受到影響，但不是績效管理所要考慮的主要對象。

績效管理是各級管理者和員工為達到組織目標共同參與的績效計劃制訂、績效輔導溝通、績效考核評價、績效結果應用、績效目標提升的持續循環過程，是人力資源管理工作的重要內容及基礎性工作。其作用主要有以下三個方面：

第一，績效管理是選拔人才的依據。績效考核是判斷員工道德素質、工作能力及各方面優缺點的重要管理體系，因此是單位選拔人才的重要依據。

第二，績效管理是激勵人才的有效手段。對員工的獎懲是績效管理的主要內容，因為有切實的物質、精神方面的獎勵，所以績效管理是激勵人才的有效手段。

第三，績效管理是調配人員的依據。績效管理除了可以區分員工的工作態度與積極性，還可以區分員工對於其所在的崗位的勝任能力，以此發掘各個員工的優勢，是調配人員的依據。

彼得·德魯克指出，績效管理是現代企業發展的根本動力，缺乏正確的績效管理的企業，就意味著失去了必要的市場競爭要素。企業績效管理的功能包括三個層次。從戰略層次來看，績效管理體系能夠將員工的工作活動與企業的戰略目標聯繫起來，通過提高員工的個人績效來提高部門工作績效，進而提高企業的運作績效；從職能管理層次來看，績效管理體系可以對員工的績效表現給予評價，並依次給予相應的獎懲，有利於發現、培養和提拔專業骨幹和管理人才，作為企業進行薪酬、晉升和解雇決策的重要依據，從而提高人力資源的管理效率；從個人激勵層次來看，績效管理體系能夠幫助企業發現員工的不足之處，進而有針對性地對員工進行培訓，通過提高員工的知識、技能和素質來促進員工的個人發展。根據中國企業績效管理的實踐經驗，中國企業的績效管理在實施過程中存在著若干誤區，而對這些誤區的認識、分析和評述，可以有效地改進中國企業的績效管理行為，從而提高中國企業的績效管理水平[1]。

---

[1] 張永軍. 事業單位績效管理評述 [J]. 考試周刊, 2012 (31)：195.

3.3 關係績效及其相關理論

3.3.1 關係績效的提出

在績效考核中，我們經常可以觀察到這樣一種現象：一些業務技術拔尖的員工，主管或其他人對他的評價並不是很高；一些業務素質平平的員工，因為工作比較努力、比較踏實肯干，反而得到了主管或其他人的肯定；還有一些員工比較善於處理人際關係，雖然業務水平一般，但也得到了評價者的認可。這種現象發人深思，即在個體績效評價時，評價內容是否僅僅局限於職務說明書的內容？若不是，還包括什麼內容？長期以來，人們往往將個體績效界定在職務說明書範圍之內，然而事實並非如此，伴隨著對關係行為以及個體績效結構研究的深入，關係績效的概念應運而生。早在1985年，有學者（Borman, Motowidlo, Rose & Hanser）在研究士兵績效時發現，有些個體績效（如堅定的決心、忠誠、團隊精神）與組織的有效性有關，但不在技術熟練性中。基於上述研究，綜合其他學者對關係行為的研究，1993年鮑曼和摩托維德羅（Borman & Motowidlo）提出了關係績效（Contextual Performance）的概念。他們認為，個體總績效由任務績效和關係績效兩部分組成，即個體總績效除了包括任務績效以外，還應該包括關係績效。任務績效是指任職者通過直接的生產活動提供材料和服務，對組織的技術核心做出貢獻，主要受經驗、能力以及與工作有關的知識等因素的影響。關係績效是指與關係行為有關的績效，關係績效對組織的技術核心沒有直接貢獻，但它構成了組織的社會、心理背景，能夠促進組織內的溝通，對人際或部門溝通起潤滑作用。關係績效可以營造良好的組織氛圍，對工作任務的完成有促進和催化作用，有利於員工任務績效的完成以及整個團隊和組織績效的提高。關係績效與員工的個性關係密切，大量研究表明，責任意識、外向性等個體因素對於員工的周邊績效有顯著的預測性，而知識、能力、技術能較好地預測任務績效。

關係績效作為人力資源管理、組織行為學、心理學、文化學等多個學科研究的交叉領域，是目前績效研究領域的熱點、重點和難點。但是，關係績效對個體總績效評價有何影響，目前國內外尚未見到相關的研究[1]。

關係績效（Contextual Performance）是在績效行為觀的基礎上發展而來的。它不在崗位說明書的正式描述之中，不直接貢獻於組織的技術核心，也不被組

---

[1] 陳勝軍.周邊績效與總績效評價的關係研究 [J].山西財經大學學報，2008, 30 (1)：84-89.

織正式的獎懲系統所識別，但它構成了組織的社會、心理背景，能促進組織內的溝通，營造良好的組織氛圍，能促進和催化工作活動的開展與完成，有利於提高整個團隊或者組織的績效。進入 21 世紀，隨著組織結構扁平化以及團隊工作方式的興起，人們越來越重視員工在組織中的合作、互助、首創精神和工作幹勁，周邊績效的作用愈發凸顯。

卡茨（Katz，1964）① 曾經指出，一個組織想要生存下去，則必須要有「自發的、主動性的超越角色規定的活動」，如合作、保護、建議、自我培訓、積極的態度等。一個只依靠規定行為模式的組織，只是一個脆弱易碎的社會系統。這強調了「員工自發自覺行為對組織的重要性」，也由此引起了對於員工非規定行為的更多研究，包括組織公民行為、親社會行為、士兵效能模型以及關係績效等。雖然前三者都指出了員工工作的非正式行為方面，但都沒有對員工任務績效之外的活動進行全面的概括。而關係績效正是克服了這個局限性，它對這些概念進行整合，將員工非任務規定的活動歸結成一個績效範疇，建立起非規定行為的綜合模式，從而全面地揭示了組織員工的績效構成。關係績效的出現可以說是組織行為學發展的一個必然結果②。

3.3.2 關係績效的定義及其產生動因

自卡茨（Katz，1964）對於員工「自發自覺行為對組織的重要性」的認識開始，經奧根（Organ，1977）③ 的組織公民行為理論（Organizational Citizenship Behavior）和布瑞夫和摩托維德羅（Brief & Motowidlo，1986）的親社會行為理論（Prosocial Organizational Behavior）的發展后，鮑曼和摩托維德羅（Borman & Motowidlo，1993）④ 對工作績效進行了以結果導向和行為導向的劃分，並進行了一系列的后續實證和理論研究，最終將工作績效劃分為任務績效和關係績效。

關係績效（Contextual Performance）也被中國部分研究者翻譯為周邊績效或非任務績效，其與任務績效（Task Performance）一起構成工作績效，是與任務績效相區別對應的概念。關係績效是指通過直接執行一些任務過程或者間

---

① KATZ DANIEL. The Motivational Basis of Organizational Behavior [J]. Behavioral Science, 1964, 9 (2)：131-146.

② 夏福斌，路平. 關係績效理論及其應用 [J]. 經濟研究導刊，2010 (15)：140-142.

③ ORGAN DENNIS W. A Reappraisal and Reinterpretation of the Satisfaction-Causes-Performance Hypothesis [J]. Academy of Management Review，1977, 2 (1)：46-53.

④ BORMAN W C, MOTOWIDLO S J. Expanding the Criterion Domain to Include Elements of Contextual Performance [M]. San Francisco：Jossey-Bass，1993：71-98.

接提供需要的材料和服務，來對組織的核心技術做出貢獻，並且從社會背景和心理背景的維持和促進來支持任務績效。斯科特和摩托維德羅（Scotter & Motowidlo，1996）[1]認為，關係績效是超越了員工工作說明書和職務規範的行為與活動。他們還發現，關係績效與績效的組織特徵密切相關，這種行為雖然對於組織的技術核心的維護和服務沒有直接的關係，但是從更廣泛的企業運作環境與企業的長期戰略發展目標來看，這種行為是有其存在的重要性的。奧根（Organ，1997）[2]提出，關係績效是有利於保持和提高支持任務績效的社會和心理環境的行為。其同時說明，關係績效應該是非正式工作規範需要的以及不會被組織正式報酬系統回報的，但對組織而言卻是重要的。科爾曼和鮑曼（Coleman & Borman，2000）[3]把關係績效定義為不是直接促進組織生產與服務的行為，而是支持組織社會和心理結構的行為。

關係績效的內涵是相當寬泛的，包括人際因素和意志動機因素，如保持良好的工作關係、坦然面對逆境、主動加班等。摩托維德羅（Motowidlo）確定了五類有關的關係績效行為：主動地執行不屬於本職工作的任務，在工作中表現出超常的工作熱情，工作時幫助別人並與別人合作，堅持嚴格執行組織的規章制度，履行、支持和維護組織目標。可見，我們理解的關係績效涉及個人職責範圍外自願從事的有利於組織和他人的活動，正是這種關係績效構成組織成員間的情感環境與人際關係，也是構成組織氣氛的因素之一。

在此基礎上，摩托維德羅（Motowidlo）把關係績效分成兩個方面：人際促進方面和工作投入方面。人際促進是有意增加組織內人際關係的行為，能夠提高組織士氣，鼓勵合作，消除阻礙績效提升的因素，幫助同事完成工作等。工作投入是工作績效的動機基礎，含有很大的動機成分，驅動人們提高組織的績效。工作投入以自律性行為為中心，如遵守規定、工作努力、首創精神等。同時，工作投入也包括大量的意志因素，導向性與堅持性是工作投入的一個顯著特徵。盡責、對成功的期望、目標導向、嚴格遵守規章等都是這一動機的體現。

綜上所述，關係績效的概念應該包括以下幾個方面：第一，關係績效是角

---

[1] VAN SCOTTER J R, MOTOWIDLO S J. Interpersonal Facilitation and Job Dedication as Separate Facets of Contextual Performance [J]. Journal of Applied Psychology, 1996, 81: 525-531.

[2] ORGAN D W. Organizational Citizenship Behavior: It's Construct Cleanup Time [J]. Human Performance, 1997 (10): 85-97.

[3] COLEMAN V I, BORMAN R C. Investigation the Underlying Structure of the Citizenship Performance Domain [J]. Human Resource Management Review, 2000 (10): 25-44.

色外的自願行為，超出了工作說明書描述的行為，即使員工沒有做出這些行為也不會受到處罰；第二，任務績效會隨工作不同而有所差別，但關係績效是穩定的和相似的，不會因為工作、組織的變化而變化；第三，關係績效是不會被組織正式報酬系統所承認的行為，卻是組織需要的行為；第四，關係績效並不直接提升組織效能①。

在摩托維德羅和斯科特（Motowidlo & Scotter）研究的基礎上，香港科技大學樊景立教授著手中國企業的關係績效研究。樣本採集方面，樊景立教授在北京、上海、深圳、杭州等城市抽樣，公司類型包括國營、外資等形態。其挑選出的166名受訪者中，有60%為主管。回收問卷後，樊景立教授請博士班學生進行分類工作，將這些行為描述由27個分類歸類至10大類。這些分類中，有些沿用自西方，有些則是依中國國情設定。經過迴歸分析后，可以同心圓作為圖標，歸納出四個層面的行為。樊景立教授認為，個人層面的績效行為包括自我學習、維護清潔、超時工作；團體層面的關係績效行為包括人際和諧、排難糾紛、員工互助；組織層面的績效行為包括勇於表達意見、參加組織工作、節省資源；社會層面的績效行為包括參與社會公益活動等（見圖3-1）。由於樊景立教授所歸納出的績效行為層次清晰，並且與中國文化特色相關聯，因此比西方學者的研究更貼近中國實際。這也成為本書分析的理論基礎之一。

影響關係績效的因素有很多，主要有組織環境、員工個性與認知因素等。組織文化給關係績效提供孕育和發展的環境。一般而言，強調關係的組織與片面強調生產率的組織相比，更看重員工的關係績效，員工更願意表現出關係活動，工作滿意感比較強，離職率、曠工行為都相對要少。如果各級間溝通較多，員工的關係活動明顯要多。實行績效管理的組織，員工關係活動也有增多的趨勢。個性是影響員工關係績效的重要因素。許多關於個性和績效關係的研究表明，在人格中的外向、宜人性、責任感、開放性上分數高的個體，在組織中傾向於表現更高的關係績效水平。

員工對自己所處環境的知覺也是一個影響因素。如果員工認為自己有機會受到提拔，則關係績效的水平會有顯著提高。對組織報酬公平與否的知覺，也同樣影響關係績效水平。如果員工感知為公平的，或者認為關係績效與組織的薪酬方案有關，則更願意表現出關係績效活動，反之亦然。

關係績效行為最明顯的預測因素之一，就是全面的工作滿意感。工作滿意感能預測關係績效，是因為工作滿意感測量中的情緒成分能預測關係績效。積

---

① 夏福斌，路平. 關係績效理論及其應用 [J]. 經濟研究導刊，2010（15）：140-142.

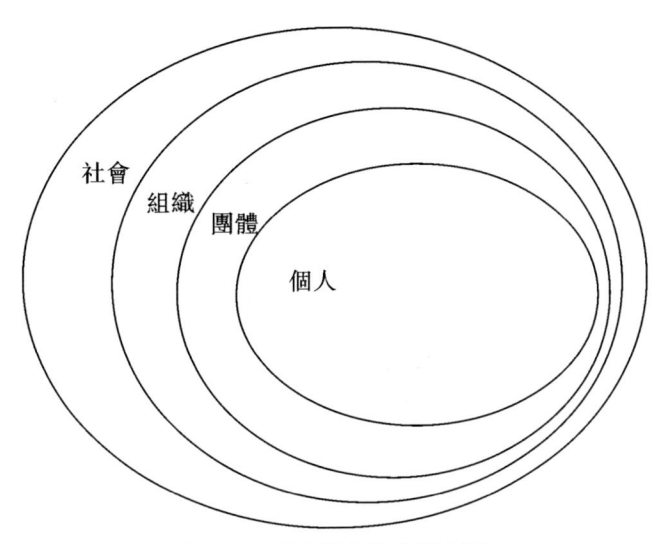

图 3-1　關係績效行為同心圓

極的情緒決定了個體更願意幫助他人以及與他人合作，因而可以預測他更願意執行對組織有利的規定之外的行為。此外，還有人認為是因為滿意感的測量潛在地將與工作有關的個性特質、情緒、認知評估與工作環境甚至工作特徵聯繫了起來。這些因素對理解個體何以選擇執行關係績效行為都是重要的。

工作自主性能夠對關係績效進行預測，根據有二：一是工作特徵決定了關係績效為任務績效提供支持情境的具體內容和具體方式；二是在工作上自主性更高的員工，就有著更多的自由支配的時間，有更多的支配自己工作情境中活動的自由。這也就有理由認為，其將有更多機會和可能來展示非任務行為活動。此外，名聲好的員工的關係活動較多；女性員工比男性員工更傾向於表現關係行為。還有人認為，員工的地區來源（農村還是城市，大城市還是小城鎮）也會影響關係績效水平，但尚缺乏實證支持[1]。

結合影響關係績效的因素來看，我們可以總結出關係績效產生的動因分為內外兩重因素。內因來源於亞伯拉罕·馬斯洛的需要層次理論，外因來源於維克多·弗魯姆的期望理論。馬斯洛認為，人的需求決定動機，動機決定行為，即人的需要取決於他已經得到了什麼，還缺少什麼，只有尚未滿足的需要能夠影響其行為[2]。馬斯洛將需要劃分為五個層次，生理的需要、安全的需要、社

---

[1] 夏福斌，路平. 關係績效理論及其應用 [J]. 經濟研究導刊，2010（15）：140-142.
[2] 周三多. 管理學 [M]. 北京：高等教育出版社，2007：239-241.

交的需要、尊重的需要和自我實現的需要。而后三種較高層次的需要促使了員工在工作中自覺地、自發地提高自己的關係績效。弗魯姆的期望理論認為，只有當人們預期到某一行為能給個人帶來有吸引力的結果時，個人才會採取特定的行動。企業在制定激勵機制時參考「M（激勵力）$= V$（效價）$\times E$（期望值）」公式，利用管理者和員工的雙向期望，促使員工有目的地參與到關係績效當中。

3.3.3 關係績效的維度

學術界關於關係績效的維度的劃分，沒有統一的標準，常見的有二維法、三維法和五維法。

二維法是斯科特和摩托維德羅（Van Scotter & Motowidlo）提出的，「二維」分別是人際促進和工作奉獻。人際促進是一種自律行為，包括遵守規則、努力工作、首創精神；工作奉獻是在工作中積極主動、展示其承諾和動機、提出努力的行為[1]。三維法是科爾曼和鮑曼（Coleman & Borman）提出的，他們通過對以往研究中提出的 27 種關係績效行為進行整合得到「三維」，即利於個體的人際關係公民績效，包括助人、合作及利他等；利於組織的組織公民績效，包括遵守規章、忠誠、支持組織目標及公民品德等；利於工作的工作責任感，包括對任務的持久熱情和額外努力、承擔額外責任等[2]。五維法是鮑曼和摩托維德羅（Borman & Motowidlo）[3] 提出的，「五維」分別是自願完成不屬於職責範圍內的事；堅持付諸額外努力；幫助和協作他人；遵守組織的規則和程序；支持並維護組織的目標。

中國學者孫健敏（2002）[4] 等對管理人員的績效結構進行了探索性研究，得到 3 個維度：工作任務績效、個體特質績效和人際績效，其中個體特質績效和人際績效相當於周邊績效。蔡永紅（2003）[5] 等研究了學生評價教師的績效

---

[1] DAWN S CARLSON, L A WITT, SUZANNE ZIVNUSKA, et al. Supervisor Appraisal as the Link Between Family—Work Balance and Contextual Performance [J]. Journal of Business and Psychology, 2008 (23): 37-49.

[2] 夏福斌, 路平. 中國企業員工關係績效結構維度研究 [J]. 西部論壇, 2010, 20 (6): 100-106.

[3] STEPHAN J MOTOWIDLO. Some Basic Issues Related to Contextual Performance and Organizational Citizenship Behavior in Human Resource Management [J]. Human Resource Management Review, 2000, 10 (1): 115-126.

[4] 孫健敏. 發達國家的質量管理評價指標 [J]. 企業管理, 2002 (2): 74-76.

[5] 蔡永紅, 黃天元. 教師評價研究的緣起、問題及發展趨勢 [J]. 北京師範大學學報：社會科學版, 2003 (1): 130-136.

結構，包含職業道德、工作奉獻、助人合作、教學效能、教學價值及師生互動6個一階因子，前3個因子屬於關係績效。2004年，蔡永紅等人又研究了同事評價教師的績效結構，包含6個一階因子，即職業道德、工作奉獻、助人合作、教學效能、教學價值及師生互動，前3個因子屬於關係績效。羅勝強（2008）等對1,402名中國士兵績效結構的研究表明，士兵的關係績效可以劃分為4個維度：幫助他人、熱愛學習、維護組織利益和自律。跨文化研究發現不同的文化對關係績效的理解存在差異。樊景立研究發現，中國人的認同組織、協助同事、敬業守法維度與西方人的公民道德、利他、盡職維度相似，但西方人的維度中還包括公平競爭精神和殷勤有禮，而中國人的維度中還包括人際和諧和保護公司資源。陳勝軍（2010）[1]在摩托維德羅（Motowidlo）的五維結構的基礎上，結合中國的實證研究，通過因素分析劃分了與之略有差別的5個維度，分別是：第一，工作責任感和工作熱情；第二，企業協同和利他行為；第三，遵守企業規則和程序；第四，企業認同、支持和維護；第五，額外付出。這5個維度更強調工作責任感，與中國崇尚關係和諧、群體觀念的文化背景相契合。

綜上所述，關係績效是有各種維度的，並且中西方有差異。國內外學者對關係績效的維度有一定的探索，提煉出了一些關係績效的成分。例如，工作奉獻、人際促進、個體特質、職業道德等。但是，專門探討關係績效模型的研究還較少見。

3.3.4 關係績效相關研究

雖然關係績效的概念誕生很晚，理論上還剛剛處於起步階段，但是實踐中卻早已引起了人們的重視。關係績效理論是一門新興的績效管理理論，其產生於經濟飛速發展、人們的生活水平不斷提高的20世紀90年代。在人們的基本需求不斷得到滿足後，工作中績效的考核也不能僅僅停留在以結果為導向的績效或者產出上。以行為為導向的績效管理和考核體制開始從西方引進中國。在中國，關係績效的存在更加久遠，它是我們以集體為先、個人為後，崇尚和諧包容的集體思想和儒家思想的結晶，理應被賦予更多的關注。但是，由於中國的市場經濟和管理模式還在不斷探索當中，對於關係績效的認識和考評沒有引起足夠的重視。

---

[1] 陳勝軍.周邊績效模型研究——基於高科技企業中層管理人員的實證研究[J].軟科學，2010, 24 (9)：110-114.

3.3.4.1　因素和研究重點

現階段對關係績效的研究主要分為三個方面：關係績效的結構研究、關係績效與任務績效的關係研究、關係績效的影響因素研究。

關係績效與任務績效的關係研究中，有許多研究表明，上級在對員工進行業績評定時，經常將關係績效和任務績效並重，認為兩種績效都對組織效能有重要作用。如果上級對員工在任務績效上的表現評定較低的話，則對該員工在關係績效上的評定也有偏低的趨勢。

關係績效與任務績效的關係研究的研究重點有兩個：第一，兩者從概念上區分雖然獨立，但是否還存在相互影響；第二，兩者對整體績效的影響。卡爾森（Carlson，2008）[1]等人對關係績效和員工工作—家庭平衡進行研究，他們指出，研究的有效性在於關係績效是任務績效的一個「通用指示劑」。康威（Conway，1996）[2]證實，任務績效和關係績效也存在很大的相關性（0.5~0.6），這表明它們在某種意義上不是完全獨立的。摩托維德羅和斯科特（Motowidlo & Scotter，1994）[3]對421名空軍做過觀察研究，分別對每名空軍的整體績效（Overall Performance）、任務績效和關係績效進行評定。他們通過求三者之間的相關關係及逐步迴歸，結果證實任務績效和關係績效獨立地對整體績效起作用。1996年，斯科特和摩托維德羅（Scotter & Motowidlo）針對這一問題又進行了一項研究，他們將關係績效分為人際促進（Interpersonal Facilitation）和職務奉獻（Job Dedication），由直接管理者對975名航空技工的任務績效、人際促進、職務奉獻進行評定。結果發現，任務績效和人際促進對整體績效的影響很大，可以通過對整體績效的不同貢獻將其區分開。職務奉獻也影響整體績效，但它的作用被任務績效和人際促進掩蓋了。這說明任務績效和人際促進包括職務奉獻的成分。他們對此的解釋是：動機是關係績效的一個重要成分，被定義為職務奉獻，它可能也強烈地影響任務績效。陳勝軍（2008）[4]採用集群抽樣通過對6家企業的訪談和問卷調查，從員工本人、直接上級、同級別同事、直接下級4個維度研究了關係績效和個體總績效評價的關係。研究結果表明，在評價直接上級、同級別同事、直接下級時，關係績效對個體總績

---

[1]　DAWN S CARLSON, et al. Supervisor Appraisal as the Link Between Family-Work Balance and Contextual Performance [J]. Journal of Business and Psychology, 2008 (23): 37-49.

[2]　CONWAY J M. Analysis and Design of Multitrait-Multirater Performance Appraisal Studies [J]. Journal Manage, 1996 (22): 139-162.

[3]　MOTOWIDLO S J, Van Scotter J R. Evidence that Task Performance Should be Distinguished from Contextual Performance [J]. Journal of Applied Psychology, 1994, 79: 475-480.

[4]　陳勝軍.周邊績效與總績效評價的關係研究 [J]. 山西財經大學學報, 2008, 30 (1): 84-89.

效均有顯著影響，而且在評價直接上級和同級別同事兩種方式下其影響大於任務績效對個體總績效評價的影響。

關係績效的影響因素主要有工作滿意度、組織承諾和員工人格特質這幾方面。斯科特（Scotter，2000）[1] 對空軍機械師的兩批樣本（N_1=419，N_2=991）進行研究表明，關係績效能解釋員工大部分的工作滿意度和組織承諾的變化，而任務績效則不能。唐麗莉（2006）[2] 調查了 187 名製造業的員工，研究表明員工的組織承諾是影響其關係績效的重要變量。鮑曼（Borman，1997）[3] 等人的一項研究表明，當關係績效作為校標，並被獨立地評定時，它與人格測驗有很高的相關。這表明人格測驗可以很好地預測關係績效，尤其是在將關係績效作為獨立成分時。

關係績效的作用還體現在人事選拔上。個性因素能夠較好地預測關係績效行為，因此，在人事招聘與選拔的理論和實踐工作中，除了在原有的對未來任務績效進行預測之外，還採用個性測量方法來對員工進行個性方面的測量，從而預測其關係績效水平。結構性面談的廣泛使用也是關係績效受到重視的結果，它能夠檢測到員工關係績效的很多方面。這些都在客觀上提高了人事選拔的效度，能為組織找到一個好員工；同時也對員工進入組織後的培訓、晉升等提供了一定的依據。關係績效還直接影響組織薪酬決策。關係績效（特別是人際促進）對上級薪酬決策的偏好有著正向的影響，它與任務績效的影響同樣重要。當員工在關係績效上得分較高時，上級也傾向於對此員工做出晉升、提供進一步培訓機會以及加薪的決策。當然，做出這種決策的結果顯然同時受到任務績效水平的影響，如果任務績效水平高的同時，關係績效水平也較高，則此員工得到這些決策結果的可能性就越大，機會就越多，反之亦然。關係績效理論在員工培訓方面也起到一定的影響。隨著團隊的出現以及組織中協同工作的增多和組織環境的日益開放性，組織中的個體之間怎樣相處，如何有效地處理工作衝突和人際衝突，如何更好適應組織的發展趨勢和組織的宏偉目標，都是培訓中要增加和重視的關係績效內容[4]。

---

[1] JAMES R VAN SCOTTER. Relationships of Task Performance and Contextual Performance with Turnover, Job's Satisfaction, and Affective Commitment [J]. Human Resource Management Review, 2000, 10（1）：79-95.

[2] 唐麗莉. 企業員工組織承諾對關係績效影響的實證研究 [D]. 大連：大連理工大學，2006.

[3] BORMAN W C, HANSON M, HEDGE J. Personnel Selection [J]. Annual Review Psychology, 1997, 48：299-337.

[4] 夏福斌，路平. 關係績效理論及其應用 [J]. 經濟研究導刊，2010（15）：140-142.

3.3.4.2 關係績效的特徵

關於關係績效的特徵，當前學界並沒有專門的研究。關係績效的特徵只是在關於關係績效的論述中或多或少被涉及。經過對研究文獻的整理，我們認為，關係績效的特徵主要表現在以下幾個方面：

第一，關係績效與員工本人的工作任務沒有直接聯繫。提出關係績效理論就是為了彌補傳統的績效考核的不足，使被工作描述遺漏的行為得到關注。因為這類行為對群體與組織績效能起到促進與催化作用，沒有這些行為，任何一個組織或者企業的長期存在與發展都會有問題。同時，一個組織中員工的任務績效出色不等於關係績效豐富，企業應將兩者區別對待。

第二，關係績效是工作情景中的績效。研究表明，上司對下屬的績效評價，不僅要考慮其數量和質量，更要考慮其社會因素。下屬所表現的助人、謙讓、守時等方面的因素可以影響到上司對整體績效的評估。個體的關係績效行為所表現的有利於組織績效的氣氛，如主動、承諾、自豪、積極，可以影響到對整個群體與組織績效的認識。由此可見，在一般的績效評估中，對關係績效的認知其實一直都存在。同時，對情景因素的考慮使得績效評估需要融合更多的組織社會特徵。

第三，關係績效與組織長遠戰略發展關係密切。如果說個體的任務績效與企業當前的經營業績有著很大相關性，那麼相當一部分關係績效對企業當前業績並沒有直接影響，而對企業戰略性經營具有重要意義。企業戰略是一個長遠的目標，在這個目標實現過程中，員工主動嘗試、探索與自我培訓、發展以及發揮自己的主觀能動性，對於實現企業戰略目標至關重要。關係績效行為中相當一部分有助於組織建立組織核心價值，如自我發展與培訓、開創與自發、公民美德、傳播良好意願、對組織目標的維護與承諾等。

第四，關係績效是過程導向與行為導向的績效。主流的人力資源管理理念追求績效是可以考察的數量化標準，如產量、單位時間內生產件數、合格率、市場份額等一些「硬指標」。而關係績效理論則指出，許多績效行為只能在工作過程中體現出來，如關心組織發展、同事之間支援、自律行為等，而且員工完成工作的機會並不完全相等，因此對工作的過程和行為給予關注是不能忽略的。關係績效的評價了包含許多動機因素，如努力程度、盡責、成就取向、獎勵偏好、依賴性、努力等。

第五，關係績效與員工個性關係密切。特別是在工作情景中的個性理論提出後，大量的研究表明，責任意識、外向性等個性因素對於許多職業的績效都有顯著的預測能力，特別是對於關係績效。圖3-2表明知識和技能、技術與任

務績效強相關，而關係績效由動機決定。動機形成的個人因素則是個性因素。

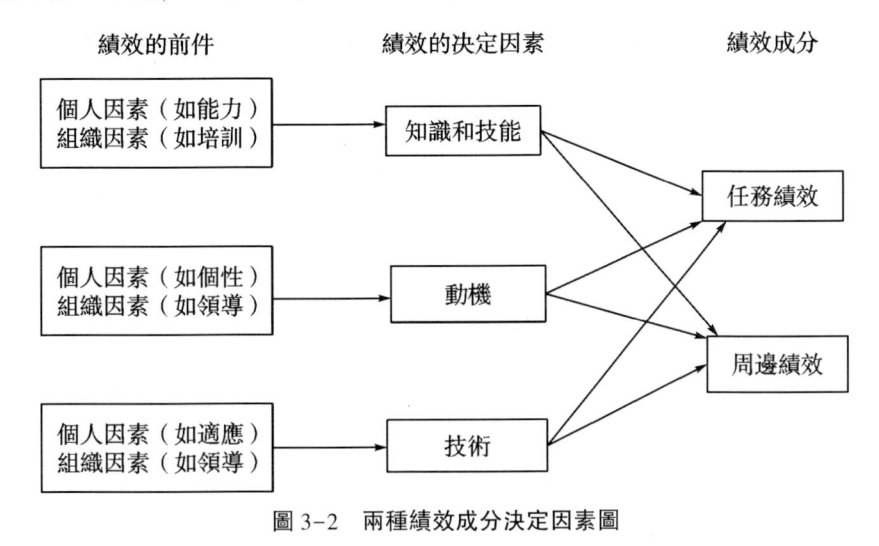

```
績效的前件              績效的決定因素          績效成分

┌─────────────┐        ┌─────────┐          ┌─────────┐
│個人因素（如能力）│───→│知識和技能│─────→│任務績效│
│組織因素（如培訓）│        └─────────┘          └─────────┘
└─────────────┘              ╲   ╱
                              ╳
┌─────────────┐        ┌─────────┐       ╱╲
│個人因素（如個性）│───→│   動機   │──────
│組織因素（如領導）│        └─────────┘       ╲╱
└─────────────┘              ╱   ╲
                              ╳
┌─────────────┐        ┌─────────┐          ┌─────────┐
│個人因素（如適應）│───→│   技術   │─────→│周邊績效│
│組織因素（如領導）│        └─────────┘          └─────────┘
└─────────────┘
```

圖 3-2　兩種績效成分決定因素圖

樊景立教授以測量量表的形式，通過問卷篩選收集的信息在交叉分析後，顯示關係績效行為與員工特性形成有趣的相關。女性工作者比男性工作者在維持環境、工作與非工作的協助方面表現得更優異；男性工作者卻較能表達建設性的意見。年齡越大，對於自我學習的意願相應降低。國有企業與私有企業相比，在工作互助與環境整潔方面，表現較弱。

3.3.4.3　實踐關係績效的意義

從組織實踐看，一方面，人們越來越重視員工在集體中的合作、互助、首創精神、工作干勁和組織公民行為；另一方面，企業已很難僅從任務績效維度對現代組織中的某些職業（如管理人員）做出準確、合理的評估，這使關係績效成了績效管理研究所關注的又一焦點。研究表明，對企業而言，員工的關係績效有以下重要意義：

首先，關係績效有利於建設良好的企業文化。沙因（Schein）認為，組織文化可以分為三個基本層次：外顯的行為與標誌、共同的價值觀與共同的關於組織的基本假設。關係績效中的一些行為，如對組織工作的投入與承諾、嚴格遵守企業的規章制度、傳播良好的意願等都可以認為是組織文化的一個部分。關係績效行為是在工作中的外顯行為，包括儀表、言行等內容，而企業在對周邊績效行為的管理過程中，可以表現企業的共享價值觀與基本假設。

其次，關係績效適應學習型組織與動態環境的要求。隨著市場競爭的激烈，以生產為核心的部門分工層級結構制度受到了嚴峻的挑戰，以市場為核

心、學習型組織與自我管理團隊越來越受到重視，因為它們能夠適應環境的快速變化，具有相當的靈活性。關係績效正是在這種經濟環境中被提煉出來的：員工的主動學習與發展使得員工和企業更加具有適應性與發展能力；與本職工作不直接掛勾使關係績效的評定具有彈性；管理員工的創新、提出建設性意見可以促進組織的創新與發展。正如卡茨（Katz）所言，關係績效行為使得組織能夠適應變化的環境，調整對員工的要求，給員工相應的自由度，使組織得以生存與不斷發展。

再次，關係績效行為能夠促進群體與組織績效。除了完成工作任務之外，企業員工之間會有相互聯繫、相互協調、相互合作的行為。研究表明，這些行為可以減少部門內摩擦、輔助協調工作、幫助員工排除制約績效的障礙，提高組織整體績效。在團隊研究的理論中，有一類角色稱為協調員，他們樂於協調他人的工作與部門之間的活動，他們的介入會使團隊績效有顯著提高。從績效評估的角度來看，這類人的任務績效並不突出，而關係績效行為卻很優秀。關係績效理論同時認為，個體績效已經不單獨與個人有關，與組織有關的因素，如溝通能力、人際能力、領導能力等也應當是績效評估的重要內容。

最後，關係能促使「夾縫工作」順利完成。隨著內外部環境的變化，組織中會經常性地出現「夾縫工作」，光靠工作說明書是不能促成員工自覺完成的，而關係績效管理就可以做到這一點。

3.3.4.4　績效研究理論缺口

關係績效概念的完整提出到現在已近十年，綜觀以往的研究，本書認為，關係績效研究存在以下幾方面缺口，它們理應成為關係績效研究的發展趨勢。

第一，關係績效行為的研究總體來講仍處於理論研究領域，應用性研究領域涉及面仍非常窄。其可以突破之處有：首先，豐富關係績效理論有關內容，充分發揮其應用價值；其次，應加強關係績效干預研究，如採取何種途徑和手段，有針對性地提高員工的關係績效行為；最后，應注意不同特徵群體的關係績效研究。

第二，以往的研究大多從橫截面對關係績效行為進行測量和分析，這樣的研究缺乏動態性。其實，從縱向的角度，進一步分析關係績效的因果關係，確定關係績效行為作為前因、后果或仲介變量的作用，來研究其發展變化更便於從整體上把握關係績效的作用。

第三，以往的研究大多停留在個體水平上的關係績效行為，在群體、組織和跨文化層次上對關係績效的研究和分析比較少，而后者的分析可能更具有價值。

第四，以往的研究在探討關係績效與個性的關係時，只涉及幾個有限的個性指標，並且對個性指標的測量經常採用自我報告法。運用這種手段實際上將個性視為結構化和動態性，並假定個體對個性能進行精確和可信的描述。有研究顯示，自我評價的個性與他人評價的個性相比，后者更能解釋工作績效的變異。今后的研究應從多個角度去評價兩者的相關性。

3.4 任務績效及其相關理論

3.4.1 任務績效的來源和定義

在鮑曼和摩托維德羅（Borman & Motowidlo, 1993）將工作績效劃分為任務績效和關係績效之前，大多數對於績效或者工作績效（Job Performance）的研究，都是指任務績效的內涵。與關係績效（Contextual Performance）的「角色外（Extra-Role）行為」相對應，任務績效（Task Performance）屬於「角色內（In-Role）行為」，是指包括了一系列的、經常出現在正式工作說明書中的績效。任務績效明確規定了一項職務與另一項職務的職責範圍和區別。雖然各職務崗位的任務績效不盡相同，但其主要包括兩個核心方面：第一，直接把原材料轉化為產品和服務的活動；第二，通過補充原材料供應、分配產品、提供重要計劃、監督和人事職能來維持技術的順利和高效運轉的活動，與組織的核心技術有密切的聯繫。

現有對任務績效的描述，雖然不同研究者因其特定的研究對象略有差異，但它主要包括「受經驗、能力以及與工作有關的知識等因素的影響的，能直接以定量的方式衡量員工產出的一種結果」。對任務績效的評估是傳統績效評估中的主要成分。隨著傳統績效評估的弊端和不足日益凸顯，人們對於績效的認識也開始全面和客觀。

現有對工作績效維度的劃分有多種，既有二維結構，又有三維結構、四維結構和八維結構等。不論何種劃分，其實都是進行任務績效和其他所有非任務績效的界定。二維結構即是鮑曼和摩托維德羅（Borman & Motowidlo, 1993）提出的任務績效和關係績效；三維結構是孫建敏和焦長泉（2002）[①]提出的任務績效、個人特質績效和人格關係績效；四維結構是韓翼和廖建橋（2006）[②]提出的任務績效、關係績效、學習績效和創新績效；八維結構是坎貝爾

---

① 孫建敏，焦長泉. 對管理者工作績效結構的探索性研究 [J]. 人類工效學, 2002 (3): 1-10.
② 韓翼. 雇員工作績效結構模型構建與實證研究 [D]. 武漢：華中科技大學, 2006.

(Campbell, 1990)① 提出的特定職務任務績效、非特定職務任務績效、寫作和口頭交流、努力、遵守紀律、為團體和同事提供便利、監督與領導、管理。我們可以看到,不論績效管理理論在各階段的研究重點和前沿焦點是什麼,任務績效始終是績效管理不可或缺的重要部分②。

3.4.1.1　初期的探討

摩托維德羅和斯科特（Motowidlo & Van Scotter）請3位專家作為直接管理者,要求他們對421名航空技工實施了90天左右的觀察,並且對每一名被觀察者的整體績效、作業績效和關係績效逐一進行評定。通過對作業績效、關係績效和整體績效之間相關性的分析和逐步迴歸分析,他們研究得知,作業績效和關係績效可以獨立地對整體績效起作用,從而對作業績效和關係績效進行了實證區分。

康威（Conway）對作業績效和關係績效的效度進行了分析,將作業績效和關係績效作為獨立成分得到了支持,並且非管理職務的作業績效和關係績效的差異較管理職務的作業績效和關係績效的差異要更加明顯。同時,他還發現,作業績效和關係績效之間也存在著很大的相關性,這又在某種意義上表明它們不是完全獨立的。

摩托維德羅和斯科特（Motowidlo & Scotter）在1996年針對康威（Conway）的結論又進行了一項研究,他們將關係績效分為人際促進和職務奉獻。由直接管理者對975名航空技工的作業績效、人際促進、職務奉獻和整體績效進行評定,結果發現,作業績效和人際促進對整體績效的影響很大,可依據對整體績效貢獻的不同將二者區分開。職務奉獻也影響整體績效,但其作用被作業績效和人際促進所掩蓋,從而說明了作業績效和人際促進包含著職務奉獻的成分。因此,他們提出應將作業績效和人際促進修正為包括職務奉獻的動機成分,區別作業績效和關係績效的一個重要標準是作業績效強調作業的熟練度和有效地完成作業的動機,關係績效強調人際技能和與他人創造良好的工作關係、幫助他人有效地完成作業的動機。

在此項研究基礎之上,康威（Conway）在1999年又將摩托維德羅和斯科特（Motowidlo & Scotter）對非管理職務的研究擴展到對管理職務的研究。他對14篇有關文獻進行了分析,得出結論：關係績效中的職務奉獻可以獨立地對管理職務的整體績效起作用,而關係績效中的人際促進與管理職務的作業績

---

① CAMPBELL J P. An Overview of Army Selection and Classification Project [J]. Personnel Psychology, 1990, 43: 231-239.

② 張静. 知識員工周邊績效管理研究 [D]. 南京：南京理工大學, 2003.

效卻有重合。此結論與摩托維德羅和斯科特（Motowidlo & Van Scotter）對非管理職務的研究結論剛好相反。

從這兩項研究的結論可以看出，管理職務和非管理職務在關係績效的內容上有所不同。區別在於，非管理職務方面，作業績效中包含職務奉獻的成分，人際促進與作業績效可以完全區分開；而管理職務方面，作業績效中包含人際促進的成分，職務奉獻與作業績效能夠被完全區分開。

1997年，鮑曼（Borman）等人的一項研究，將關係績效作為效標，並且被獨立地評定作為條件時，它與人格測驗有很高的相關性。換句話說，將關係績效作為獨立成分時，人格測驗可以很好地預測關係績效。研究表明，能力能夠很好地預測技術的熟練度——作業績效。

上述的研究可以總結為，摩托維德羅和斯科特（Motowidlo & Scotter）的研究表明了任務績效和關係績效是獨立起作用的；關係績效分為職務奉獻和人際促進兩個方面，而且任務績效和人際促進對整體績效的影響很大；職務奉獻也影響整體績效，但任務績效和人際促進對其作用有所掩蓋；經驗與作業績效的相關性較之與關係績效的相關性要高，人格與關係績效的相關性比其與作業績效的相關性要高。由此說明，經驗可以更好地預測作業績效，而人格能夠更好地預測關係績效。

康威（Conway，1999）[①] 對摩托維德羅和斯科特（Motowidlo & Scotter）等人的研究成果進行了補充。他把管理者的任務績效分成兩個部分：一是技術-行政管理；二是領導能力。研究發現，關係績效中的職務奉獻對管理職務的整體績效可以獨立地起到影響作用，但是關係績效中的人際促進與任務績效中的領導能力在對總績效的貢獻上是重疊的，沒有辦法進行區分。

3.4.1.2 后續的研究

王輝、李曉軒和羅勝強對任務績效與情境績效二因素模型的驗證研究是採用驗證性因素分析（CFA）程序，比較整體績效模型和績效的二因素模型，即包含任務績效和關係績效這兩個潛在變量的模型的擬合度。如果第一個模型擬合度好，說明任務績效與關係績效是一體的，不能區分開來；反之，如果第二個模型擬合度更好，則說明任務績效與關係績效是可以區分開來的，即績效的二因素（任務績效與關係績效）模型成立。

結果表明，任務績效和情境績效在結構上是可以區分開的，二者具有不同

---

① CONWAY JAMES M. Distinguishing Contextual Performance from Task Performance for Managerial Jobs [J]. Journal of Applied Psychology, 1999, 84 (1): 3.

的構面，從而支持了任務績效與關係績效二因素模型。同時，迴歸分析發現，任務績效可以預測員工的提升可能性和離職意向，情境績效的工作奉獻維度可以預測員工提升的可能性。羅正學等人在對任務績效、關係績效與工作績效的關係研究中得出的結果是：受到中國社會、文化背景的影響，個體的工作績效基本上都可以區分為任務績效和關係績效，二者均對整體績效存在獨立的貢獻。該結果與鮑曼和摩托維德羅（Borman & Motowidlo）研究結果基本相同。該結果與康威（Conway）的研究發現任務績效與關係績效之間存在著較高的相關性，也基本相同。這說明，從某種意義上說，任務績效與關係績效可能不是完全獨立的，二者之間存在著一定的影響。

該研究中的路徑分析結果顯示，關係績效與整體工作績效的標準化迴歸系數要高於任務績效與整體工作績效的標準化迴歸系數，說明在對員工工作績效進行評價時，關係績效起著更重要的作用。周智紅等認為，中國文化背景下的組織中的績效評定易受到感情和人際關係等因素的影響，關係績效會被賦予更高的權重。羅正學等人的研究對這一觀點實現了實證性的支持。

韓翼和廖建橋在績效分離性對任務績效和關係績效影響研究中再次證實了績效區分為任務績效和關係績效。同時，相關性研究發現，績效分離性（Rankin 和 Sayre 將績效分離性定義為，在團隊生產的過程中，雇員的工作績效能被顯著地觀察到，並且能夠被單獨進行區分，以便於採取相應的激勵措施，從而提高組織績效）能夠顯著地影響工作績效，並且與任務績效呈正相關關係，與關係績效呈負相關關係；績效分離性高，則任務績效高，績效分離性低則關係績效高。同時，研究還發現員工的服務年限、年齡、職稱、職位等變量可以部分地對工作績效進行預測。

韓翼和廖建橋的研究也證實了蘭金和塞爾（Rankin & Sayre）的有關個體績效分離性對工作績效的影響的結論。但是不同之處在於，在工作績效區分為任務績效與關係績效的背景下，績效分離性對關係績效有負相關影響，對任務績效有正相關影響。因此，其結論也提出不能將績效分離性與工作績效籠統地判定為呈正相關關係。

可以看出，后續的研究一直在延續著前人關於任務績效和關係績效之間是否可以分離的研究，在不同的環境中多次驗證績效的二因素模型，即任務績效和關係績效模型優於整體績效模型；任務績效和關係績效之間的相關性未得到統一的研究結果；在不同環境中的研究，得到關於任務績效和關係績效分別可

以預測不同的員工行為的結論①。

3.4.2 任務績效的相關研究

任務績效是與其他非任務績效進行區分而定義的一種績效，因此國內外學者的研究也重點圍繞任務績效與其他非任務績效的關係、任務績效對其他因素的影響這兩方面來進行的。

員工工作績效是指員工所控制的與組織目標有關的行為，包括任務績效和關聯績效兩個維度。任務績效（Task Performance）是指員工對組織核心能力有所貢獻的工作行為的有效性，這些行為既包括完成組織所賦予任務的直接行為，還涉及間接提供給組織所需資源和服務的工作行為②。有學者列舉了任務績效與關係績效的四個區別：任務績效直接或間接服務特定的任務，強調任務執行的熟練程度，而關係績效則是對特定任務的組織、社會及心理環境提供服務，強調主動性和積極性；任務績效行為因不同的工作和任務而有所不同，然而對於所有的工作來說，其關係績效行為可以很相近，因為自告奮勇、堅持、互助、合作、遵守規則、對目標的認同等都是重要的；任務績效來源於從事某項工作的熟練性，因此與員工的知識、技巧、能力密切相關，而關係績效則源於自願性和主動性，這與員工的個性特徵緊密相關；任務績效活動是被明確指定的，它是本職工作的部分，員工要完成它才可以得到相應的報酬，而關係績效不屬於本職工作的組成部分③。

為了區分和更加全面地描述任務績效，並將其與非任務績效相區分，研究者們做過大量的規範研究和實證研究。坎貝爾（Campbell，1990）提出將工作績效劃分為八個方面來進行描述，即特定職務任務績效、非特定職務任務績效、寫作和口頭交流、努力、遵守紀律、為團體和同事提供便利、監督與領導、管理。他首先將因某種特定任務而產生的績效和其他對組織的整體績效有促進作用的績效進行了區分並細分，為鮑曼和摩托維德羅（Borman & Motowidlo）於1993年提出任務績效和關係績效理論奠定了理論基礎。在此之後，以摩托維德羅（Motowidlo）為代表的研究者們對該理論進行了大量的后續實證研究。中國學者韓翼、廖建橋（2006）④將各種績效結構理論進行了梳

---

① 劉亞楠，王剛，陳建成. 任務績效和關係績效的研究綜述 [J]. 經濟視角，2011（7）：3-5.
② 王玉梅，叢慶，閆洪. 內部營銷對一線服務員工任務績效影響的實證研究 [J]. 南開管理評論，2008，11（6）：28-36.
③ 葛玉輝，陳悅明. 績效管理事務 [M]. 北京：清華大學出版社，2008（10）：13-15.
④ 韓翼，廖建橋. 組織成員績效結構理論研究述評 [J]. 管理科學學報，2006（2）：86-94.

理，並歸納出績效結構的四個主要維度：任務績效、關係績效、學習績效和創新績效。他們認為其他對績效結構做出的劃分都是在這四個主題的基礎上進行的細分。孫健敏和焦長泉（2002）[①]對管理者的績效結構進行探索性研究，發現除任務績效外，管理者的績效還包括個人特質績效和人格關係績效。

近年來，國內的研究者也開始對任務績效與情境績效的二維模型給予關注，在國內學術刊物上發表了若干理論介紹與討論的文章。任務績效與情境績效的區分不只停留在理論探討上，許多實證研究的結果也表明，任務績效與情境績效的確存在顯著的不同。還有一些研究探討了任務績效與情境績效對人力資源管理過程的其他方面的影響。

從概念上講，情境績效與任務績效存在如下幾個方面的差異：第一，任務績效直接針對組織的技術層面，而情境績效與技術層面所在的組織、社會和心理環境關係密切。第二，任務績效會隨組織中工作和職位的不同而有所差異，不同的工作有不同的要求和內容。然而，情境績效對於組織中的許多工作是共同的，甚至對於不同的組織也是一樣的。第三，知識、技巧、能力是熟練完成任務活動的基本要素，也就是任務績效的基本要素。情境績效則與自願、堅持、助人、合作等動機和人格特徵關係密切。第四，任務績效是角色內行為（In-Role Behavior），被清晰地列在工作職責範圍之中。情境績效則是角色外行為（Ex-Role Behavior），在通常的工作職責範圍中並沒有明確列出。

一般而言，中國文化更強調人際和諧。在績效評估中，這種人際和諧取向則表現為注重維持組織核心工作得以完成的心理、社會和組織環境。例如，在傳統的德、能、勤、績的考核中，將德放在第一位，而將績放在最後一位。可見，在中國的績效評價中，情境績效是和任務績效一樣受到關注的。這與西方早先只關注組織中與投入產出密切相關的任務活動，忽視其心理、社會和組織環境的傾向有所不同。

任務績效對其他因素的影響主要涉及團隊效能、團隊信任、工作分析等。珍妮特·B.奇力（Janet B. Kellett，2009）[②]等從職業發展的角度考察了49個團隊，探尋集體效能、自我效能與任務績效的關係，發現集體效能比自我效能

[①] 孫健敏，焦長泉. 對管理者工作績效結構的探索性研究 [J]. 人類工效學，2002 (3)：1-10, 69.

[②] JANET B KELLETT, RONALD H HUMPHREY, RANDALL G SLEETH. Career Development, Collective Efficacy, and Individual Task Performance [J]. Career Development International, 2009, 14 (6)：534-546.

更能影響任務績效。韋慧民、龍立榮（2008）[①] 通過結構方程模型分析 287 對上下級配對樣本數據，結果表明，對領導的認知信任並不直接影響任務績效，而是通過影響員工的注意聚焦間接影響任務績效；對領導的情感信任一方面直接影響員工的任務績效，另一方面通過影響員工的情感承諾間接影響任務績效。李文東（2006）[②] 等在控制了人口統計學變量和組織變量的前提下，嚴格檢驗任務績效與工作分析結果的影響，不僅發現任務績效能夠顯著影響工作分析的信息處理的重要性評價，而且還能夠影響信息處理水平評價以及技術性技能的水平評價。魯夫·馮迪克（Rolf Van Dick, 2008）[③] 等人進行了兩組對比實驗，已檢驗團隊成員的重要性對團隊任務績效的影響。其研究發現，團隊成員重要性和突出性越強，團隊的任務績效越高。

在團隊項目完成過程中，個體的任務績效水平取決於多個方面的影響因素：一是項目管理方面信息的瞭解。對整個項目背景理解越透澈和深入，對項目管理進程瞭解得越全面，對其他成員工作狀態瞭解得越及時和準確，越有助於自己制訂合理計劃，採取相應的行動，控制工作進度，做好有效銜接，從而更好地完成本職工作。二是相關知識和技能的掌握。個人任務是整個項目任務分解后需要各成員獨立或與其他成員共同完成的工作，它涉及任務相關的具體知識及其有效運用。相關知識和技能需要個體通過自學、搜索和消化相關資料、觀摩、他人傳授和帶教、相互學習等方式才能較好地掌握。三是他人的合作、支持和幫助。善於取得他人合作，能從他人那裡快速地瞭解任務相關的技術知識，擁有他人解決問題方案的經驗，遇到困難時能得到他人的主動支持和幫助，無疑對自己工作任務的有效完成起到重要的推動作用。個體有效完成工作需要信息、知識、技能、經驗、合作、支持和幫助等。

資源在一定程度上掌握在團隊其他成員手中。能有效利用和動用項目中其他成員的力量和資源，得到他人支持和幫助的人，工作過程中更有可能提出更佳的問題解決方案，從而表現出更好的績效水平。綜上可知，項目團隊組成了社會網路，網路中蘊含著豐富的資源。個體對網路中資源的動用程度取決於與其他行動者的關係緊密程度和關係質量。關係越緊密，關係質量越好（擁有

---

① 韋慧民，龍立榮.領導信任影響下屬任務績效的雙路徑模型研究 [J].商業經濟與管理，2008，203（9）：16-22.

② 李文東，時勘，吳紅岩，等.任職者任務績效水平對其工作分析評價結果的影響——來自電廠設計人員和編輯的證據 [J].心理學報，2006，38（3）：428-435.

③ ROLF VAN DICK, JOST STELLMACHER, ULRICH WAGNER, et al. Group Membership Salience and Task Performance [J]. Journal of Managerial Psychology, 2009, 24（7）：609-626.

更多的關係性社會資本),越有助於從網路中獲得更多有價值的資源,這些資源最終會促使個體達到更高的績效水平[①]。

3.5 隱性知識、關係績效和任務績效的相關研究

3.5.1 關係績效和任務績效的關係研究

關係績效與任務績效是一對既相互聯繫又相互區別的概念,因此對它們的研究也主要從聯繫與區別兩方面來進行。

趙修文和袁夢莎(2011)[②] 研究了團隊關係績效與團隊任務績效的關係。研究結果表明,團隊關係績效與團隊任務績效間存在顯著的正相關關係。研究者指出,在人力資源管理的具體實踐中,必須對現存的人力資本進行有機整合,其關鍵是採用團隊激勵計劃。組織可採用班組或小團隊激勵計劃、收益分享計劃等,並通過這些計劃的實施,來凝聚人心,提升團隊關係績效。

華婷(2010)[③] 在實證研究中驗證了工作績效中的任務績效與關係績效的兩個維度之間存在顯著的相關關係,相關係數分別為 0.650 和 0.642 (P<0.01),但無法相互替代。

張靜(2003)[④] 將關係績效、任務績效及整體工作績效放在一個平行四邊形中(見圖 3-3),所表達的意義是:第一,關係績效與任務績效是存在相互聯繫關係的,雖然各自的導向不同,但可以整合成整體的工作績效;第二,關係績效與任務績效同整體績效的目標越一致,兩者對整體績效的貢獻越大。

張靜(2003)[⑤] 還就康威(Conway)對管理職務以及斯科特和摩托維德羅(Scotter & Motowidlo)就非管理職務的關係績效研究結論進行對比,結果發現管理職務和非管理職務的關係績效內容不同。對非管理職務來說,任務績效中包含職務奉獻的成分,人際促進可以與任務績效完全分開;而對管理職務來說,任務績效中包含人際促進成分,職務奉獻可以與任務績效完全區分開。

[①] 張輝華.個體情緒智力與任務績效:社會網路的視角 [J].心理學報,2014,46 (11):1691-1703.

[②] 趙修文,袁夢莎.團隊信任與團隊任務績效和周邊績效關係的實證研究 [J].中國人力資源開發,2011 (11):100-103.

[③] 華婷.飯店一線員工情感隱性知識對工作績效的影響研究 [D].大連:東北財經大學,2010.

[④] 張靜.知識員工周邊績效管理研究 [D].南京:南京理工大學,2003.

[⑤] 張靜.知識員工周邊績效管理研究 [D].南京:南京理工大學,2003.

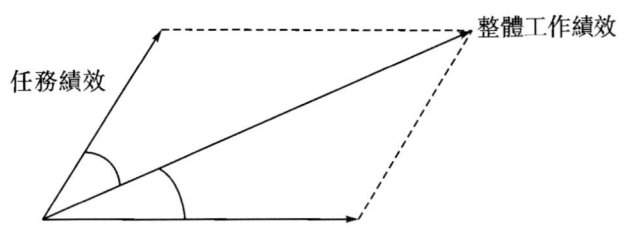

圖 3-3　任務績效、周邊績效與整體工作績效關係圖

韓翼、廖建橋（2006）[1]從組織成員績效結構的視角提出，第一階段，個性和認知能力分別決定關係績效和任務績效；第二階段，關係績效通過任務習慣影響任務績效，並且任務績效通過關係只是影響關係績效。

但關係績效的某種單一行為是否會影響其他員工任務績效的提高，鮑曼和摩托維德羅（Borman & Motowidlo）沒有對此進行回答。

3.5.2　隱性知識和關係績效的關係研究

並不是所有隱性知識都是對組織有利的知識，只有能為組織創造價值、提升績效的隱性知識，才是我們所要研究的對象。因此，隱性知識與最直觀的績效——任務績效之間的關係一直都是隱性知識領域關注的重點之一。

瑞塔·克魯斯·奧布賴恩（Rita Cruise O'Brien，1997）[2]對隱性知識進行了持續的研究。她認為，對員工隱性知識重要性的認識是基於任務績效的提高不僅僅依靠有序的組織和有熟練技巧的員工，還依賴員工將自己與工作流程相關的隱性知識源源不斷地轉移到對工作流程的提高和創新當中。

汪穎（2005）[3]通過海爾集團技術能力提升的案例對隱性知識的轉化模式和不同發展階段所採取的模式進行了詳細的研究，例證了隱性知識對企業任務績效的促進作用。

華婷（2010）[4]在對一線員工情感隱性知識對工作績效的研究中發現：第一，在 0.01 的顯著性水平上，隱性知識的各維度與任務績效有顯著的相關關係。因此，飯店要提高一線員工的工作績效，可以依靠提高一線員工情感隱性知識水平這條路徑來實現。第二，在控制了人口統計學變量後的階層迴歸分析

---

[1] 韓翼，廖建橋. 組織成員績效結構理論研究述評［J］. 管理科學學報，2006，9（2）：86-94.
[2] RITA CRAUISE O'BRIEN. Employee Involvement in Performance Improvement: A Consideration of Tacit Knowledge, Commitment and Trust［J］. Employee Relations, 1995, 17（3）: 110-120.
[3] 汪穎. 基於隱性知識轉化的企業技術能力提升研究［D］. 大連：大連理工大學，2005.
[4] 華婷. 飯店一線員工情感隱性知識對工作績效的影響研究［D］. 大連：東北財經大學，2010.

中，隱性知識的五個維度仍然可以解釋69.9%的任務績效變異量。

李勇（2010）[①]在研究信息技術環境隱性知識整合效應分析中構建了一個任務層面的隱性知識整合產生競爭優勢的過程（見圖3-4）。在該過程中，專家的隱性知識和集體的隱性知識最終被整合產生三種任務績效，即完成任務的時間節約、任務質量改進和團隊能力提高。

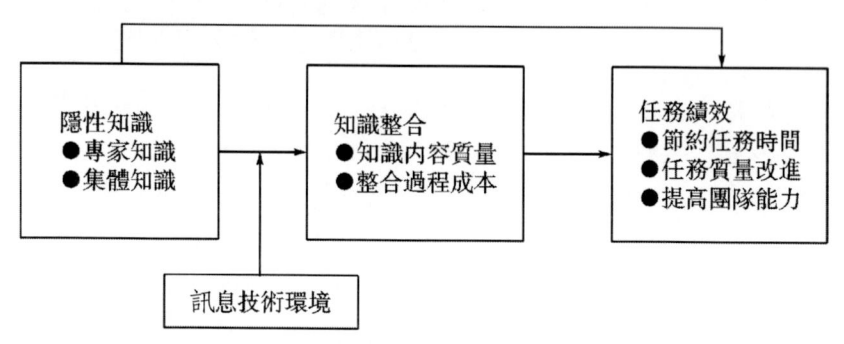

```
┌─────────────┐      ┌─────────────┐      ┌─────────────┐
│ 隱性知識     │      │ 知識整合     │      │ 任務績效     │
│ ●專家知識   │─────▶│ ●知識內容質量│─────▶│ ●節約任務時間│
│ ●集體知識   │      │ ●整合過程成本│      │ ●任務質量改進│
│             │      │             │      │ ●提高團隊能力│
└─────────────┘      └─────────────┘      └─────────────┘
                            ▲
                     ┌─────────────┐
                     │ 訊息技術環境 │
                     └─────────────┘
```

圖3-4　任務層面的隱性知識整合績效

與林昭文強調成員間互惠不同，盧新元構建了團隊內部隱性知識轉移共享博弈模型，從博弈的角度來考慮隱性知識傳遞情況，並以此為基礎提出了隱性知識轉移共享的激勵策略[②]。於娛從隱性知識的發出方、知識的接受方、固有屬性和轉移背景四個方面探討了隱性知識的轉移機制，從整體上考慮隱性知識傳遞[③]。王璇從知識團隊內部社會資本及其維度，分析了知識團隊內部社會資本的不同子維度與突破性創新之間的關係，從實證的角度證實了團隊創新氛圍對團隊創新行為的正面影響[④]。翟東升選取中國環渤海經濟區213個高科技企業部分研發員工為調查對象，驗證了人際信任與員工隱性知識分享意願的關係[⑤]。連瑋佳通過研究分析發現，隱性知識的傳遞對於創意產業集聚有重要影

[①] 李勇.信息技術環境中的隱性知識整合效應分析[J].圖書情報工作，2010，54（16）：112-115.

[②] 盧新元，袁圓，王偉軍.基於博弈論的組織內部知識轉移與共享激勵機制分析[J].情報雜誌，2009，28（7）：102-105.

[③] 於娛，施琴芬，朱衛未.基於解釋結構模型的高校隱性知識轉移動力機制研究[J].科技與經濟，2010，23（2）：3-6.

[④] 王璇.團隊創新氛圍對團隊創新行為的影響——內在動機與團隊效能感的仲介作用[J].軟科學，2012（3）：105-109.

[⑤] 翟東升，朱雪東，周健明.人際信任對員工隱性知識分享意願的影響——以隱性知識分享動機為干擾變量[J].情報理論與實踐，2009（3）：25-29.

響,是中國創業者集聚的本質原因①。李南提出影響師徒間隱性知識轉移的因素模型,實證證明師傅的知識發送能力、徒弟的知識接收能力、知識的隱性程度、師徒間的信任程度、知識勢差、組織文化和組織激勵機制對徒弟內化程度和表出程度具有顯著影響②。

3.5.3 隱性知識和任務績效的關係研究

德松(Deshon)從目標設置對複雜任務的顯性和隱性知識的影響方面去論述,他認為當複雜的任務是顯性的時候,目標設定導致績效穩定增加③。

隱性知識與關係績效的關係很少引起研究者的注意。研究者近幾年的研究重點主要放在隱性知識對可見性績效和結果的影響,如任務績效、創新績效和技術能力提升等,隱性知識與關係績效的關係研究一直是一個缺口。

張靜(2003)④ 在對知識員工進行關係績效管理研究時發現,企業內部知識以四種形式存在:一是物化在機器設備上的知識;二是體現在說明書、資料、報告、書本中的編碼后的知識;三是固化在企業組織制度、管理形式、企業文化中的知識;四是存在於企業員工頭腦中的知識。第四種即是我們所研究的個人隱性知識。對於前面三種知識,通過提供相關培訓可以幫助員工獲得,但是第四種隱性知識卻不容易通過企業提供的培訓習得。從一定程度上說,僅靠企業提供培訓使員工具備關係績效能力的做法有很多局限,包括員工的不同需求、企業成本等。因此她建議,在企業之中建立起一種知識共享機制,讓員工能習得包括隱性知識在內的完成關係績效所需的知識,以此提高關係績效。

華婷(2010)⑤ 對飯店一線員工隱性知識與關係績效的相關分析研究表明,在0.01的顯著性水平上,大部分的隱性知識能夠促進關係績效。階層迴歸分析結果進一步驗證了該結論:將人口統計學指標設為控制變量后,隱性知識對關係績效的工作奉獻維度的解釋能力顯著增加,能夠解釋其73.2%的變異

---

① 連瑋佳,李健.隱性知識傳遞對於中國創意產業集聚的影響[J].科學學與科學技術管理,2009,30(8):113-116.
② 李南,王曉蓉.企業師徒制隱性知識轉移的影響因素研究[J].軟科學,2013,27(2):113-117.
李永周,劉小龍,劉旸.社會互動動機對知識團隊隱性知識傳遞的影響研究[J].中國軟科學,2013(12):128-137.
③ DESHON R P, ALEXANDER R A. Goal Setting Effects on Implicit and Explicit Learning of Complex Tasks [J]. Organization Behavior and Human Decision Processes, 1996, 24(1):18-36.
④ 張靜.知識員工周邊績效管理研究[D].南京:南京理工大學,2003.
⑤ 華婷.飯店一線員工情感隱性知識對工作績效的影響研究[D].大連:東北財經大學,2010.

量;同時,對人際促進維度也有顯著影響,能夠解釋其77.2%的變異量。

3.6 對以往研究的總體評價與本研究的構想

在前面對現有文獻進行述評的基礎上,本部分是對該研究主題的理論及研究設計進行的深入闡述。本部分通過對以往研究進行總結和提煉,結合我們的關注重點和實證研究方法,提出本研究的理論模型和研究假設。

3.6.1 對以往研究的總體評價

在知識性資產逐步取代物質性資產的發展趨勢下,近年來關於隱性知識、關係績效和任務績效的研究已經成為目前人力資源管理領域的研究重點。以往學者的研究告訴我們,隱性知識分別對關係績效和任務績效有一定的促進關係,而關係績效和任務績效兩者間也存在著一定的整合和相互影響。然而,對於三者的關係和模式的研究仍然比較匱乏。在回顧國內外學者的研究成果的基礎上,本書認為目前的研究還有以下不足之處:

第一,三者關係及其影響模式不明晰。查閱現有文獻,只有連旭(2007)[①] 等人的研究將隱性知識、關係績效和任務績效放在一起進行過研究。該研究的重點是將關係績效和任務績效作為管理人員隱性知識結構測評的一個預測指標之一,並且迴歸係數的統計顯著性並不是太明顯。因此,三者關係及其影響模式如何是一個並沒有解答的問題。

第二,績效分類不統一。國外學者對於績效的研究中,雖然每種績效中的涵蓋內容略有差異,但對績效分類大多較為明確,如關係績效、任務績效、學習績效、創新績效等;而中國部分學者對績效的劃分較為籠統和混亂,沒有將結果與行為區別開來,使得他們的研究成果對於管理實踐的指導意義不夠明晰。

第三,隱性知識的測量和研究缺乏通用性。隱性知識因其擁有者依附性、不易表達等特點使得對其測量還在摸索當中。雖然有很多學者提出了通用性的隱性知識(張靜,2003;李作學,2006;Harry Collins,2010;等等),但對其測量方面,只有李作學在其博士論文的基礎上進行過較為深入的研究和測量工具編製。

斯騰伯格(Sternberg)等人的研究發現隱性知識測驗在不同的工作領域中

---

① 連旭,車宏生,田效勳. 中國管理者隱性知識的結構及相關研究 [J]. 心理學探新,2007, 102 (27): 77-81.

能夠預測工作績效。在一項對銀行管理者的研究中，瓦格納和斯騰伯格（Wagner & Sternberg）發現隱性知識得分與以管理業績為基礎的薪水增長百分數之間相關顯著，同擴展新的銀行業務為指標的績效考評之間的相關也達到顯著水平。科洛尼亞·威爾納（Colonia Willner）在巴西進行的研究也發現了類似的結果，他應用管理者隱性知識量表（TKIM）、瑞文高級推理測驗和差別能力測驗的言語推理分量表，發現銀行管理者的隱性知識得分能夠顯著預測管理技能，而瑞文測驗和言語推理卻不能。總體上，隱性知識測驗得分同一般管理者的績效之間的相關係數介於 0.2 至 0.4 之間。

除了在商業管理領域的研究外，其他工作領域的研究也發現了隱性知識能預測工作績效。例如，在學院心理學家的研究中，隱性知識得分同代表績效效標的論文引用率、論文發表數量和所在院系的質量之間均有相關；對銷售人員的研究中，隱性知識得分同銷售量、銷售獎勵顯著相關。在一項跨文化的研究中，研究者比較了西班牙和美國的 50 多個不同行業被試的隱性知識與績效之間的相關性，其中西班牙被試的相關係數為 0.2，而美國被試的相關係數達到 0.4。還有兩項研究顯示，隱性知識測驗比傳統智力測驗對績效的預測具有更好的效度。一項創造性領導中心的研究發現，管理者隱性知識分數同管理情境模擬成績之間的相關係數達 0.61，隱性知識分數解釋了績效的 32% 的變異，超過傳統智力測驗、認知、人格和風格測驗對績效變異的解釋。一項關於軍隊領導的研究表明，儘管隱性知識分數對不同級別的評價者對領導有效性的評分的解釋較弱（4%~6%），但也有超過一般學業智力對領導有效性的解釋。鑒於以上的研究，斯騰伯格（Sternberg）等人認為隱性知識測驗不但解釋了個體工作績效差異，也測量到了一般智力對績效無法解釋的一部分，這一部分正好代表了實踐智力的一方面[①]。

3.6.2 本研究的構想及變量定義

本研究正是在前人研究的基礎上，圍繞上述存在的問題以及對人力資源管理的實踐意義，通過文獻述評和實證研究，探討隱性知識、關係績效和任務績效之間的關係，運用結構方程模型和多層統計分析相結合的方法，進行理論模型的驗證和修訂，從而構建隱性知識、關係績效和任務績效的關係模型。

本研究從個人隱性知識量表的設計出發，將經過檢驗的量表運用到三者關係模型的驗證中，分別討論個體層面隱性知識與關係績效的關係，團隊層面隱性知

---

① 王曉坤. 保險銷售人員工作隱性知識結構研究 [D]. 瀋陽：瀋陽師範大學，2009.

識、關係績效和任務績效的關係，以及將個體和團隊整合到一起的關係模型。

3.6.2.1 對個人隱性知識量表的研究途徑及研究框架

我們以哈瑞·科林斯（Harry Collins）對個人隱性知識的三維度劃分為依據，即理論隱性知識（Relational Tacit Knowledge）、實踐隱性知識（Somatic Tacit Knowledge）、整合隱性知識（Collective Tacit Knowledge）。編製出初試問卷後，我們採用一定數量的樣本進行預試研究和項目分析，最終確定正式測量工具以及測量的有效程度。

研究框架圖如圖3-5所示。我們從對隱性知識、個人隱性知識概念的基本界定為出發點，梳理國內外大量關於隱性知識及其測量工具的文獻構建基本的研究框架；編製和發放調查問卷，回收和處理各類調查問卷，認真分析各階段的數據分析結果，結合中國實際情況和認知特點，確定一般層面的個人隱性知識量表。

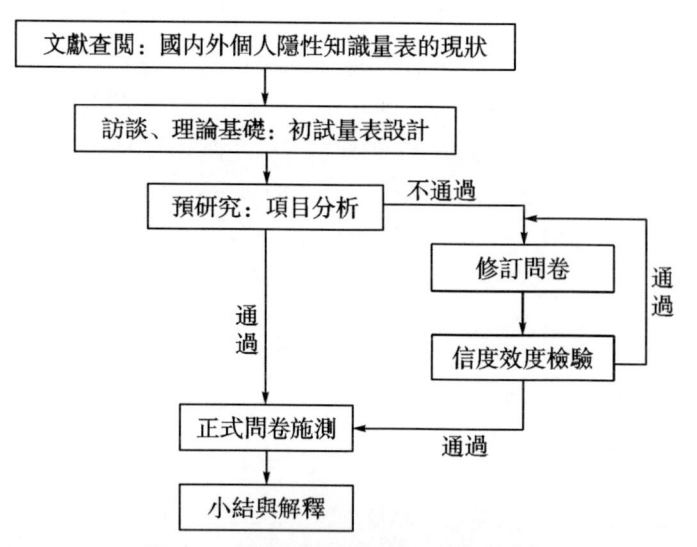

圖3-5　個人隱性知識量表的編製框架

3.6.2.2 隱性知識、關係績效和任務績效三者關係的研究途徑及研究框架

我們採用實證定量分析方法對隱性知識、關係績效、任務績效三者關係進行實證研究。研究假設模型如圖3-6所示。

根據上述關係模型，本研究圍繞以下幾個研究假設展開：

研究假設一：個人隱性知識對團隊隱性知識有正向影響。

研究假設二：個人關係績效對個人隱性知識和團隊隱性知識起仲介作用。

研究假設三：團隊隱性知識對團隊任務績效有正向影響。

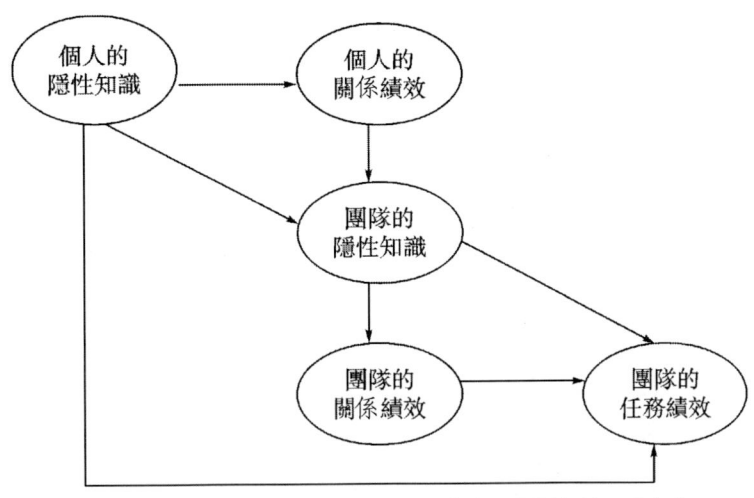

圖 3-6　隱性知識、關係績效和任務績效三者關係的研究框架

　　研究假設四：團隊關係績效對團隊隱性知識和團隊任務績效起仲介作用。

　　研究假設五：個人隱性知識通過團隊隱性知識對團隊任務績效產生正向影響。

　　隱性知識、關係績效和任務績效在前面文獻述評中可以見到它們的定義和概念內涵並沒有唯一統一的表述，在本研究中，根據研究需要，我們將這三者的定義綜合表述如下：

　　第一，隱性知識是指高度個人化和難以形式化的、難以交流和共享的知識。個人隱性知識是指以員工個人為載體的隱性知識；團隊隱性知識是指同一團隊中所有成員所擁有的隱性知識的總和。

　　第二，關係績效是指員工表現出的、一切願意幫助組織或團隊的行為。個人關係績效是指以員工個人所表現出來的、獨立的關係績效；團隊關係績效是指同一團隊中團隊成員關係績效的總和。

　　第三，任務績效是指受經驗、能力以及與工作有關的知識等因素的影響的，能直接以定量的方式衡量員工產出的一種結果。本研究以團隊的任務績效為研究變量，這是指一個團隊中團隊成員的任務績效總和。

4 隱性知識、關係績效和任務績效三者關係研究的實證研究設計

4.1 研究概念的厘定

隱性知識、關係績效和任務績效自提出以來被學者們廣泛探討和研究。由於不同的研究學科和研究視角,對其概念的界定沒有一個唯一統一的表述。在研究中,我們以人力資本、組織行為學和知識管理為理論背景,對隱性知識、關係績效和任務績效的概念進行界定,以確定研究的主題和邊界。

隱性知識,在我們的研究中,主要涉及的是個人隱性知識和團隊隱性知識的概念。我們將隱性知識定義為高度個人化和難以形式化的、難以交流和共享的知識。我們將隱性知識界定為以員工個人為載體的隱性知識,知識的載體是員工個人,我們研究的是員工個人所擁有的隱性知識結構和存量。我們將團隊隱性知識定義為同一團隊中,所有成員所擁有的隱性知識的總和。這裡的總和指的是隱性知識的加權加總,即個體隱性知識存量的加總。

關係績效,在我們的研究中,涉及個人和團隊兩個層面。我們將關係績效定義為員工表現出的、一切願意幫助組織或團隊的行為。個人關係績效是指以員工個人所表現出來的、獨立的關係績效,即員工個人表現出來願意幫助組織或團隊、願意促進組織或團隊工作的行為。團隊關係績效是指同一團隊中,所有團隊成員關係績效的總和。這裡的總和,也是指關係績效的加權加總,即員工個體關係績效的加總。

我們將任務績效界定為受經驗、能力以及與工作有關的知識等因素的影響的,能直接以定量的方式衡量員工產出的一種結果。在我們的研究的理論建構中,我們將其放在研究的結果變量中,認為團隊任務績效是受個人、團隊的隱性知識和關係績效的影響,是在一個團隊中團隊成員的任務績效總和。

4.2 研究結構的提出

我們的研究以文獻研究為起點,通過對人力資本、組織行為學、知識管理理論的回顧,以隱性知識、關係績效和任務績效的文獻述評為基礎,結合當前管理實踐確定研究問題和內容。在此基礎上,我們提出研究的總體思路和結構。研究的整體研究思路和框架主要分為三個部分:提出問題、分析問題和解決問題。

第一,提出問題。我們通過對隱性知識、關係績效和任務績效的概念、內涵以及當前研究的熱點和難點進行文獻回顧和梳理,結合現階段人力資本、組織行為學、知識管理方面的人力資源管理問題,提出問題,確定研究內容和對象。研究內容是隱性知識、關係績效和任務績效及其關係,研究對象是組織中的個體和團隊。

第二,分析問題。本部分主要包括研究的兩個主要內容:個體隱性知識量表的編製和三者關係的分析。第一部分,在系統收集現有隱性知識測量工具的基礎上,總結和初步修訂了一份適用於一般個體的隱性知識量表,在對其進行了預研究和項目分析後,將確定的正式量表用於該研究的第二部分分析。第二部分通過問卷調查和實證研究,對三者關係進行深入具體的研究和分析。收集的數據使用 SPSS、AMOS 等統計軟件進行分析。

第三,解決問題。本部分通過數據的定量分析和研究原始假設,對研究結果進行評析,得出本書的研究結論,提出對管理實踐的對策建議,同時指出研究的不足和進一步發展的方向。

在實證研究部分,研究主要分為兩個階段:第一階段,編製和確定研究所用的測量工具。在進行現有文獻述評時我們發現,對於隱性知識測量,有許多量表,而這些量表的編製大多基於特定群體,主要測量的是某一行業或者某一具體角色的專用性隱性知識。實際上,對於隱性知識,有一個較為普遍的共識:隱性知識有專用性隱性知識和通用性隱性知識。專用性隱性知識有行業、領域的黏性,個體的這部分知識在不同行業間遷移能力較弱;通用性隱性知識主要是指專業性不強、遷移能力較強、容易在各方面相互融通、不易形式化和難以交流共享的個人化、實踐化的知識。在對現有研究工具進行回顧的同時,我們沒有找到較為合適的量表能夠對研究所關注的個人隱性知識進行測量,因此第一階段我們需要對隱性知識量表進行編製。國內關於關係績效和任務績效的研究比隱性知識要廣泛一些,已有許多學者對此進行了關注和本土化研究,並具有較好的效果。因此,我們選擇了關係績效和任務績效的兩份成熟量表作為研究工具。

在實證研究的第二階段，我們運用編製和選定的測量工具進行施測並完成實證分析。實證分析採用較為成熟的兩種統計學方法：結構方程模型和多層統計分析模型完成。結構方程模型是一種檢驗型的分析策略。在測量模型部分，各個觀察變量（指標）分別對應哪個潛變量（因子）是根據理論假設事先設定的，需要做的就是檢驗各指標能否有效地測量其對應的因子，即擬合優度能否達到某個水平，因此是驗證性的分析，遵循的是滿意原則。多層統計分析模型為研究具有分級結構的數據提供了一個方便的分析框架。組織內的個體層面和團隊層面本身就是一個小型的分級結構，存在著個體水平和組水平上的差異。多層統計分析模型給我們提供了檢驗個體水平解釋變量是否影響組水平解釋變量的方法，使得我們的實證研究得以更加科學有效地進行。

研究的結構框架示意圖如圖4-1所示。

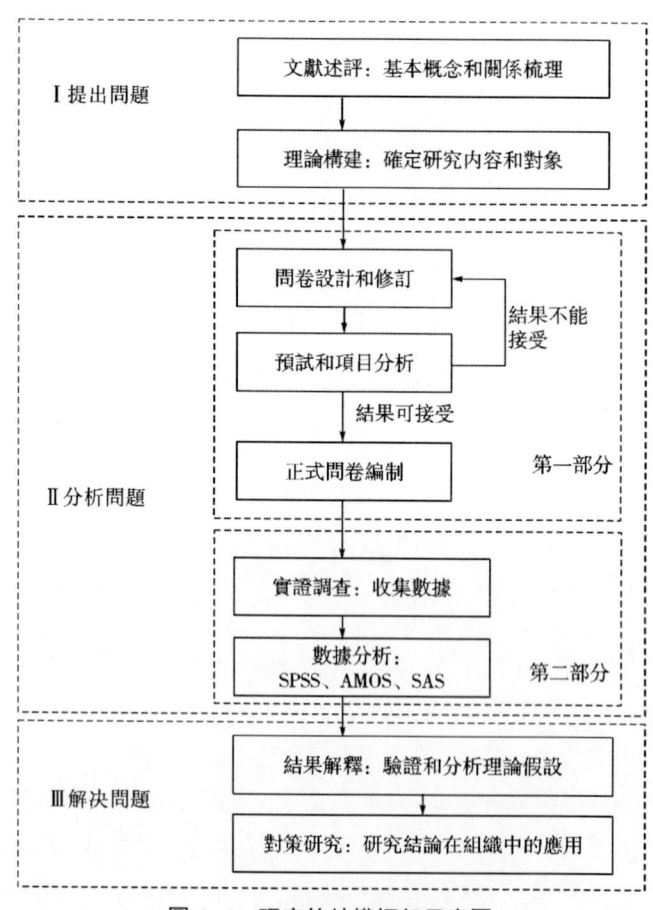

圖4-1 研究的結構框架示意圖

在個人隱性知識量表的編製部分，量表編製的研究思路和結構示意圖如圖 4-2 所示。

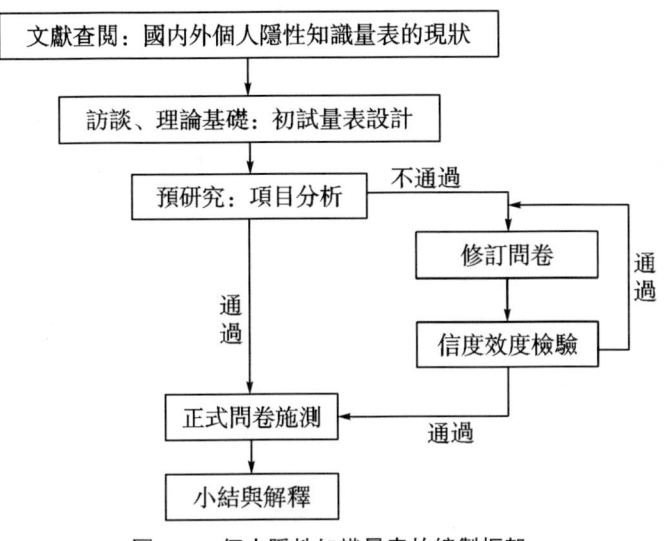

```
文獻查閱：國內外個人隱性知識量表的現狀
        ↓
訪談、理論基礎：初試量表設計
        ↓
預研究：項目分析 ──不通過──→ 修訂問卷
        │                        ↓通過
        │通過                 信度效度檢驗
        ↓                        │通過
正式問卷施測 ←──────────────────┘
        ↓
小結與解釋
```

圖 4-2　個人隱性知識量表的編製框架

4.3　理論模型的建構和假設匯總

前已述及，隱性知識是實踐化、個人化的知識，從某些角度來說，隱性知識由於其特性是不容易被納入知識管理的範疇。因此，若要實現對隱性知識的轉化、共享以及作用發揮，需要將其行為化，即將隱性知識以行為化的方式表現出來。作為一個具有很強個人依附性的概念，隱性知識又必須以個人隱性知識為出發點。在工作領域，我們關心的是個人隱性知識是否行為化為促進團隊隱性知識的形式——個人關係績效，團隊隱性知識是否行為化為促進團隊任務績效的形式——團隊關係績效。因此，我們的研究起點始於個人隱性知識，落腳於團隊任務績效，其中個人關係績效、團隊關係績效分別作為個人層面和團隊層面行為化的一個中間產物，團隊隱性知識作為個人隱性知識到團隊任務績效的一個過渡形式。

基於此，本研究構建隱性知識、關係績效和任務績效三者管理的理論模型如圖 4-3 所示。

在個人層面，以個人模型為研究焦點，聚焦個人隱性知識、個人關係績效和團隊隱性知識的影響路徑和關係研究。個人隱性知識是指以員工個人為載體

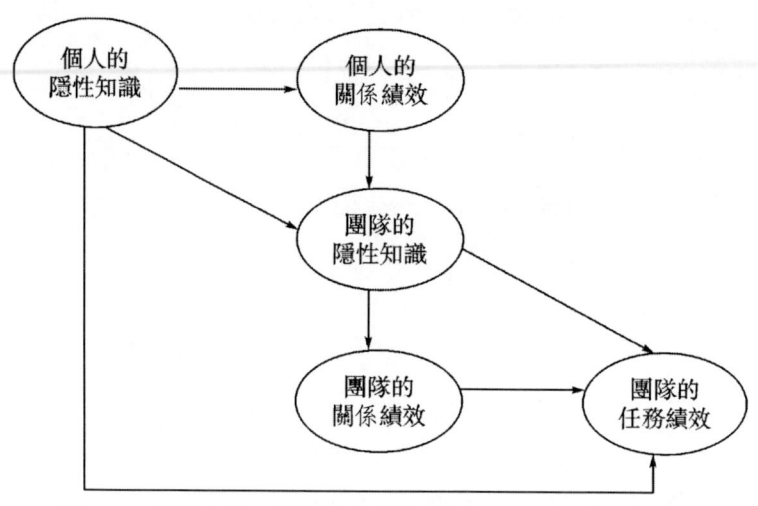

圖 4-3　隱性知識、關係績效和任務績效三者關係的研究框架

的隱性知識，是員工個體高度個人化和難以形式化的、難以交流和共享的知識。通過理論研究我們發現，對於員工個人隱性知識，在這裡我們關注的是其利於工作的隱性知識，並且關注點聚焦其通用性個人隱性知識。根據，哈瑞·科林斯（Harry Collins, 2010）[1]對隱性知識的研究，他將隱性知識劃分為三個維度，即理論隱性知識（RTK）、實踐隱性知識（STK）、整合隱性知識（CTK）。他認為，隱性知識必須分別與這些有關：社會生活的偶發性（理論隱性知識）、人體和大腦的自然屬性（實踐隱性知識）、人類社會的規律（整合隱性知識），個體學習新東西的實踐經驗通常包含這三個要素。因此，我們認為，個體隱性知識是促進團隊隱性知識的基礎，個體將理論隱性知識、實踐隱性知識、整合隱性知識作為學習和實踐的三要素，並通過一定的方式促進團隊隱性知識的存量。

我們提出本研究的第一個假設：

研究假設一：個人隱性知識對團隊隱性知識有正向影響。

根據之前的定義，我們認為，團隊隱性知識是指同一團隊中，所有成員所擁有的隱性知識的總和。這裡的總和指的是隱性知識的加權加總，即個體隱性知識存量的加總。實際上，團隊的成員是流動的，包括流入和流出，因此團隊隱性知識較個體隱性知識而言不論結構、存量和特性方面都有差異。從本研究

---

[1] HARRY COLLINS. Tacit and Explicit Knowledge [M]. Chicago: University of Chicago Press, 2010.

的關注點隱性知識、關係績效和任務績效三者關係來看，我們沒有特別區分這樣的差異，而直接以個人隱性知識的加權加總作為團隊隱性知識的存量。通過理論分析和專家訪談，我們認為個人隱性知識實際上是通過行為來進行相互影響的，這種實踐類的知識也是通過個人的行為來進行管理的。個人關係績效指的是以員工個人所表現出來的，獨立的、願意幫助組織或團隊、願意促進組織或團隊工作的行為。員工個人之所以選擇或者不選擇這樣的行為，受其個人隱性知識的影響。也正是由於個體表現出這樣的行為，因此對團隊內其他成員產生影響，促進了團隊內隱性知識的累積。

因此，我們提出本研究的第二個假設：

研究假設二：個人關係績效對個人隱性知識和團隊隱性知識起仲介作用（見圖 4-4）。

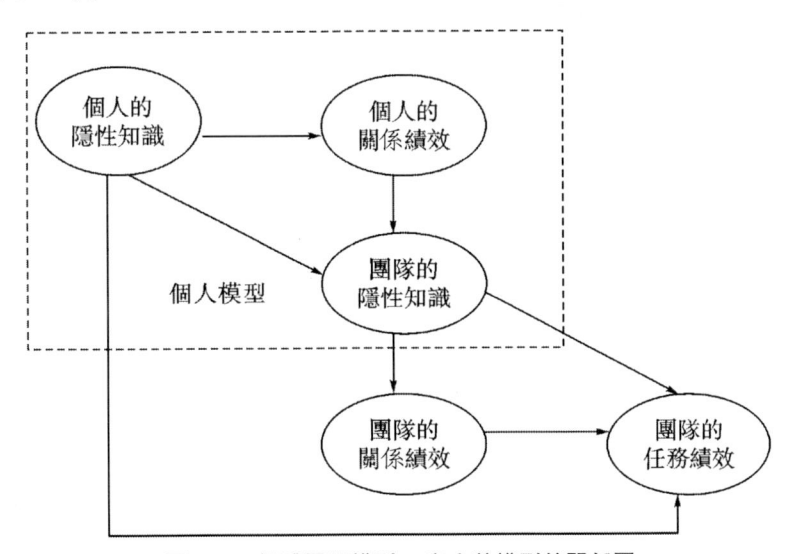

圖 4-4　個體層面模型 A 與完整模型的關係圖

從研究的結構維度來看，隱性知識根據哈瑞·科林斯（Harry Collins，2010）[①] 的分類，有三個維度，即理論隱性知識（RTK）、實踐隱性知識（STK）、整合隱性知識（CTK）。理論隱性知識是由隱含的知識、實例型知識、邏輯需求型知識、信息不對稱的知識、未被識別的知識組成，是隱性知識的內容維度。實踐隱性知識是指如果不通過實踐，就只能被科學地理解而不能被掌

[①] HARRY COLLINS. Tacit and Explicit Knowledge [M]. Chicago: University of Chicago Press, 2010.

握的知識，是隱性知識的實踐維度。整合隱性知識是指一旦離開集體或社會，人們的環境敏感性和個人能力便會減弱的知識，是隱性知識的環境維度。

關係績效根據科爾曼和鮑曼（Coleman & Borman, 2000）[①]、夏福斌和路平（2010）[②] 的研究分類，也有三個維度，即利於個體的人際關係公民績效、利於組織的組織公民績效和利於工作的工作責任感。人際關係公民績效包含了助人、利他行為和人際促進行為，是關係績效的最重要維度；組織公民績效包括遵守規章、支持組織目標、主動適應組織的價值觀和政策、在困難時期留在組織、願意對外代表組織、忠誠、服從、運動員精神、公民品德以及責任感；工作責任感包括對任務的持久熱情和額外努力、自願擔負工作中非正式部分、對組織改革的建議、首創精神、承擔額外責任（見圖4-5）。

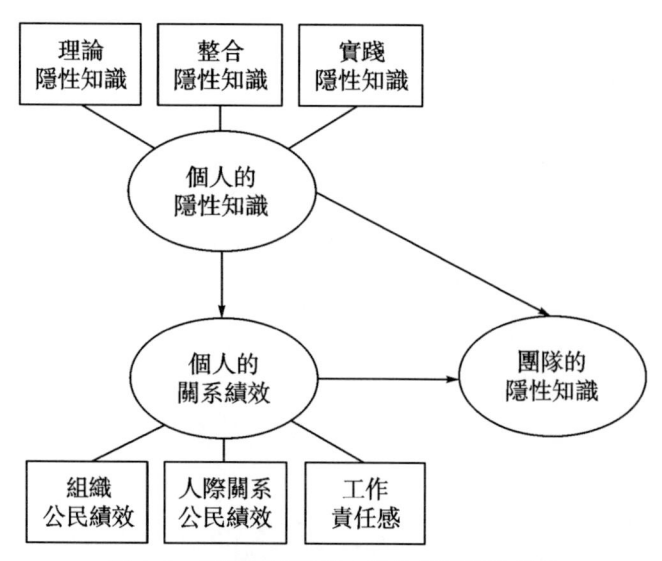

圖 4-5 個體層面模型 A 的分析結構維度圖

在團隊層面，本研究以團隊模型為研究焦點，聚焦於團隊隱性知識、團隊關係績效和團隊任務績效的影響路徑和關係研究。團隊隱性知識是指同一團隊中，所有成員所擁有的隱性知識的總和；團隊任務績效是指受經驗、能力以及與工作有關的知識等因素的影響的，能直接以定量的方式衡量團隊工作產出的一種集體性的結果。哈瑞·科林斯（Harry Collins）認為，個體學習新東西的

[①] COLEMAN V I, BORMAN W C. Investigating the Underlying Structure of the Citizenship Performance Domain [J]. Human Resource Management, 2000, 10 (1): 25-44.

[②] 夏福斌, 路平. 中國企業員工關係績效結構維度研究 [J]. 西部論壇, 2010, 20 (6): 100-106.

實踐經驗通常包含理論隱性知識（RTK）、實踐隱性知識（STK）、整合隱性知識（CTK）三個要素。同理我們認為，團隊學習並實踐產生績效也應包含這三個要素。團隊任務績效的獲得是通過團隊理論隱性知識、實踐隱性知識、整合隱性知識的累積和轉化最終實現的。

因此，我們提出本研究的第三個假設：

研究假設三：團隊隱性知識對團隊任務績效有正向影響。

團隊關係績效是指同一團隊中，所有團隊成員關係績效的總和，是團隊裡所有個體所表現出來的、整體的、願意幫助組織或團隊、願意促進組織或團隊工作的行為。團隊隱性知識從知識管理的角度來看，也是不容易進行直接管理的，因此我們認為，團隊隱性知識的累積、轉化和管理，主要也是通過其行為化的表現方式——團隊關係績效，來促進的。團隊關係績效和團隊任務績效本身就是衡量產出的標準——績效的兩個相互聯繫的方面，團隊關係績效對團隊任務績效已經被證實有著強烈的聯繫。然而團隊隱性知識是否通過團隊關係績效對團隊任務績效產生影響，或者說，團隊關係績效是否促進團隊隱性知識向團隊任務績效轉換，是研究關心的團隊層面的重要問題。

因此，我們提出本研究的第四個假設：

研究假設四：團隊關係績效對團隊隱性知識和團隊任務績效起仲介作用（見圖4-6）。

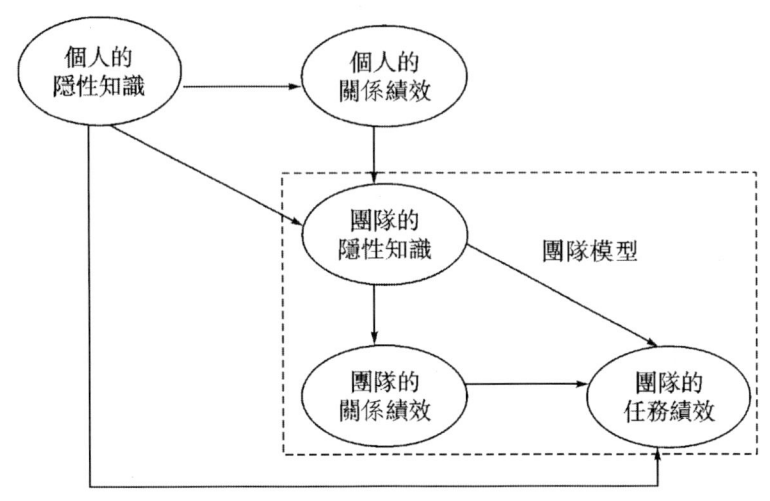

圖4-6 團隊層面模型B與完整模型的關係圖

在分別討論了個人層面和團隊層面的隱性知識、關係績效和任務績效三者的關係之後，我們不禁要思考，個人隱性知識是否影響團隊任務績效？總整體

來看，其是如何影響的？其作用機理是什麼？在之前的分析基礎上，我們提出了從個人隱性知識、團隊隱性知識到團隊任務績效的跨層研究構想，將個人層面的三者關係和團隊層面的三者關係結合在一起，建立起了本研究的總體理論模型。

因此，我們提出本研究的第五個假設：

研究假設五：個人隱性知識通過團隊隱性知識對團隊任務績效產生正向影響（見圖4-7）。

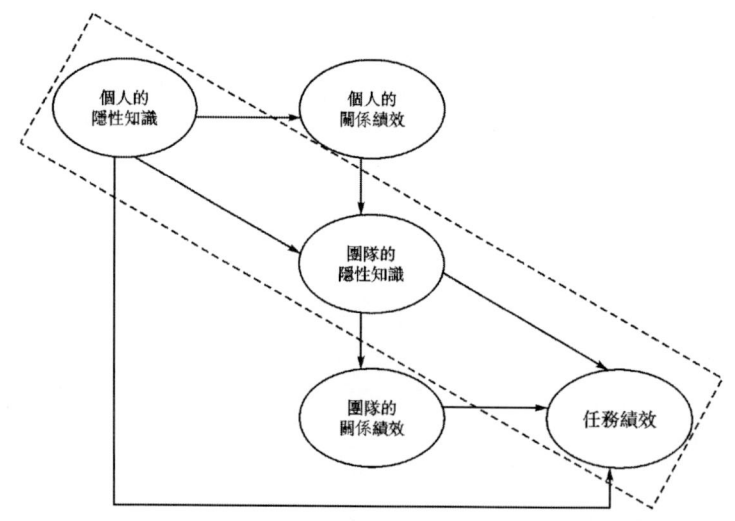

圖4-7 個人隱性知識、團隊隱性知識和任務績效關係與完整模型的關係圖

4.4 管理學實證研究的一般程序

管理學作為一門基於實踐的獨立的學科，不論是哪一類型的研究，都不能脫離實踐。這也是管理學的哲學基礎，即實踐產生認識。儘管國內外存在對於管理學研究方法的討論和對實證研究的懷疑，但不可否認的是，大量的實證研究是發展理論的必要條件，也是從目前的研究範式來看，一個被稱為「科學」的學科是否健全的標誌。

管理學既是科學，也是藝術。其藝術的方面，不能僅以嚴謹的科學研究為認識方式；其科學的方面，需要在個人經驗和主觀判斷的基礎上，輔以嚴密的邏輯推理和實證分析。從橫向來看，主流的西方管理學研究主要以各類實證研究和案例研究為主，定量研究的文獻數量遠超過定性研究；從縱向來看，雖然

中國管理研究沿襲之前人文社科類思辨研究方式居多，但隨著全球一體化的發展，研究者和管理者也越來越認識到實證研究方法對管理學研究的重要性和對中國管理的推動作用。因此，越來越多的研究者採用實證研究的方法進行管理學的科學研究。

科學的實證研究方法和研究思路是使管理研究工作達到事半功倍的必要條件。隨著本土化研究方法探尋的需求越來越高，在實際研究工作中，仍然有許多研究者對實證研究方法有認識誤區以及掌握錯誤的研究方法和思路，這極大地阻礙了管理研究工作的進展[1]。我們認為，這些認識誤區和錯誤的研究方法、思路的產生源於研究者對研究本質的把握不準確、對研究現象和研究對象的界定不清楚、對研究目的和研究思路沒有嚴謹和細緻地考量。因此，才會出現使用不明確的實證研究程序或不合適的實證研究方法，最后得出不具備說服力的實證研究結果。

參考傅克俊（2005）[2] 對管理學中實證方法研究程序的表述，我們提出了管理學中實證研究的一般程序如下：

第一，明確所要研究的管理問題。這包括研究的目的、問題的界限、問題的特點和性質、研究該問題的意義、對問題的熟悉程度以及開展研究的可行性。

第二，對所研究的問題進行初步探索，提出研究假設。初步探索並不是要直接回答所要研究的問題，而是在現有文獻研究和管理實踐的基礎上，為接下來的正確研究和解決問題尋找可供選擇的方向和道路，為設計研究方案提供依據。初步探索也是形成問題研究假設的必要過程，研究假設是對要研究的問題做出尚未經過實踐檢驗假定性的設想或說明，是設計研究方案、研究指標，選擇研究對象、研究方法的指南。科學的研究假設是創造性思維的產物，是科學的理論知識、豐富的實踐經驗的結合，是對客觀事物的細微洞察和一定的想像力的結晶。

第三，制訂研究方案。實證的實施方案內容包括研究的目標、研究的方法、研究的內容和工具、研究對象的範圍、研究地域的範圍、研究時間的範圍、研究人員和經費。

第四，研究工具的設計或獲取。研究方案確定后，就需要確定完成方案的研究工具，包括研究指標體系、操作方法等。研究指標是指用來反應所要研究

---

[1] 李慧.實證方法在管理學科問題研究中的科學運用 [J].科學學與科學技術管理，2008（5）：34-38.

[2] 傅克俊.實證方法在管理學研究中的應用 [J].山東工商學院學報，2005, 19 (5)：122-124.

問題的數量、質量、類別、狀態、等級和程度等特徵項目，在研究中我們也常常稱之為變量。變量是反應所要研究問題的本質性、概括性和抽象性的指標。操作指標是指用可感知、可度量的事物和方法對抽象指標所做的界定或說明，是一種程度。針對客觀性質的變量，可以直接測量其程度；針對主觀性質的變量，需要間接測量。測量工具包括結構化問題、非結構化問題、封閉式問題、開放式問題，以及5點、7點李克特量表等。

第五，研究方案的實施。研究方案和研究工具確定好後，就需要嚴格按照計劃進行方案的實施。管理學研究方案的執行猶如自然科學中的科學實驗，方案執行的力度、時間和範圍，都對研究結果有很重要的影響。如果沒有按照計劃完成，在理論和邏輯推理沒有誤差的情況下，可能會導致不一樣的實證研究結果。

第六，對研究過程中取得的文字材料及數據資料進行整理、分析和總結研究結論，撰寫分析報告或研究成果。及時對方案實施過程中獲得的資料和數據進行處理和分析是發現和解決問題的最佳辦法。特別是對於探索性實證研究，本身並沒有一個完備的理論體系作為研究背景，正是通過模擬或者從實踐中獲得管理信息以完善理論的建構和實證研究的構想。對於驗證性實證研究，不需要及時根據取得的資料和數據進行理論的修繕，但可以通過實證研究獲取的信息及時對理論的構建進行合理評價或建議。

第七，對實證的結果及有效性和準確性進行評估。實證研究的最後階段，通常要對該研究的創新點、不足進行系統地總結和展望。這個環節是實證研究最後的階段，也是必須要完成的階段，缺少這個部分，研究就不完整，也不能給后續研究或者其他研究者提供好的研究建議。

通常，沒有一個研究是十分完備的，特別是對於既有科學性又有藝術性的管理學來說，不存在一個真空的環境，所有天時、地利、人和都剛好是研究最需要的時刻的環境來進行研究。因此，許多研究者對於實證研究外部效度的懷疑態度就在於此，他們認為管理學的實證研究推廣性較差，那麼有沒有必要做這樣的實證研究呢？我們認為，研究的目的是通過實踐來推導理論。我們所研究的之所以稱為模型，也就是說，它只是現實實踐中提煉出來的一個理想化的狀態，這個理想化的狀態包含了我們關注的核心點，忽略掉了一些不重要的成分。從這個角度來看，管理學的實證研究就是可行的，也是科學的。因此，我們在研究中，選擇實證研究的方法來建構和分析隱性知識、關係績效和任務績效三者關係。

4.5 研究使用的研究工具

本研究的問卷共有四個部分，包括人口統計學部分、個人隱性知識量表、關係績效量表和任務績效量表。除人口統計學部分，其餘三部分量表均採用李克特量表5點計分尺度，1~5分別代表完全不同意、不同意、不確定、比較同意和非常同意。李克特量表（Likert Scale）是評分加總式量表最常用的一種，它是由美國社會心理學家李克特於1932年在原有的總加量表基礎上改進而成的。該量表由一組陳述組成，每一陳述有「非常同意」「同意」「不一定」「不同意」「非常不同意」五種回答，分別記為5分、4分、3分、2分、1分，每個被調查者的態度總分就是他對各道題的回答所得分數的加總，這一總分可說明他的態度強弱或他在這一量表上的不同狀態。

本研究使用的量表第一部分為人口統計學量表。該部分的變量和信息包括性別、年齡、婚姻狀況、受教育程度、工作年限、平均月收入、所在崗位和組織性質。該部分的主要功能是考察被調查者的人口統計學信息以及研究是否合理的參考。

第二部分為自編的個人隱性知識量表（正式問卷）。該部分共15個題項，其中7個為非情境題項，剩下8個分別在兩個情境中進行回答。在前一階段的研究中，該量表的信度和效度顯示良好，適合在中國文化背景下進行施測。該量表包含三個維度，即理論隱性知識（RTK）、實踐隱性知識（STK）、整合隱性知識（CTK）。

第三部分的關係績效量表使用夏福斌和路平（2010）[1] 編製的適用於中國本土的量表，共13個題項，採用三維分類法，即利於個體的人際關係公民績效、利於組織的組織公民績效和利於工作的工作責任感。三個維度的信度分別為0.637、0.825和0.801。

第四部分的任務績效量表使用韓翼（2006）[2] 在其博士學位論文中對任務績效進行自評的量表。該量表共10個題項，其同質信度和再測信度分別為0.730,9和0.780,6。

所有量表均採用自評的形式。

---

[1] 夏福斌，路平. 中國企業員工關係績效結構維度研究 [J]. 西部論壇，2010, 20 (6)：100-106.
[2] 韓翼. 雇員工作績效結構模型構建與實證研究 [D]. 武漢：華中科技大學，2006.

4.6 樣本採集和人口統計學特徵

本研究的數據收集主要是通過組織內員工的個體問卷自評。在編製和發放問卷之前，我們與人力資源管理領域的相關專家和管理實踐者進行過溝通，對問卷的編排和措辭進行了修訂和調整。同時，為了在最大限度下回收有效數據，本研究採用如下控制措施：

4.6.1 樣本來源選擇

樣本的來源城市為成都市、上海市、吉林市和福州市四個城市（包括直轄市和省會級城市）。由於近幾年國內生產總值的高速發展主要是靠大城市的經濟發展，在這些地區進行樣本的選擇對於本研究及其結論更有針對性和實用性。

4.6.2 過程控制方面

問卷發放和數據採集過程主要通過實地調研、網上預約聯繫等，收集方式有紙質問卷填寫、網上及電子郵件回覆等形式。在進行調查過程中，我們對被調查者都給予了充分的說明和解釋，以便獲得更加真實有效的數據。

4.6.3 數據回收篩選

對於明顯亂答、自相矛盾和漏答的問卷（未作答題項比例超過總題數15%，或初步描述統計時極端值占比超過20%），作為無效問卷予以剔除。

本研究的人口統計學指標如表4-1所示。

表4-1　　　三者關係研究階段的樣本統計學指標

變量		($N=263$)	變量		($N=263$)
性別	男	132	婚姻狀況	已婚	70
	女	131		未婚	193

表4-1(續)

變量		(N=263)	變量		(N=263)
年齡	22歲及以下	15	平均月收入	1,200元及以下	30
	22~27歲（含27歲）	162		1,201~3,500元	140
	27~45歲（含45歲）	79		3,501~5,000元	59
	45~60歲（含60歲）	7		5,001~10,400元	32
	60歲以上	0		10,401元以上	2
工作年限	3年及以下	98	所在崗位	高層管理人員	4
	3~5年（含5年）	86		中層管理人員	15
	5~18年（含18年）	52		基層管理人員	35
	18~33年（含33年）	27		一般員工	209
	33年以上	0			
教育程度	高中（中專）及以下	21	組織性質	政府部門	44
	大專	65		事業單位	50
	大學本科	156		企業	143
	碩士	18		其他	26
	博士	3			

　　由於研究涉及個人和團隊兩個層面，在實證調研的過程中，我們也將團隊做過標註和分類。團隊人數及團隊個數的分類情況匯總如表4-2所示。

表4-2　　　　　　　　樣本團隊中人數分類匯總

團隊人數 n（人）	團隊個數（個）
$0 < n \leq 6$	7
$6 < n \leq 10$	20
$n > 10$	4

4.7 數據分析方法

本研究的數據運用統計軟件 SPSS 18.0、AMOS 7.0 和 SAS 9.2 進行分析和驗證。

5 隱性知識的測量

員工個人層面的隱性知識是團隊層面隱性知識和組織層面的隱性知識的基礎①，而個人層面的隱性知識又可分為通用一般性隱性知識和專用性隱性知識兩大類②。本部分內容是實證研究的第一部分的研究內容，即個體隱性知識量表的編製，也是第二部分實證研究中隱性知識、關係績效和任務績效三者關係研究的重要基礎。

5.1 隱性知識測量的可行性

根據知識的表達形式，組織中的知識可以分為顯性知識和隱性知識，從知識的載體的層面又可以將其再細化為個人知識和組織知識兩種類型③。由於個人是存在於組織中最小的知識載體單位，因此不管是哪個層面的隱性知識管理，最根本的出發點都是個人隱性知識。如何有效衡量個人隱性知識已經成為人力資源管理和知識管理領域的重要議題。

隱性知識是高度個人化和難以形式化的、難以交流和共享的知識④。個人隱性知識是指的是個體在一定的情境下的、同卓越績效有內在聯繫的、難以用語言明確表達的知識⑤。由於隱性知識的難以表達和量化的特點，對隱性知識測量的可行性、測量工具的開發還屬於發展階段。美國心理學家斯騰伯格（Sternberg）認為，實踐智力的一個重要方面——隱性知識，是可測量的。這為我們編製個人隱性知識量表的可行性提供了保證。

---

① 李敏. 企業隱性知識評價研究 [D]. 南寧：廣西大學，2009.
② 李作學. 個體隱性知識的結構分析與管理研究 [D]. 大連：大連理工大學，2006.
③ 李作學. 隱性知識計量與管理 [M]. 大連：大連理工大學出版社，2008.
④ IKUJIRO NONAKA, HIROTAKA TAKEUCHI. The Knowledge-Creating Company: How Japanese Companies Create the Dynamics of Innovation [M]. New York: Oxford University Press, 1995.
⑤ 李作學. 隱性知識計量與管理 [M]. 大連：大連理工大學出版社，2008.

5.2 測量工具概述

隱性知識自麥克爾‧波蘭尼（Michael Polanyi）於1958年提出[①]后，在心理學、哲學、社會學、人工智能和管理學等領域中進行過廣泛研究和討論，研究者也根據其所在領域及其研究重點對隱性知識的概念內涵、測量工具和方法等方面進行了較為詳細的研究。

西方學者對個人隱性知識測量工具的開發比較重視在特定專業領域中進行。理查德‧K. 瓦格納和羅伯特‧J. 斯騰伯爾（Richard K. Wagner & Robert J. Sternberg, 1987）[②]、南希‧倫納德和格雷‧S. 因奇（Nancy Leonard & Gary S. Insch, 2005）[③]、彼得‧布什（Peter Busch, 2008）[④] 分別開發了管理人員隱性知識量表（TKIM）、高校科研人員隱性知識量表（ATKS）和信息系統行業員工隱性知識量表。這些測量工具採用自陳式量表方式、李克特7點尺度記分。通過實證分析研究，其對於專業領域內的隱性知識測評具有較好的效果，但其適用範圍僅限於專業領域。中國學者對個人隱性知識測量工具的開發分為三個方向：對國外成熟量表進行本土化修訂，如唐可欣（2004）[⑤] 編製了初步修訂的TKIM；對特定專業領域的隱性知識進行度量，如楊文嬌、周治金（2011）[⑥]，王曉坤（2009）[⑦] 編製了研究生科研隱性知識問卷、保險人員隱性知識量表；對隱性知識測度指標體系的構建和完善，如李作學（2008）的個體隱性知識能力調查問卷，李永周、彭璟（2012）[⑧] 對企業研發團隊個體隱性知識的測度。

[①] MICHAEL POLANYI. The Tacit Dimension [M]. Chicago: The University of Chicago Press, 1966: 3-4.

[②] RICHARD K WAGNER, ROBERT J STERNBERG. Tacit Knowledge in Managerial Success [J]. Journal of Business and Psychology, 1987, 1 (4): 301-312.

[③] NANCY LEONARD, GARY S INSCH. Tacit Knowledge in Academia: A Proposed Model and Measurement Scale [J]. The Journal of Psychology, 2005, 139 (6): 495-512.

[④] PETER BUSCH. Tacit Knowledge in Organizational Learning [M]. New York: IGI Publishing, 2008: 424-449.

[⑤] 唐可欣. 管理人員隱性知識量表TKIM的初步修訂 [D]. 重慶：西南師範大學, 2004: 1-41.

[⑥] 楊文嬌, 周治金. 研究生科研隱性知識的實證研究——基於六所高校的問卷調查 [J]. 高教探索, 2011 (6): 61-66.

[⑦] 王曉坤. 保險銷售人員工作隱性知識研究 [D]. 沈陽：沈陽師範大學, 2009: 1-57.

[⑧] 李永周, 彭璟. 企業研發團隊個人陰性還是測度及其應用研究 [J]. 科技管理研究, 2012 (18): 183-187.

筆者將現階段國內外一些常見的隱性知識測量結構及其測量工具進行整理，結果如表 5-1 所示。

表 5-1　　　　常見隱性知識測量結構及測量工具列舉

提出者	研究領域	結構維度	測量工具	測量方法
理查德·K.瓦格納、羅伯特·J.斯騰伯格	心理學、哲學、管理學	三維立體結構：內容、背景、定位	管理人員隱性知識量表（TKIM）	自陳式量表（7點記分）
彼得·布什	側重研究訊息技術領域的隱性知識	「三維」：自我管理、他人管理、任務管理	訊息系統行業員工隱性知識量表	自陳式量表（7點記分）
南希·倫納德、格雷·S.因奇	管理學	「五維」：自我激勵、自我組織、個人任務、組織任務、社交技能	高校科研人員隱性知識量表（ATKS）	自陳式量表（7點記分）
李作學	人力資源管理、知識管理	「五維」：元認知、價值觀、情感、人際、專業技能	個體隱性知識能力調查問卷（包含三個子問卷）	自陳式量表（5點記分）、客觀測量（模糊評判法）
楊文嬌、周治金	教育學、心理學	「六維」：日常計劃與組織、社會激勵的利用、小組任務管理、研究技能的訓練與培養、學術研究的管理、學術發展管理	研究生科研隱性知識問卷	自陳式量表（7點記分）
王曉坤	應用心理學	「六維」：組織協調、積極心態、市場關注、人際覺察、自我規範、銷售策劃	保險人員隱性知識量表	自陳式量表（5點記分）、客觀測量（訪談法）
唐可欣	發展與教育心理學	三維立體結構：內容、背景、定位	修訂的 TKIM	自陳式量表（7點記分）、客觀測量（交叉評判）

資料來源：筆者根據現有研究文獻整理

5.3　個體隱性知識測量量表編製

查閱現有相關文獻，當前還沒有一套測量方式簡易有效的通用性個人隱性知識量表。因此，這部分研究將通過運用量表編製和分析技術，對通用性個人

隱性知識量表進行設計和編製，也為本研究的第二階段做準備。

5.3.1　現有測量條件及隱性量表編製依據

哈瑞·科林斯（Harry Collins，2010）在其著作 *Tacit and Explicit Knowledge* 中將隱性知識劃分為三個維度，即理論隱性知識（RTK）、實踐隱性知識（STK）、整合隱性知識（CTK）。這三個維度分別是從隱性知識的內容、實踐和環境方面進行說明的。理論隱性知識是由隱含的知識、實例型知識、邏輯需求型知識、信息不對稱的知識、未被識別的知識組成，是隱性知識的內容維度。實踐隱性知識是指如果不通過實踐，就只能被科學地理解而不能被掌握的知識，是隱性知識的實踐維度。整合隱性知識是指一旦離開集體或社會，人們的環境敏感性和個人能力便會減弱的知識，是隱性知識的環境維度。其原文論述為：These/Tacit knowledge have to do, respectively, with the contingencies of social life (relational tacit knowledge), the nature of the human body and brain (somatic tacit knowledge), and the nature of human society (collective tacit knowledge) —RTK, STK and CTK... The experience of the individual who is learning something new usually involves elements of all three... I suggest, (it) is more fundamental and general in its reach than previous approaches.［隱性知識必須分別與這些有關：社會生活的偶發性（理論隱性知識）、人體和大腦的自然屬性（實踐隱性知識）、人類社會的規律（整合隱性知識），即 RTK，STK 和 CTK……個體學習新東西的實踐經驗通常包含這三個要素……我們認為，這種劃分比以前的研究具有更好的一般性、更加接近其本質。］本研究從這點出發，參考哈瑞·科林斯（Harry Collins，2010）[1] 對隱性知識結構的闡述，進行量表的設計和編製。

5.3.2　個體隱性知識量表編製的研究方法

科林斯（Collins）的三元隱性知識理論的提出並未伴隨相應的測量工具誕生。一方面，這可能由於他本人還在對該理論進行不斷探索；另一方面，對於一般性個人隱性知識的測量還未引起研究者的足夠重視。在這種情況下，我們從梳理國內外大量關於隱性知識測量的文獻為起點，通過訪談等環節編製相應的題庫（Question Pool），通過項目分析、修訂、信度效度檢驗等環節確定

---

[1]　HARRY COLLINS. Tacit and Explicit Knowledge [M]. Chicago: University of Chicago Press, 2010.

「個人隱性知識量表（正式問卷）」。

5.3.2.1 量表編製的一般程序

任何測量研究都要有測量的工具，進行測量的第一步是收集現有成熟量表或根據研究需要編製量表。編製出一個簡單而有效的測量量表，是實現研究科學性的基本前提。儘管不同性質的量表，編製的方法有所不同，但不管編製量表的具體技術、過程和方法有多大差異，其基本程序都是一致的。總體來說，編製一個適用的量表，主要包括編製量表的準備階段和量表編製的正式兩個階段。

第一個階段是量表編製的準備階段。該階段首先要做的是對需要測量的概念進行操作性定義。一般來說，對概念進行操作性定義有很多來源方法，包括文獻法、問卷調查、訪談法等。選擇哪種方法或者幾種方法相結合，要取決於現有測量概念和工具的提出背景、國內外研究現狀、前期研究者或實踐者對該概念的認識和評價等。一般都是在有理論基礎和實踐基礎之上提出現有研究依據。包括管理學在內的人文社會科學的研究中，由於不同研究者所屬的學科、所站的視角、所研究的問題和所要達到的目的不同，常常存在不同的人對同一個概念的不同界定，甚至是同一個研究者前後期對同一概念的不同認識和界定。因此，在做操作性定義的時候，一定要注意該研究中所界定的概念與前人做出的定義的區別和聯繫。沒有區別的話，該研究就沒有了研究的意義，沒有聯繫的話，理論構建又會顯得是空中樓閣、毫無根據。

在確定了待測量概念的操作性定義後，就需要設計測量的典型行為。其理論依據是：在管理學等人文社科類學科中，我們所研究變量的某些品質是不能夠或者不容易被直接測量的，需要通過一定的行為間接表徵或者測量。確定典型行為的方法包括文獻法、問卷調查、訪談法以及自編方法[1]。這幾種方法在量表編製的過程中基本都會綜合使用。例如，國內一些量表的編製，主要是在國外已有成熟量表的基礎上，結合中國本土化特徵轉譯成中文量表，這種測量工具在管理學的測量工具裡面偏多。另外，為了測得一些更加本土化的概念（這些概念在國外研究中鮮有出現，或者即便使用同一個詞但表述的意義基本完全不同），需要使用問卷調查、訪談等形式，通過扎根理論來分析和編碼獲得。例如，中國所說的管理中的「關係」概念與國外所指的管理中的「關係」（Relationship）概念，其核心內容是不一樣的。有一種方法是最考驗量表編製研究者的理論功底和研究功底的方法——自編。自編典型行為要求研究人員必須對所要測量的概念十分熟悉，概念的內涵和外延，必須界定清晰，才能編製

---

[1] 淡鑫. 統計學編製量表的基本程序 [J]. 新西部, 2015 (9)：144.

出内容和形式都非常恰當的測量工具來。

第二個階段是量表編製的正式階段。該階段主要運用統計學思維，按照五個步驟進行：確定初步測量工具、專家評審、預測、正式施測、信度檢驗和效度檢驗。一般來說，在量表編製的準備工作充足的情況下，可以順利得到一個初步確定的測量工具，這是量表編製正式階段的第一步。

在確定了測量工具後，暫時不要急於施測，這時候需要請專家進行量表的評審。專家可以是該研究領域的專家，有時候也需要請實踐者參與，根據學科而異。在醫學中，醫生或者醫學專業學生普遍既是該領域的研究者，又是該領域的實際從業者。在管理學中，有時候管理學研究者和管理實踐人員是兩類群體，因此針對管理學量表的編製，我們建議需要同時參考管理學研究者和管理實踐人員的專家意見。專家評審的目的在於對測量工具進行第三方的客觀評估，幫助研究者發現可能忽略的重要問題或者環節。專家評審的方法普遍採用德爾菲法。這是一種反饋匿名函詢法，其大致流程是：在對所要預測的問題徵得專家的意見之後，進行整理、歸納、統計，再匿名反饋給各專家，再次徵求意見，再集中，再反饋，直至得到一致的意見。經過專家評審後的階段就是預測階段。預測指的是將通過專家評審的題目發放給一定數量的目標人群，並將該目標人群測量的結果導入 SPSS 軟件進行項目分析。

項目分析階段是運用統計學思想進行量表在統計學方面的篩選和修訂的階段。在理論和邏輯建構合理的情況下，就需要運用現代數理統計技術識別量表設定的統計學方面的問題。第一，對預測回收的數據做項目鑑別度的分析。根據總分高端的 27% 和低端的 27% 區分高分組和低分組，然後在每個題目上用高分組均值減去低分組均值，再除以組距，即得到每個題目的鑑別度。鑑別度低於 0.2 的題目刪除。第二，進行 KMO 檢驗和巴特利特球形檢驗。KMO 檢驗系數大於 0.5，P 值小於 0.05 時，問卷才有結構效度，才能進行因子分析。巴特利特球形檢驗是以變量的相關係數矩陣為出發點，它的零假設相關係數矩陣是一個單位陣，即相關係數矩陣對角線上的所有元素都是 1，所有非對角線上的元素都為零。一般在做因子分析之前都要進行巴特利特球形檢驗，用於判斷變量是否適合用於做因子分析。巴特利特球形檢驗的統計量是根據相關係數矩陣的行列式得到的。如果該值較大，並且其對應的相伴概率值小於用戶心中的顯著性水平，那麼應該拒絕零假設，認為相關係數不可能是單位陣，即原始變量之間存在相關性，適合於做因子分析，相反則不適合做因子分析。第三，用剩下的題目做探索性因子分析。探索性因子分析主要是為了找出影響觀測變量的因子個數以及各個因子和各個觀測變量之間的相關程度，以試圖解釋一套相

對比較大的變量的內在結構。通過探索性因子分析，刪除特徵值低的題目。第四，根據載荷值刪除題目。一般依據的是，刪除低負載（載荷值小於0.3）和雙負載（在兩個因素上的載荷值差小於0.3）的題目。第五，原則上是要一個一個刪除題目，但如果最終刪除的題目過多，就要重新做鑑別度的分析、探索性因子分析以及載荷值的分析。第六，最終測得各個因素的α系數變化值、共同度、修正指數等作為刪除項目的指標①。

在項目分析修訂了初試量表以後，就進入到第四個步驟：正式施測。一般來說，正式施測就是重新找一組目標人群，選擇有效樣本量為測量題目5倍的樣本量進行測量。

最后就是信度和效度檢驗。信度指的是可靠性程度，是採用同樣的方法對同一對象重複測量時所得結果的一致性程度，也就是反應實際情況的程度。信度指標多以相關係數表示，大致可分為三類，即穩定系數（跨時間的一致性）、等值系數（跨形式的一致性）和內部一致性系數（跨項目的一致性）。正式施測階段，內部一致性系數一般在0.8以上就可接受。信度檢驗后就是效度的檢驗。效度即有效性，是指測量工具或手段能夠準確測出所需測量的事物的程度。效度是指所測量到的結果反應所想要考察內容的程度，測量結果與要考察的內容越吻合，則效度越高；反之，則效度越低。效度分為三種類型，即內容效度、準則效度和結構效度。

以上就是量表編製的一般程序。在本研究中，我們也遵循該程序進行個人隱性知識量表的編製。

5.3.2.2 個人隱性知識量表編製的原則

編製個人隱性知識量表要確定以下幾方面的基本原則：

第一，量表性質。本研究編製的是個人隱性知識量表，其不僅適用於工作場所和員工，也適用於管理人員以及其他形式的個體。該量表沒有專業或者行業屬性，落腳點為個人通用性隱性知識的存量和結構測量。

第二，量表內容。本研究要編製的是個人隱性知識量表，是以科林斯（Collins，2010）在其著作 *Tacit and Explicit Knowledge* 中對個人隱性知識所做的描述和劃分的三個維度。這三個維度分別是從隱性知識的內容、實踐和環境方面進行說明的。理論隱性知識（RTK）是由隱含的知識、實例型知識、邏輯需求型知識、信息不對稱的知識、未被識別的知識組成，是隱性知識的內容維度。實踐隱性知識（STK）是指如果不通過實踐，就只能被科學地理解而不能

---

① 淡鑫. 統計學編製量表的基本程序［J］. 新西部，2015（9）：144.

被掌握的知識，是隱性知識的實踐維度。整合隱性知識（CTK）是指一旦離開集體或社會，人們的環境敏感性和個人能力便會減弱的知識，是隱性知識的環境維度。因此，量表的內容是圍繞著三個維度來展開設計的。

第三，量表形式。雖然個人隱性知識是以個人為載體的實踐性知識，其不易被轉化和直接測量，但可以通過設計一系列的實踐性場景，並考察被調查者的選擇或者傾向性來測量其在某一個方面的認識和程度。因此，我們在這裡選擇使用自陳式量表進行個人隱性知識測量工具的設計。

第四，測題表述與格式。個人隱性知識量表採用自陳式句式，並且每一題的主語都為第一人稱「我」。大部分題項是肯定句式，少部分題項為否定句式，其中又有正向計分題和反向計分題。這樣設計的目的是考慮到提高量表的有效性，特別是對於反向計分題，同一個維度和概念完全相反的問卷被認為是不認真填寫的，應予以剔除。測題採用李克特5點計分法，讓被試根據自己的實際情況判斷測題所述內容與自己相符合的程度，從「完全不同意」到「完全同意」這5個程度進行自評。相應等級及計分分別為：完全不同意＝1分，比較同意＝2分，不確定＝3分，比較同意＝4分，完全同意＝5分。

第五，測試對象。本研究旨在編製個人隱性知識量表，該量表適用於個體對於其所掌握的隱性知識的自評，同時也適用於組織中的員工和其他形式的個體。

在以上五個方面個人隱性知識量表編製原則的指導下，我們開展樣本選擇工作。

5.3.2.3　樣本策略

本研究的數據收集主要是通過組織內員工的個體問卷自評。為了在最大限度下回收有效數據，本研究採用如下樣本策略：

樣本的來源城市為成都市、上海市、吉林市和福州市四個城市（直轄市和省會級城市）。由於近幾年國內生產總值的高速發展主要是靠大城市的經濟發展，在這些地區進行樣本的選擇對於本研究及其結論更有針對性和實用性。問卷發放和數據采集過程主要通過實地調研、網上預約聯繫等，收集方式有紙質問卷填寫、網上及電子郵件回覆等形式。在進行調查過程中，對被調查者都給予了充分的說明和解釋，以便獲得更加真實有效的數據。對於明顯亂答、自相矛盾和漏答的問卷（未作答題項比例超過總題數15%，或初步描述統計時極端值占比超過20%），作為無效問卷予以剔除。

5.3.2.4　樣本選擇標準及抽樣範圍

5.3.2.4.1　預測量表編製

本研究選取長春市、北京市、上海市、深圳市8家公司進行施測。第一次

發放量表290份，回收數據269份，回收率為92.8%。樣本工作類型統計：證券公司管理人員49人，占18%；證券公司市場營銷人員92人，占34%；銀行及企業員工128人，占48%。

我們對回收的269份被試數據運用SPSS 16.0進行項目分析。我們採用鑑別分析方法，高分組和低分組各占人數的27%，求出量表題項的臨界比率值CR值，剔除決斷值未達到0.05顯著性水平共10道題目，最后形成了投資者投資行為偏差影響因素預測量表共35個項目。

5.3.2.4.2 正式量表編製

我們對正式施測問卷的35個項目進行項目分析。項目分析表明，各個項目的決斷值均高於0.05，因此正式的投資者投資行為偏差影響因素量表對35個項目均予以保留。樣本數據的KMO值為0.741，大於0.5，而Bartlett's球形檢驗的卡方值為9.879E3（自由度為595），已達到顯著性水平，表明該樣本數據適合進行因子分析。

5.3.3 研究工具

本研究參考科林斯（Collins）對隱性知識維度的劃分和「管理人員隱性知識量表（TKIM）」的情境陳述法，在與相關企業管理人員和專家進行了深入訪談和探討後，根據討論的結果編製出了個人隱性知識量表（初試問卷）。個人隱性知識量表（初試問卷）14個非情境題項和20個情境題項組成，共34個項目。14個非情境題項將理論隱性知識（RTK）和實踐隱性知識（STK）包含在內；整合隱性知識（CTK）編製出兩個情境，每個情境給出10個與情境有關的題項。我們對問卷的可操作性、表達明晰性進行了適合被調查者閱讀習慣的修訂後，進行小範圍測試；根據初試的數據和遇到的問題進行問卷的再次修訂，確定個人隱性知識量表（正式問卷）。

問卷的記分採用李克特5點量表，數字1～5分別代表從「完全不同意」到「非常同意」的五種程度。除題項15、18、20、21、22、23、25和34為反向記分題，其餘題項均為正向記分。數據處理採用SPSS 18.0和AMOS 7.0進行。

5.3.4 研究樣本

本研究對成都市、福州市、吉林市、上海市等地20餘個組織的員工進行了兩個階段的試驗。第一階段預研究在成都市採集企業、事業單位、政府機構及其他組織形式的142名員工進行。第二階段正式測量範圍增加福州市、吉林

市和上海市三個城市，共發放 300 份問卷，回收 254 份，回收率 84.7%。兩個階段的樣本統計學指標如表 5-2 所示。從樣本統計學指標可以看出，我們選取的樣本普遍集中在 22~45 歲（含 45 歲）、教育程度普遍集中在大學本科。這樣的樣本分佈存在一定的偏態，但由於隱性知識的研究、開發和轉移的重點集中在這樣的人群，因此我們認為本研究的結果仍是有意義的。

表 5-2　　個人隱性知識量表設計階段的樣本統計學指標

變量		第一階段 ($N=142$)	第二階段 ($N=245$)	變量		第一階段 ($N=142$)	第二階段 ($N=245$)
性別	男	69	122	婚姻狀況	已婚	37	58
	女	73	123		未婚	105	187
年齡	22 歲及以下	8	12	平均月收入	1,200 元及以下	10	29
	22~27 歲（含 27 歲）	87	156		1,201~3,500 元	84	131
	27~45 歲（含 45 歲）	41	66		3,501~5,000 元	31	51
	45~60 歲（含 60 歲）	6	11		5,001~10,400 元	15	28
	60 歲以上	0	0		10,401 元以上	2	6
工作年限	3 年及以下	75	132	所在崗位	高層管理人員	4	10
	3~5 年（含 5 年）	28	53		中層管理人員	6	12
	5~18 年（含 18 年）	29	46		基層管理人員	20	27
	18~33 年（含 33 年）	10	14		一般員工	112	196
	33 年以上	0	0	組織性質	政府部門	26	51
教育程度	高中（中專）及以下	11	12		事業單位	22	39
	大專	43	74		企業	84	138
	大學本科	76	127		其他	10	17
	碩士	11	28				
	博士	1	4				

5.3.5　預試研究和項目分析

第一階段為預研究階段。該階段共採集來自於政府部門、事業單位、企業及其他組織的樣本數據 142 條，涉及不同年齡、不同教育程度和工作崗位的人

員。項目分析是預研究的一項基本工作，主要目的是針對預試題目進行適切性評估，用計量的方法對多種統計指標進行判別，評價題目的好壞，對題目進行篩選[①]。

預研究中個人隱性知識量表（初試問卷）總量表的克隆巴赫系數（Cronbach's α）為 0.852。我們將 142 個樣本的數據進行平均數、標準差、偏態、相關、因素負荷以及刪除該題后的信度的項目分析。平均數的排除標準為與均值（$\mu = 3.889$）相差 1.5 個標準差（$\sigma = 0.778$）的範圍之外，即平均數落在 2.722~5 之外的題項可以考慮剔除。標準差小於等於 0.75 被視為該題項為低鑑別度，可以考慮剔除。偏態系數的絕對值越接近 1，表示偏態明顯。校正的「單項-總體」相關性（Corrected Item-Total Correlation）低於 0.3 被視為該題項與總量表相關性低，在某種程度上說，反應了效度不太如意，應予以剔除。因素負荷是用主軸因子法提取一個共同因子后，各題項在該因子上的因子載荷，低於 0.3 意味著該題項的貢獻率較低。刪除該題后的信度是指刪除該題后，總量表的信度。所有以上項目均可作為是否保留該題的參考依據。項目分析結果如表 5-3 所示。

表 5-3　　　　　預研究的項目分析結果（$N = 142$）

題號	平均數	標準差	偏態	相關	因素負荷	刪除該題後的信度
TK1 我更願意回答別人提出的問題，而不是主動為別人提供相關訊息	3.64	0.862	-0.108	0.189	0.139	0.853
TK2 通常情況下，我願意告訴別人事情的真相，但並不會告訴他全部的真實情況	3.61	0.907	-0.291	0.260	0.200	0.851
TK3 通常來說，我實際操作 1~2 次相同的任務，就能掌握這個任務的流程	4.16	0.591	-0.054	0.312	0.398	0.849
TK4 在學習完成一個新任務時，我更傾向於別人在實際的具體工作中給予我指導	4.23	0.718	-0.831	0.293	0.344	0.850

[①] 邱皓政. 量化研究與統計分析——SPSS 中文視窗版數據分析範例解析 [M]. 重慶：重慶大學出版社，2009：298-317.

表5-3(續)

題號	平均數	標準差	偏態	相關	因素負荷	刪除該題後的信度
TK5 比起被問到我今天總共做了哪些工作，我更願意回答今天是否完成了其中某一個具體的任務	3.76	0.914	-0.465	0.293	0.280	0.850
TK6 我更願意回答具體、詳細、直接的問題	4.13	0.761	-0.511	0.389	0.392	0.847
TK7 我常常發現，在與我接觸較少的同事共事中，會出現相互誤解的尷尬局面	2.88	1.062	0.242	0.190	0.103	0.855
TK8 在與我經常共事的同事相處時，幾乎不會出現「我以為他瞭解我的意思，但實際上他並不瞭解」的情況	4.06	0.722	-0.429	0.424	0.450	0.846
TK9 我發現，有的同事完成某個任務很容易，但自己去做卻會遇到很多困難	3.37	0.978	-0.194	0.164	0.090	0.855
TK10 有時候，對我來說很簡單一個工作，讓另外某位同事完成，結果卻不盡如人意	3.60	0.834	-0.021	0.484	0.477	0.844
TK11 如果我正在向領導匯報自己工作的完成情況，我能從他的表情和動作體察出他的對我工作完成的滿意程度	3.87	0.774	-0.508	0.419	0.426	0.846
TK12 我能從周圍同事的行為舉止中，判斷出他是否願意在困難的時候幫助我	3.92	0.699	-0.261	0.463	0.472	0.846
TK13 對於一件我經常做的工作，我能夠在熟練完成它的同時，做另一件工作	3.85	0.861	-0.775	0.341	0.354	0.849

表5-3(續)

題號	平均數	標準差	偏態	相關	因素負荷	刪除該題後的信度
TK14 我從一名新手到學會做某件事（如騎自行車、使用複印機）的過程中，除了別人（教練）語言上的指導，更多的是從自己的實際操作中學會其中的技巧	4.19	0.652	-0.523	0.364	0.411	0.848
*TK15 把工作分成兩部分，並告訴我的同事，如果他不能很好地完成他那部分工作，我就會向上級領導反應	3.93	0.659	0.075	0.251	0.275	0.850
*TK16 委婉、禮貌地提醒他不要去追求絕對的完美	3.61	0.833	-0.714	0.299	0.255	0.850
*TK17 確定這個報告部分的完成期限，有計劃地進行	4.32	0.636	-0.567	0.453	0.550	0.846
*TK18 請上級領導每天都對我的工作進展情況進行核實	3.80	0.679	0.277	0.406	0.468	0.847
*TK19 口頭上表揚我的同事對工作某些部分的完成情況	4.13	0.662	-0.292	0.486	0.510	0.845
*TK20 嚴肅但禮貌地指出我的同事是如何阻礙工作的完成的	3.86	0.648	0.143	0.414	0.454	0.847
*TK21 我的同事一出現工作落後，我就自己去做，以便於在限期內完成	3.85	0.694	0.206	0.321	0.356	0.849
*TK22 不理會也不去在意他採取的不太合適的行動，只做到自己認為該做的	3.91	0.651	0.092	0.411	0.501	0.847
*TK23 避免給他任何壓力，以免使他的工作更加落後	3.89	0.631	0.091	0.362	0.402	0.848
*TK24 與他商定，如果我們都能在規定時間內完成工作，我就請他吃飯	3.15	1.067	-0.279	0.302	0.286	0.851

表5-3(續)

題號	平均數	標準差	偏態	相關	因素負荷	刪除該題後的信度
＊＊TK25 如果我能提出最完善的修訂方案，那麼就立即決定接受任務；如果不能，就選擇放棄	3.94	0.697	0.086	0.372	0.435	0.848
＊＊TK26 盡最大可能地瞭解我的上級領導對這個修訂任務所持有的觀點	4.35	0.665	-0.687	0.485	0.605	0.845
＊＊TK27 嚴格按上級領導的興趣修訂	3.75	0.837	-0.226	0.312	0.352	0.849
＊＊TK28 從上級領導那裡得到反饋意見	4.20	0.679	-0.552	0.487	0.597	0.845
＊＊TK29 從大家對新的工作說明書的草稿的評價中得到反饋意見	4.14	0.700	-0.704	0.420	0.514	0.847
＊＊TK30 建立一個由各部門人員組成的委員會，分擔該任務的責任	3.78	0.916	-0.451	0.407	0.395	0.847
＊＊TK31 找出我被選來做這個工作的原因	3.65	0.900	-0.445	0.421	0.436	0.846
＊＊TK32 請教公司中我信任、有較資深工作經驗的人，尋求他們的建議	4.19	0.798	-1.205	0.230	0.270	0.851
＊＊TK33 制訂日常計劃表，並按目標計劃的重要性進行一個等級排列，分步驟逐步實施	4.28	0.698	-0.576	0.567	0.674	0.843
＊＊TK34 鑒於工作說明書的修訂結果會影響各部門的利益，所以盡量拖延完成的時間	4.21	0.735	-0.358	0.369	0.464	0.848

提取方法：主軸因子法

(帶＊的題項為模擬情景1：您和一位同事要在這周共同負責完成一個新產品的開發報告，但是這位同事經常無法按時完成工作。這不是因為他工作不努力，而是他缺少某種必需的工作組織技能。同時，他又是個完美主義者，往往浪費太多時間去追求過度的「完美性」。帶＊＊的題項為模擬情景2：假如要求您在兩個月的時間內為公司修訂各個崗位的工作說明書。原有的工作說明書有缺陷，比如有些崗位的工作內容過於繁雜，有些崗位則過於清閒，不利於企業效率的提高。修

訂工作全權交由您來處理。您知道這是一個很棘手的任務；如果能很好地完成任務，這將會對您的職業生涯和晉升產生積極的影響；反之，可能會讓您陷入被同事排斥的工作環境中。您會做何選擇呢？請按照符合您的情況對下面每個說法進行選擇。您的目標是在這週末制定出盡可能完善的報告。下面列出了一些為保證完成任務所採用的策略。請按照符合您的情況對下面每個說法進行選擇。）

我們綜合所收集的樣本數據和隱性知識理論結構，對題項進行項目分析后，保留的題項為 3、6、8、10、11、12、14、17、19、20、22、26、28、31、33 共 15 個題目。我們將這 15 個題目的表述進行再修訂后制成「個人隱性知識量表（正式問卷）」進行施測。

5.3.6 正式研究和信度、效度分析

正式施測我們選擇了成都市、上海市、吉林市和福州市四個城市。第二階段共發放 300 份問卷，回收 254 份，回收率 84.7%。剔除有嚴重漏項等情況的無效問卷 9 份，剩餘有效問卷 245 份，有效率 96.4%。樣本統計學指標見表 5-2。

正式問卷的總量表 Cronbach's α 信度為 0.822，可靠性程度良好。表 5-4 是正式問卷各題項的信度統計量。

表 5-4　　　　　　　　正式問卷信度統計量

題號	項已刪除的刻度均值	項已刪除的刻度方差	校正的項總計相關性	多相關性的平方	項已刪除的Cronbach's α 值
TK3	60.51	32.792	0.420	0.314	0.813
TK6	60.58	32.711	0.302	0.237	0.820
TK8	60.67	32.263	0.362	0.362	0.816
TK10	61.08	31.801	0.384	0.281	0.815
TK11	60.88	31.329	0.418	0.453	0.813
TK12	60.83	31.976	0.436	0.288	0.812
TK14	60.53	32.709	0.409	0.291	0.813
TK17	60.41	31.522	0.550	0.487	0.805
TK19	60.60	32.545	0.399	0.320	0.814
TK20	60.89	32.800	0.368	0.296	0.816
TK22	60.80	32.710	0.367	0.259	0.816
TK26	60.36	31.248	0.578	0.528	0.803

表5-4(續)

題號	項已刪除的刻度均值	項已刪除的刻度方差	校正的項總計相關性	多相關性的平方	項已刪除的Cronbach's α 值
TK28	60.53	31.348	0.528	0.483	0.806
TK31	61.04	31.150	0.389	0.368	0.816
TK33	60.41	30.522	0.635	0.527	0.799
總量表信度	基於標準化項的 Cronbach's α				0.827
	Cronbach's α				0.822

在對正式問卷進行信度檢驗後，還需要進行內容效度的檢驗。檢驗問卷的內容效度採用結構方程模型（Structural Equation Modeling, SEM）的驗證性因子分析（Confirmatory Factor Analysis, CFA），根據實際關係結構與理論模型的吻合程度、擬合參數值給出效度檢驗的結果。根據科林斯（Collins）對隱性知識的闡述，我們將個人隱性知識的三種類型分別看作三個潛變量，即理論隱性知識（RTK）、實踐隱性知識（STK）、整合隱性知識（CTK），把各測試題項看作觀察變量。驗證性因子分析的理論模型和參數估計見圖5-1。模型適配情況見表5-5、表5-6、表5-7。

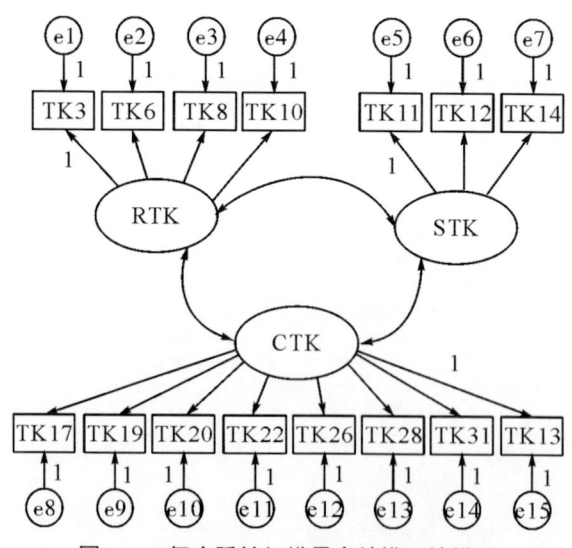

圖5-1　個人隱性知識量表結構理論模型

表 5-5　　　　　　　　　　　驗證性因子分析結果

潛變量與觀察變量關係	迴歸系數估計值	p 值
RTK→TK3	1.000	
RTK→TK6	1.121	＊＊＊
RTK→TK8	1.433	＊＊＊
RTK→TK10	1.408	＊＊＊
STK→TK11	1.000	
STK→TK12	1.090	＊＊＊
STK→TK14	1.131	＊＊＊
CTK→TK17	0.752	＊＊＊
CTK→TK19	0.668	＊＊＊
CTK→TK20	−0.322	0.020
CTK→TK22	0.405	0.005
CTK→TK26	0.966	＊＊＊
CTK→TK28	0.845	＊＊＊
CTK→TK31	0.664	＊＊＊
CTK→TK33	1.000	

註：＊＊＊表示 p 值小於 0.001

表 5-6　　　　　　　　　　　潛變量協方差分析結果

潛變量之間關係	協方差	p 值
RTK↔STK	0.084	＊＊＊
RTK↔CTK	0.096	＊＊＊
STK↔CTK	0.106	＊＊＊

表 5-7　　　　　　　　　　測量模型擬合結果

適配指數類別	適配指數名稱		p 值
簡約適配指數	CAIC	理論模型	429.063
		獨立模型	437.468
		飽和模型	780.151
	BIC	理論模型	396.063
		獨立模型	422.468
		飽和模型	660.151
絕對適配指數	CMIN/DF		2.466
	RMSEA		0.78
	GFI		0.883
增值適配指數	NFI		0.369
	CFI		0.457

　　由於樣本量 $N=245$，因此驗證性因子分析的計算方法適合採用廣義最小二乘法（Generalized Least Squares Estimates，GLS）。表 5-5 是潛變量與觀察變量之間的非標準迴歸系數估計值和顯著性檢驗的 p 值。可以看出，RTK、STK 和 CTK 三者與其觀察變量的迴歸系數，除「CTK→TK20」和「CTK→TK22」的 p 值大於 0.001 不顯著外，其餘系數的估計值都通過檢驗，顯著不為 0。回顧表 5-3 中 TK20 和 TK22 兩題的「多相關性的平方」值都偏小，而「多相關性的平方」是多元迴歸分析中的決定系數，該值越大，表示該題與其他題項的內部一致性程度越高。因此，題項 TK20 和 TK22 還需要進行進一步修訂或刪減。

　　表 5-6 是三類隱性知識潛變量的協方差估計值。協方差作為度量相關程度的一個指標，不受量綱的影響，可以被認為是一個有效的指標。分析中三類隱性知識兩兩之間的相關程度都不高，這對於這樣劃分結構的理論提供了一定支撐。

　　表 5-7 提供了理論模型的三種擬合指數：簡約適配指數、絕對適配指數和增值適配指數。簡約適配指數主要考慮模型的精簡程度和適配程度，選取 CAIC 和 BIC 兩個指標進行判別。這兩個指標的適配臨界值都是「理論模型的估計值<獨立模型的估計值<飽和模型的估計值」，從計算的估計值看出，我們的理論模型擬合較好。絕對適配指數我們主要考察 CMIN/DF（卡方自由度比）、RMSEA（漸進殘差均方和平方根）和 GFI（良適性適配指標）。通常情

況下，CMIN/DF 值在 1 和 3 之間表示模型有簡約適配度，RMSEA<0.08 認為適配情況良好，GFI>0.9為適配良好的臨界值。增值適配指數是一種相對性指標值，反應了假設模型與一個假設觀察變量間沒有任何共變的獨立模型的差異程度。有研究發現，樣本不太大（N=245）同時自由度較大（df=87）時，契合度較理想的假設模型的 NFI 值也可能會偏低。本研究中，增值適配指數 NFI 和 CFI 均小於適配臨界值 0.9，這可能是由於理論模型的界定問題，也可能是由於樣本量或自由度產生的。綜合各種擬合指數，該理論模型的擬合可以被接受。

5.4 隱性量表編製的基本結論

根據美國心理學家斯騰伯格（Sternberg）對隱性知識測量的論述，依據哈瑞·科林斯（Harry Collins）對隱性知識維度來源劃分的理論，個人隱性知識劃分為三個維度：理論隱性知識（RTK）、實踐隱性知識（STK）、整合隱性知識（CTK）。我們通過對初試量表 34 個題項的項目分析，剔除統計性不明顯的題項后，用剩餘的 15 個題項進行正式施測。245 個正式施測樣本的信度和效度均通過初步檢驗，該量表的可用性得到保證。實證研究結果表明，我們以科林斯（Collins）的「三元」個人隱性知識理論為基礎編製的個人隱性知識量表通過大樣本數據的初步擬合檢驗。

本研究編製的隱性知識量表為研究一般層面的隱性知識計量提供了一種研究嘗試，讓隱性知識的測量、開發、共享能夠通過一種簡易有效的方式進行。隱性知識具有情境依附性、崗位依附性，但它也存在通用性。對隱形知識量表的開發，我們認為不僅要在各行各業縱向專業發展，還需要進行橫向延伸。因為專業性的隱性知識，一旦離開了專業崗位，就會慢慢退化，但作為一種心智模式[①]，「橫向的隱性知識」的使用壽命更長、使用頻率更多，對它的測量和評估應該受到更多的重視。

---

① 盧小賓，王克平. 隱性知識共享的制約因素與實現對策研究［J］. 情報資料工作，2011（3）：6-9.

6　實證分析結果

6.1　人口學變量對隱性知識、關係績效的影響

在研究中，我們在剔除無效樣本後，得到作為驗證理論模型的有效樣本 $N = 263$ 份。樣本的人口統計學情況如表 6-1 所示。

表 6-1　　　　　三者關係研究階段的樣本統計學指標

變量		($N=263$)	變量		($N=263$)
性別	男	132	婚姻狀況	已婚	70
	女	131		未婚	193
年齡	22 歲及以下	15	平均月收入	1,200 元及以下	30
	22~27（含 27 歲）	162		1,201~3,500 元	140
	27~45（含 45 歲）	79		3,501~5,000 元	59
	45~60（含 60 歲）	7		5,001~10,400 元	32
	60 歲以上	0		10,401 元以上	2

表6-1(續)

變量		(N=263)	變量		(N=263)
工作年限	3年以下	98	所在崗位	高層管理人員	4
	3~5年（含5年）	86		中層管理人員	15
	5~18年（含18年）	52		基層管理人員	35
	18~33年（含33年）	27		一般員工	209
	33年以上	0	組織性質	政府部門	44
教育程度	高中（中專）及以下	21		事業單位	50
	大專	65		企業	143
	大學本科	156		其他	26
	碩士	18			
	博士	3			

資料來源：筆者根據調研數據分析整理

　　由以上統計可知，被試中男女比例比較均衡，幾乎為1：1的比例，這樣的性別占比比較理想，避免了因被試性別差異帶來的研究結果偏差。年齡以22~27歲（含27歲）的樣本居多，占被試總人數的61.6%，其次是45~60歲（含60歲）的樣本，占被試總人數的30.0%。工作年限分佈較長尾，工作經驗在3年及以下的樣本占比為37.3%，其次是工作年限在3~5年（含5年）的樣本占比為32.7%，工作年限在5~18年（含18年）的樣本占比為19.8%。所有被試的受教育程度較高，大專及以上學歷的樣本占比為92.0%，高中（中專）及以下的樣本只占被調查總人數的8%。受教育程度低偏差的原因在於兩個方面：一方面來自研究者主觀的選擇，因為隱性知識、關係績效和任務績效的調研過程需要被試能夠充分理解所表述的內容，具備基本的聽、說、讀、寫的能力，具有基本的對自己和對文字的理解和判斷能力；另一方面又有被調查者所在單位和地區的客觀原因，被試所在城市和單位，雖有勞動密集型企業，但由於經濟的發展和國內人力資源受教育機會越來越多，因此被試的受教育程度比較高。被試的平均月收入在1,201~3,500元的占53.2%，一般員工占79.5%，是絕大多數。被試主要來自於企業，在事業單位和政府部門的次之。

在前面研究的基礎上，我們進一步探討人口學變量對隱性知識、關係績效、任務績效的影響。研究被試的人口學變量包括性別、年齡、工作年限等。

6.1.1 不同性別被試的比較

6.1.1.1 不同性別被試的隱性知識平均數 t 檢驗

我們對不同性別被試的隱性知識各個維度上的平均數進行獨立樣本 t 檢驗，結果發現，在顯著性水平 $\alpha = 0.05$ 的水平下，由於原假設為不同性別之間的隱性知識無差異，因此 t 檢驗的 p 值應該大於 0.05。從 SPSS 軟件的分析結果來看，隱性知識的三個維度中，整合隱性知識（CTK）和實踐隱性知識（STK）的 p 值分別為 0.768 和 0.057，都大於顯著性水平 0.05，理論隱性知識（RTK）的 p 值為 0.004，在這個維度上表現出不同性別間的隱性知識是有差異的。從被試的均值得分來看，男性的理論隱性知識均值為 4.168,6，高於女性的理論隱性知識均值 3.979,0；而在整合隱性知識、實踐隱性知識的維度上，男性和女性的隱性知識均值差別不大，因此在兩獨立樣本 t 檢驗的結果下，顯示出無差異（見表6-2）。

表 6-2　　不同性別被試隱性知識平均數的 t 檢驗　（$N=263$）

	性別	均值	標準差	均值的標準誤差	t	Sig.（雙側）
理論隱性知識	男性	4.168,6	0.513,65	0.044,71	2.912	0.004
	女性	3.979,0	0.541,58	0.0473,2		
整合隱性知識	男性	3.897,0	0.608,00	0.052,92	0.296	0.768
	女性	3.875,3	0.581,22	0.050,78		
實踐隱性知識	男性	4.228,9	0.441,67	0.038,44	1.912	0.057
	女性	4.122,6	0.460,30	0.040,22		

資料來源：筆者根據調研數據分析整理

6.1.1.2 不同性別被試的關係績效平均數 t 檢驗

我們對不同性別被試的關係績效各個維度上的平均數進行獨立樣本 t 檢驗，結果發現，在顯著性水平 $\alpha = 0.05$ 的水平下，由於原假設為不同性別之間的關係績效無差異，因此 t 檢驗的 p 值應該大於 0.05。從 SPSS 軟件的分析結果來看，關係績效的三個維度組織公民績效、人際關係公民績效和工作責任感 t 檢驗的 p 值分別為 0.110、0.658 和 0.726，都大於顯著性水平 0.05，因此不能拒絕原假設。檢驗結果顯示，不同性別的被試在關係績效三個維度上沒有顯

著差異（見表6-3）。

表6-3　不同性別被試關係績效平均數的t檢驗（$N=263$）

	性別	均值	標準差	均值的標準誤差	t	Sig.（雙側）
組織公民績效	男性	4.121,2	0.636,43	0.055,39	−1.605	0.110
	女性	4.238,5	0.544,96	0.047,61		
人際關係公民績效	男性	3.965,2	0.697,43	0.060,70	0.443	0.658
	女性	3.929,8	0.592,74	0.051,79		
工作責任感	男性	3.751,9	0.808,17	0.070,34	0.351	0.726
	女性	3.719,5	0.686,42	0.059,97		

資料來源：筆者根據調研數據分析整理

6.1.2　不同年齡被試的比較

6.1.2.1　不同年齡被試的隱性知識方差分析

本研究中，被試年齡分為5個階段：22歲及以下、22～27歲（含27歲）、27～45歲（含45歲）、45～60歲（含60歲）以及60歲以上。劃分的依據是考慮到大學本科教育的普及，按入學年齡為6歲開始，接受16年教育後畢業時年齡大約為22歲；若受碩士研究生教育的，畢業工作時年齡在25～27歲。在我們調查的過程中，退休年齡最遲還是60歲。（人力資源和社會保障部正在擬定並徵求意見關於延遲退休的文件）考慮到按法定退休年齡退休後，某些專業技術崗位的人員還可能會留任崗位工作，於是我們在設計問卷人口統計學變量的時候，加入了「60歲以上」選項，但在實際調研過程中沒有遇到這樣的被試，特此說明。

我們將不同年齡階段的被試進行人口統計學基本分析，使用方差分析的方法。方差分析的目的是通過從被調研原始數據本身出發，分析不同水平的樣本是否有差異。這同時也是驗證我們所調查樣本的合理性、代表性的方法。

首先，我們對不同年齡的被試進行關於控制變量隱性知識的方差齊性檢驗，以分析該數據是否進行方差分析。方差分析的重要前提是控制變量不同水平下觀測變量總體方差無顯著性差異，如果不能滿足這個要求，則不能保證各總體分佈是相同的。因此，在進行方差分析之前，有必要對該組數據的方差齊性進行檢驗。方差齊性檢驗的原假設為各水平下觀測變量總體方差無顯著差異。在本部分內容中，我們所要做的方差齊性檢驗原假設為在隱性知識的三個

不同維度下,不同年齡的被試的總體方差無顯著差異。不同年齡被試的隱性知識的方差齊性檢驗的結果如表 6-4 所示。

表 6-4　　　　不同年齡被試的隱性知識的方差齊性檢驗

維度	Levene 統計量	df1	df2	顯著性
理論隱性知識	0.409	3	259	0.746
整合隱性知識	0.221	3	259	0.882
實踐隱性知識	1.038	3	259	0.376

資料來源:筆者根據調研數據分析整理

可以看到,不同年齡被試在隱性知識的三個維度理論隱性知識、整合隱性知識和實踐隱性知識上的 Levene 統計量分別為 0.409、0.221 和 1.308,其顯著性 p 值分別為 0.746、0.882 和 0.376。在顯著性水平 $\alpha = 0.05$ 的水平下,p 值都大於顯著性水平 α,因此不能拒絕原假設,即認為在隱性知識的三個不同維度下,不同年齡的被試的總體方差無顯著差異。這樣的方差齊性檢驗結果表明適合繼續做方差分析。

表 6-5 是不同年齡被試的隱性知識方差分析表,包括各個年齡階段分別在三個維度上的均值、標準差、總數以及在隱性知識三個維度上分別的 F 統計量的值和其概率 p 值。F 統計量是方差分析採用的檢驗統計量,其數學定位為:

$$F = \frac{SSA/(k-1)}{SSE/(n-k)} = \frac{MSA}{MSE}$$

式中,n 為樣本總量,本研究的 $n = 263$;$k-1$ 和 $n-k$ 分別為 SSA 和 SSE 的自由度;MSA 是平均組間平方和,也稱組間方差;MSE 是平均組內平方和,也稱組內方差。

方差分析的原假設為控制變量不同水平下觀測變量各總體的均值無顯著差異,控制變量不同水平下的效應同時為 0。判斷的標準就是在給定顯著性水平 α 的前提下,比較 F 統計量的概率 p 值。在這裡,我們得到的隱性知識三個維度理論隱性知識、整合隱性知識和實踐隱性知識上的 F 統計量分別為 2.483、0.205 和 2.440,其顯著性 p 值分別為 0.061、0.893 和 0.065。在顯著性水平 $\alpha = 0.05$ 的水平下,p 值都大於顯著性水平 α,因此不能拒絕原假設,即認為在隱性知識的三個不同維度下,不同年齡的被試無顯著差異。

實際上,我們又觀察到,理論隱性知識和實踐隱性知識的 p 值雖大於 0.05,但差異不大,因此進一步,我們把三個維度在不同年齡階段的均值分別作均值圖,以分析被試的年齡對於隱性知識的影響。

表 6-5　　　　不同年齡被試的隱性知識的方差分析（$N=263$）

年齡	理論隱性知識 均值	理論隱性知識 標準差	整合隱性知識 均值	整合隱性知識 標準差	實踐隱性知識 均值	實踐隱性知識 標準差
22 歲及以下	4.250,0	0.377,96	3.844,7	0.518,26	4.384,7	0.312,89
22~27 歲（含 27 歲）	4.041,7	0.556,06	3.868,8	0.604,21	4.126,5	0.428,14
27~45 歲（含 45 歲）	4.142,4	0.501,09	3.924,2	0.589,19	4.245,3	0.500,51
45~60 歲（含 60 歲）	3.678,6	0.514,67	3.951,4	0.650,81	4.091,4	0.568,58
總數	4.074,1	0.535,23	3.886,2	0.593,78	4.176,0	0.453,33
F 統計量	2.483		0.205		2.440	
p 值	0.061		0.893		0.065	

資料來源：筆者根據調研數據分析整理

　　圖 6-1、圖 6-2、圖 6-3 分別為隱性知識三個維度理論隱性知識、整合隱性知識和實踐隱性知識在不同年齡階段上的均值走向。從均值的形狀可以看到，在 22~27 歲（含 27 歲）階段的被試，其理論隱性知識和實踐隱性知識均值處於最低拐點，在 27~45 歲（含 45 歲）階段達到一個較高的水平之後，又下降。然而整合隱性知識卻是隨著年齡的增加呈現上升的趨勢。從我們對這三個維度的定義發現，整合隱性知識是指一旦離開集體或社會，人們的環境敏感性和個人能力便會減弱的知識，是隱性知識的環境維度。因此，不難理解，隱性知識的隨著年齡逐漸累積的部分主要是隱性知識的環境維度方面，這也符合現實情況。

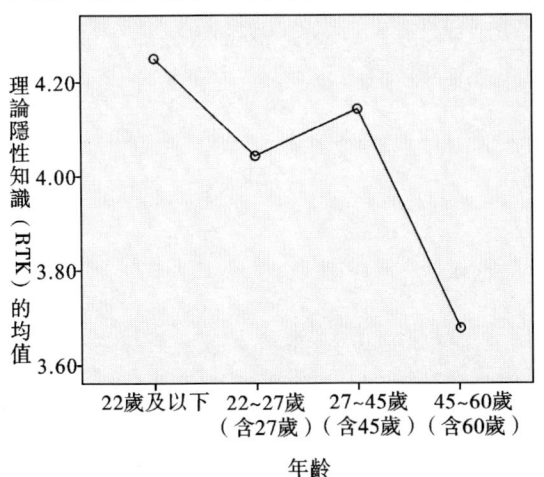

圖 6-1　不同年齡被試的理論隱性知識均值圖

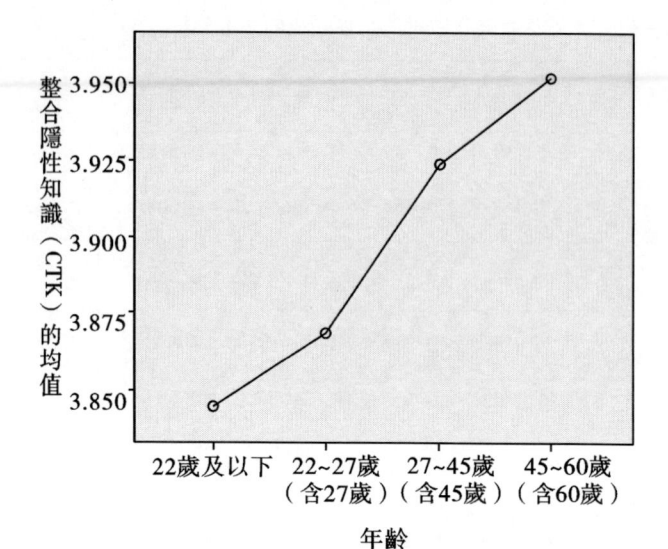

圖 6-2　不同年齡被試的整合隱性知識均值圖

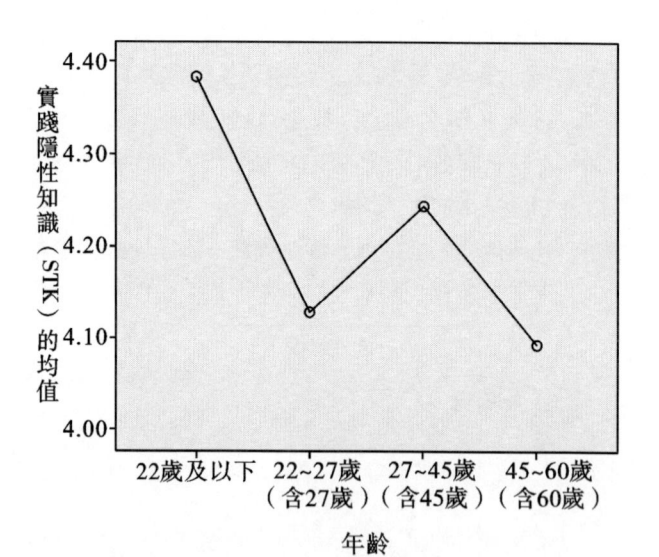

圖 6-3　不同年齡被試的實踐隱性知識均值圖

6.1.2.2　不同年齡被試的關係績效方差分析

本研究中，被試年齡分為 5 個階段：22 歲及以下、22~27 歲（含 27 歲）、27~45 歲（含 45 歲）、45~60 歲（含 60 歲）以及 60 歲以上。控制變量為關係績效，其中有三個水平（維度），即組織公民績效、人際關係公民績效和工作責任感。

同樣，我們對不同年齡的被試進行關於控制變量關係績效的方差齊性檢驗，以分析該數據是否進行方差分析。在本部分內容中，我們所要做的方差齊性檢驗原假設為在關係績效的三個不同維度下，不同年齡的被試的總體方差無顯著差異。不同年齡被試的關係績效的方差齊性檢驗的結果如表6-6所示。

表 6-6　　　不同年齡被試的關係績效的方差齊性檢驗

維度	Levene 統計量	df1	df2	顯著性
組織公民績效	1.231	3	259	0.299
人際關係公民績效	0.963	3	259	0.411
工作責任感	0.774	3	259	0.509

資料來源：筆者根據調研數據分析整理。

可以看到，不同年齡被試在關係績效的三個維度組織公民績效、人際關係公民績效和工作責任感上的 Levene 統計量分別為 1.231、0.963 和 0.774，其顯著性 p 值分別為 0.746、0.882 和 0.376。在顯著性水平 $\alpha = 0.05$ 的水平下，p 值都大於顯著性水平 α，因此不能拒絕原假設，即認為在關係績效的三個不同維度下，不同年齡的被試的總體方差無顯著差異。這樣的方差齊性檢驗結果表明適合繼續做方差分析。

在這裡，我們方差分析的原假設為控制變量關係績效不同水平下觀測變量各總體的均值無顯著差異。通過 SPSS 軟件處理，我們得到的關係績效三個維度組織公民績效、人際關係公民績效和工作責任感上的 F 統計量分別為 6.286、11.612 和 4.084，其顯著性 p 值分別為 0.000、0.000 和 0.007。在顯著性水平 $\alpha = 0.05$ 的水平下，p 值都小於顯著性水平 α，因此拒絕原假設，即認為在關係績效的三個不同維度下，不同年齡的被試存在顯著差異（見表6-7）。

表 6-7　　　不同年齡被試的關係績效的方差分析（$N=263$）

年齡	組織公民績效 均值	組織公民績效 標準差	人際關係公民績效 均值	人際關係公民績效 標準差	工作責任感 均值	工作責任感 標準差
22 歲及以下	4.233,3	0.437,80	4.200,0	0.459,81	4.050,0	0.584,01
22~27 歲（含 27 歲）	4.069,4	0.600,37	3.772,8	0.631,48	3.612,7	0.738,29
27~45 歲（含 45 歲）	4.408,2	0.560,70	4.222,8	0.587,03	3.914,6	0.736,94

表6-7(續)

年齡	組織公民績效		人際關係公民績效		工作責任感	
	均值	標準差	均值	標準差	均值	標準差
45~60歲（含60歲）	4.035,7	0.419,04	4.342,9	0.639,94	3.892,9	0.944,91
總數	4.179,7	0.594,42	3.947,5	0.646,41	3.735,7	0.748,75
F統計量	6.286		11.612		4.084	
p值	0.000		0.000		0.007	

資料來源：筆者根據調研數據分析整理

圖6-4、圖6-5、圖6-6分別為關係績效三個維度組織公民績效、人際關係公民績效和工作責任感在不同年齡階段上的均值走向。從均值的形狀可以看到，在22~27歲（含27歲）階段的被試，其三個維度組織公民績效、人際關係公民績效和工作責任感均值都處於最低拐點，在27~45歲（含45歲）階段的被試達到一個較高的水平之後，人際關係公民績效和工作責任感保持穩定，而組織公民績效又呈現出較大的下降趨勢。

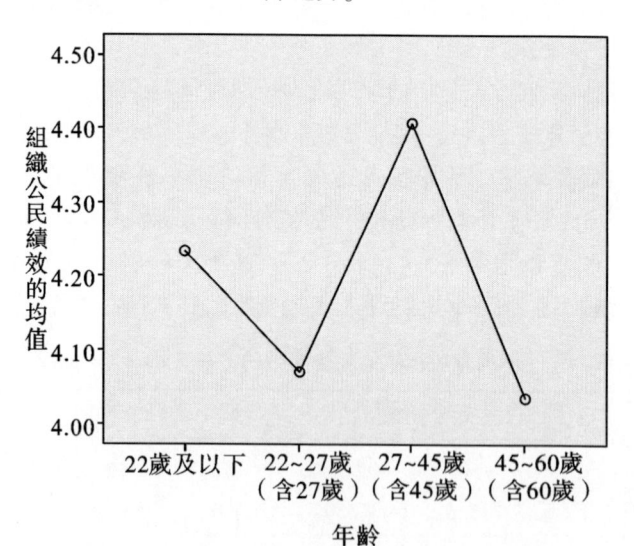

圖6-4 不同年齡被試的組織公民績效均值圖

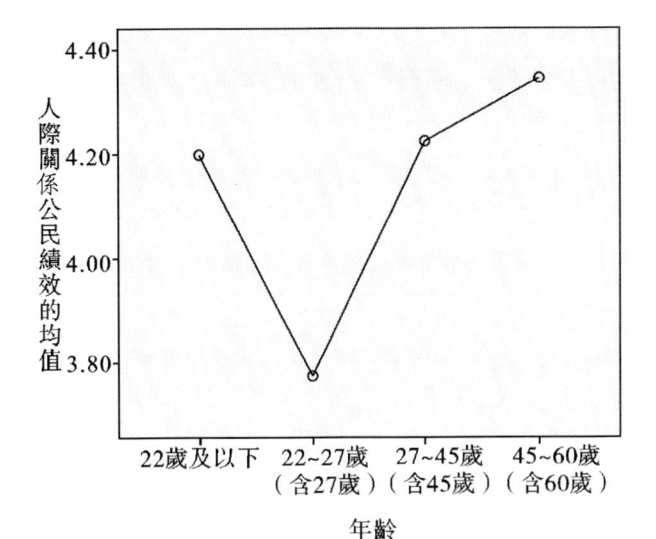

圖 6-5　不同年齡被試的人際關係公民績效均值圖

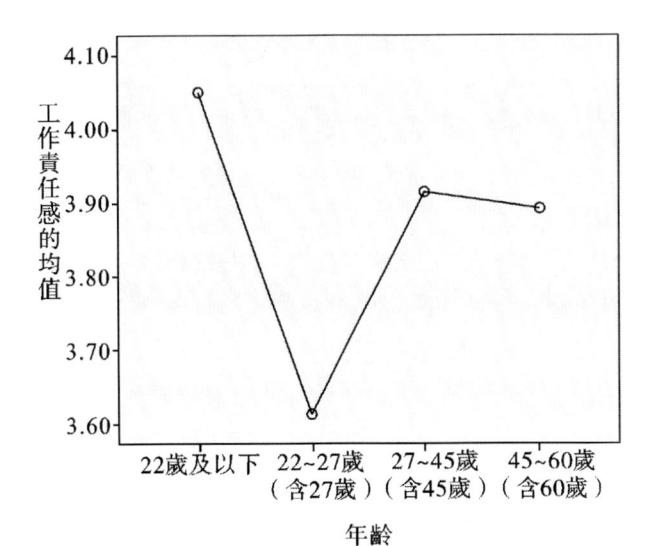

圖 6-6　不同年齡被試的工作責任感均值圖

6.1.3　不同工作年限被試的比較

6.1.3.1　不同工作年限被試的隱性知識方差分析

本研究中，被試的工作年限分為 5 個階段：3 年及以下、3~5 年（含 5 年）、5~18 年（含 18 年）、18~33 年（含 33 年）以及 33 年以上。我們將不

同工作年限的被試進行人口統計學基本分析，也使用方差分析的方法。

我們先對不同工作年限的被試進行關於控制變量隱性知識的方差齊性檢驗，以分析該數據是否進行方差分析。方差齊性檢驗原假設為在隱性知識的三個不同維度下，不同工作年限的被試的總體方差無顯著差異。不同工作年限被試的隱性知識的方差齊性檢驗的結果如表6-8所示。

表6-8　　　　不同工作年限被試的隱性知識的方差齊性檢驗

維度	Levene 統計量	df1	df2	顯著性
理論隱性知識	0.611	3	259	0.609
整合隱性知識	3.908	3	259	0.009
實踐隱性知識	1.809	3	259	0.146

資料來源：筆者根據調研數據分析整理

可以看到，不同工作年限的被試在隱性知識的三個維度理論隱性知識、整合隱性知識和實踐隱性知識上的 Levene 統計量分別為 0.611、3.908 和 1.809，其顯著性 p 值分別為 0.609、0.009 和 0.146。在顯著性水平 $\alpha=0.05$ 的水平下，理論隱性知識和實踐隱性知識的 p 值都大於顯著性水平 α；而整合隱性知識的顯著性 p 值為 0.009，小於顯著性水平 $\alpha=0.05$。分析結果顯示，不同工作年限被試的理論隱性知識和實踐隱性知識的總體方差無顯著差異，整合隱性知識的總體方差有顯著差異。

在不同工作年限的被試的隱性知識方差分析表中（見表6-9），我們看到，我們得到的隱性知識三個維度理論隱性知識、整合隱性知識和實踐隱性知識上的 F 統計量分別為 3.199、0.800 和 2.783，其顯著性 p 值分別為 0.024、0.495 和 0.041。在顯著性水平 $\alpha=0.05$ 的水平下，理論隱性知識和實踐隱性知識的 p 值都小於顯著性水平 α；而整合隱性知識的顯著性 p 值為 0.495，大於顯著性水平 $\alpha=0.05$。因此，方差分析結果顯示，不同工作年限的被試在理論隱性知識和實踐隱性知識上有差異，在整合隱性知識上無差異。

表6-9　　　不同工作年限被試的隱性知識的方差分析 （$N=263$）

工作年限	理論隱性知識		整合隱性知識		實踐隱性知識	
	均值	標準差	均值	標準差	均值	標準差
3年及以下	4.201,5	0.471,70	3.901,5	0.539,96	4.238,3	0.381,02
3~5年（含5年）	3.973,8	0.600,28	3.864,9	0.679,32	4.065,8	0.499,10

表6-9(續)

工作年限	理論隱性知識 均值	理論隱性知識 標準差	整合隱性知識 均值	整合隱性知識 標準差	實踐隱性知識 均值	實踐隱性知識 標準差
5~18年（含18年）	4.009,6	0.502,35	3.962,3	0.534,55	4.246,0	0.467,72
18~33年（含33年）	4.055,6	0.529,57	3.752,2	0.602,71	4.165,9	0.470,23
總數	4.074,1	0.535,23	3.886,2	0.593,78	4.176,0	0.453,33
F統計量	3.199		0.800		2.783	
p值	0.024		0.495		0.041	

資料來源：筆者根據調研數據分析整理

針對這樣的情況，我們進一步分析隱性知識每個維度上的不同工作年限被試的均值圖。以分析被試的不同工作年限對於隱性知識的影響。

圖6-7、圖6-8、圖6-9分別為隱性知識三個維度理論隱性知識、整合隱性知識和實踐隱性知識在不同工作年限階段上的均值走向。從均值的形狀可以看到，所有維度的隱性知識在工作年限較短和較長的被試中，都比我們調查的工作3~5年（含5年）的被試均值要高。工作5~18年（含18年）的被試，其依賴環境的整合理論知識和依賴操作的實踐隱性知識均值都比較高，理論隱性知識均值較低。

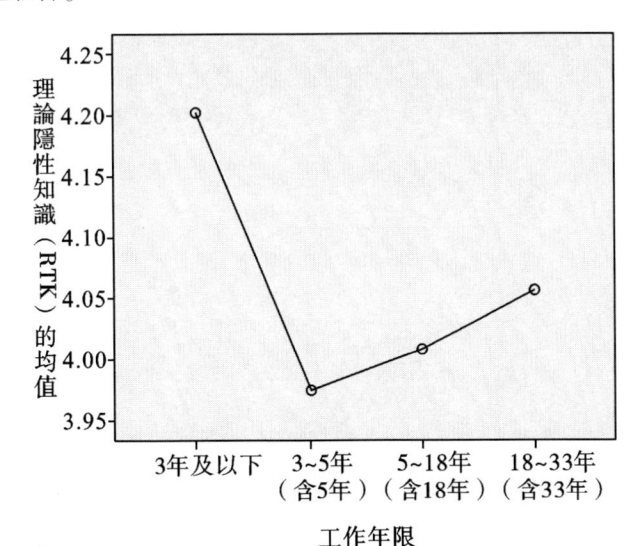

圖6-7 不同工作年限被試的理論隱性知識均值圖

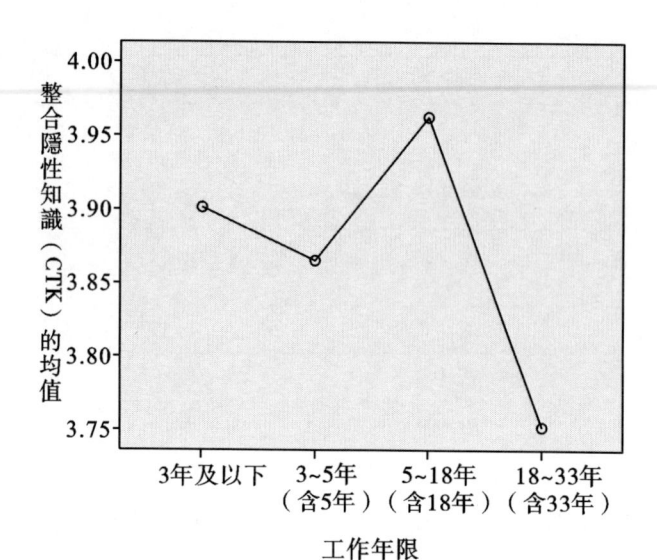

圖 6-8　不同工作年限被試的整合隱性知識均值圖

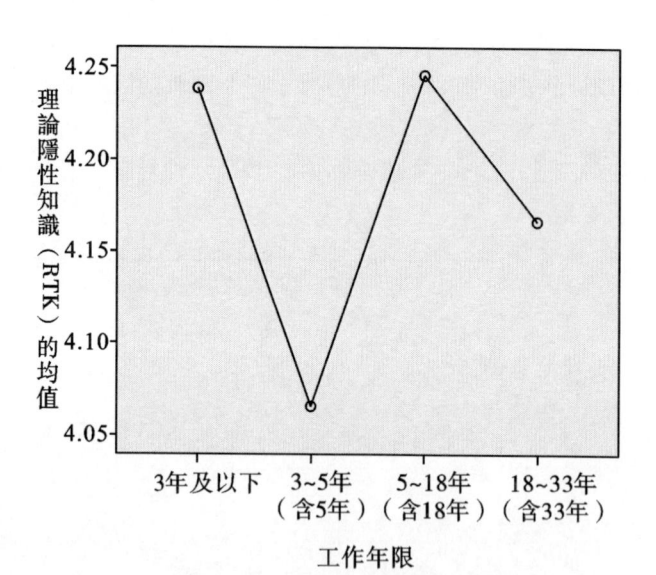

圖 6-9　不同工作年限被試的實踐隱性知識均值圖

6.1.3.2　不同工作年限被試的關係績效方差分析

本研究中，被試的工作年限分為 5 個階段：3 年及以下、3~5 年（含 5 年）、5~18 年（含 18 年）、18-33 年（含 33 年）以及 33 年以上。我們的控制變量為關係績效，其中有三個水平（維度），即組織公民績效、人際關係公民

績效和工作責任感。我們將不同工作年限的被試進行人口統計學基本分析，也使用方差分析的方法。

同樣，對不同工作年限的被試進行關於控制變量關係績效的方差齊性檢驗，以分析該數據是否做方差分析。在本部分內容中，我們所要做的方差齊性檢驗原假設為在關係績效的三個不同維度下，不同工作年限的被試的總體方差無顯著差異。不同工作年限被試的關係績效的方差齊性檢驗的結果如表6-10所示。

表6-10　不同工作年限被試的關係績效的方差齊性檢驗

維度	Levene 統計量	df1	df2	顯著性
組織公民績效	1.029	3	259	0.380
人際關係公民績效	1.964	3	259	0.120
工作責任感	2.356	3	259	0.072

資料來源：筆者根據調研數據分析整理

可以看到，不同工作年限的被試在關係績效的三個維度組織公民績效、人際關係公民績效和工作責任感上的 Levene 統計量分別為 1.029、1.964 和 2.356，其顯著性 p 值分別為 0.380、0.120 和 0.072。在顯著性水平 $\alpha=0.05$ 的水平下，p 值都大於顯著性水平 α，因此不能拒絕原假設，即認為在關係績效的三個不同維度下，不同工作年限的被試的總體方差無顯著差異。這樣的方差齊性檢驗結果表明適合繼續做方差分析。

在這裡，我們方差分析的原假設為控制變量關係績效不同水平下觀測變量各總體的均值無顯著差異。通過 SPSS 軟件處理，我們得到的關係績效三個維度組織公民績效、人際關係公民績效和工作責任感上的 F 統計量分別為 10.276、10.503 和 3.608，其顯著性 p 值分別為 0.000、0.000 和 0.014。在顯著性水平 $\alpha=0.05$ 的水平下，p 值都小於顯著性水平 α，因此拒絕原假設，即認為在關係績效的三個不同維度下，不同工作年限的被試存在顯著差異（見表6-11）。

表6-11　不同工作年限被試的關係績效的方差分析（$N=263$）

工作年限	組織公民績效 均值	組織公民績效 標準差	人際關係公民績效 均值	人際關係公民績效 標準差	工作責任感 均值	工作責任感 標準差
3年以下	4.219,4	0.542,36	3.924,5	0.603,44	3.767,9	0.780,93

表6-11(續)

工作年限	組織公民績效 均值	組織公民績效 標準差	人際關係公民績效 均值	人際關係公民績效 標準差	工作責任感 均值	工作責任感 標準差
3~5年（含5年）	4.002,9	0.628,37	3.769,8	0.637,29	3.566,9	0.731,06
5~18年（含18年）	4.134,6	0.541,11	3.984,6	0.666,09	3.774,0	0.759,35
18~33年（含33年）	4.685,2	0.468,18	4.525,9	0.444,27	4.083,3	0.518,87
總數	4.179,7	0.594,42	3.947,5	0.646,41	3.735,7	0.748,75
F統計量	10.276		10.503		3.608	
p值	0.000		0.000		0.014	

資料來源：筆者根據調研數據分析整理

　　圖6-10、圖6-11、圖6-12分別為關係績效三個維度組織公民績效、人際關係公民績效和工作責任感在不同工作年限上的均值走向。從均值的形狀可以看到，在三個維度上，不同工作年限的走向大致相同。在工作3~5年（含5年）這個階段達到最低拐點，然后隨著工作年限的增長，三個維度的關係績效均值都有較大的增長趨勢。

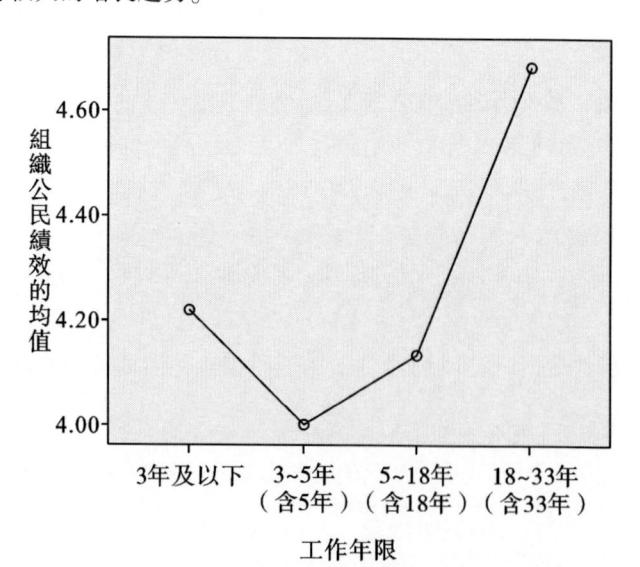

圖6-10　不同工作年限被試的組織公民績效均值圖

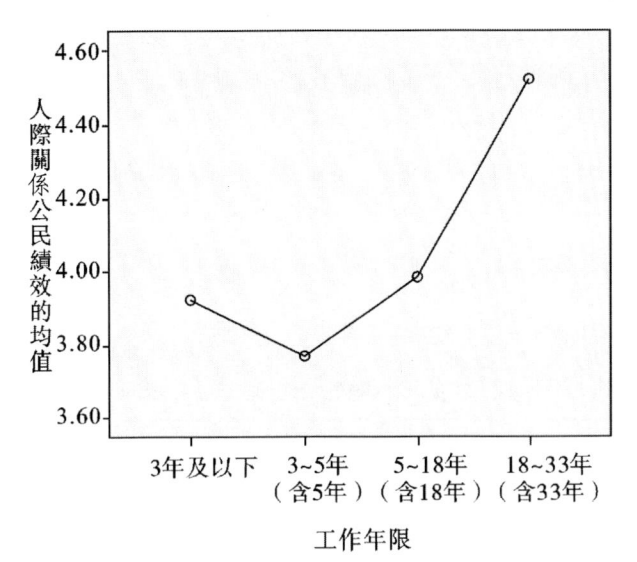

圖 6-11　不同工作年限被試的人際關係公民績效均值圖

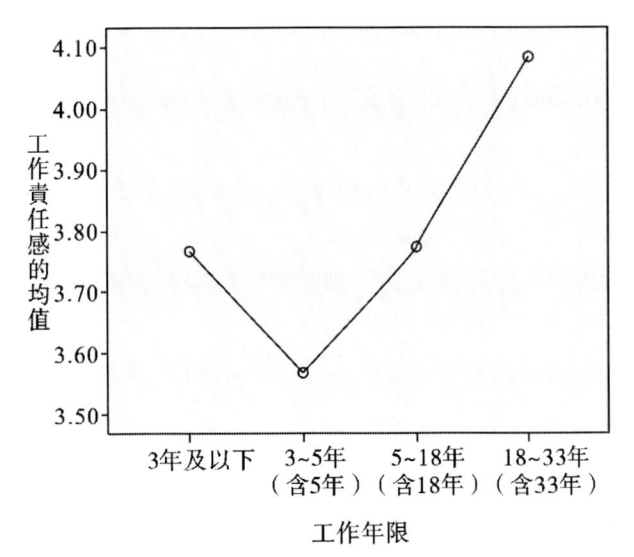

圖 6-12　不同工作年限被試的工作責任感均值圖

6.1.4　不同月收入被試的比較

6.1.4.1　不同月收入被試的隱性知識方差分析

本研究中，被試的平均月收入分為 5 個階段：1,200 元及以下、1,201～3,500

6　實證分析結果 | 183

元、3,501~5,000元、5,001~10,400元以及10,400元以上。我們將不同平均月收入被試進行人口統計學基本分析，也使用方差分析的方法。平均月收入等級的制定標準時參照現階段個人月收入的工資薪金個人所得稅稅率表制定。在免徵額為3,500元的基礎上，按照不同稅率進行疊加。

我們先對不同工作年限的被試進行關於控制變量隱性知識的方差齊性檢驗，以分析該數據是否做方差分析。方差齊性檢驗原假設為在隱性知識的三個不同維度下，不同平均月收入的被試的總體方差無顯著差異。不同平均月收入的隱性知識的方差齊性檢驗的結果如表6-12所示。

表6-12　　不同平均月收入被試的隱性知識的方差齊性檢驗

維度	Levene 統計量	df1	df2	顯著性
理論隱性知識	0.895	4	258	0.467
整合隱性知識	1.737	4	258	0.142
實踐隱性知識	4.037	4	258	0.003

資料來源：筆者根據調研數據分析整理

可以看到，不同平均月收入的被試在隱性知識的三個維度理論隱性知識、整合隱性知識和實踐隱性知識上的 Levene 統計量分別為 0.895、1.737 和 4.037，其顯著性 p 值分別為 0.467、0.142 和 0.003。在顯著性水平 $\alpha = 0.05$ 的水平下，理論隱性知識和整合隱性知識的 p 值都大於顯著性水平 α；而實踐隱性知識的顯著性 p 值為 0.009，小於顯著性水平 $\alpha = 0.05$。分析結果顯示，不同工作年限被試的理論隱性知識和整合隱性知識的總體方差無顯著差異，實踐隱性知識的總體方差有顯著差異。

在不同平均月收入的被試的隱性知識方差分析表中，我們看到，我們得到的隱性知識三個維度理論隱性知識、整合隱性知識和實踐隱性知識上的 F 統計量分別為 3.828、1.346 和 3.006，其顯著性 p 值分別為 0.005、0.253 和 0.019。在顯著性水平 $\alpha = 0.05$ 的水平下，理論隱性知識和實踐隱性知識的 p 值都小於顯著性水平 α；而整合隱性知識的顯著性 p 值為 0.253，大於顯著性水平 $\alpha = 0.05$。因此，方差分析結果顯示，不同平均月收入的被試在理論隱性知識和實踐隱性知識上有差異，在整合隱性知識上無差異（見表6-13）。

表 6-13　不同平均月收入被試的隱性知識的方差分析（$N=263$）

平均月收入	理論隱性知識 均值	理論隱性知識 標準差	整合隱性知識 均值	整合隱性知識 標準差	實踐隱性知識 均值	實踐隱性知識 標準差
1,200 元及以下	4.308,3	0.397,64	3.800,7	0.692,58	4.368,3	0.286,86
1,201~3,500 元	3.985,7	0.560,04	3.833,6	0.556,33	4.131,4	0.494,46
3,501~5,000 元	4.190,7	0.471,93	4.005,8	0.650,41	4.122,9	0.402,61
5,001~10,400 元	4.062,5	0.560,82	3.990,0	0.539,32	4.310,9	0.403,00
10,400 元以上	3.500,0	0.000,00	3.670,0	0.000,00	3.815,0	0.799,03
總數	4.074,1	0.535,23	3.886,2	0.593,78	4.176,0	0.453,33
F 統計量	3.828		1.346		3.006	
p 值	0.005		0.253		0.019	

資料來源：筆者根據調研數據分析整理

　　針對這樣的情況，我們進一步分析隱性知識每個維度上的不同平均月收入被試的均值圖，以分析被試的不同工作年限對於隱性知識的影響。

　　圖 6-13、圖 6-14、圖 6-15 分別為隱性知識三個維度理論隱性知識、整合隱性知識和實踐隱性知識在不同平均月收入上的均值走向。從均值的形狀可以看到，平均月收入為 3,501~5,000 元、5,001~10,400 元這兩個階段的被試在隱性知識的三個維度上都有較高的均值，比較符合現實工作中對於知識累積這樣一個邏輯理解。然而我們在均值圖中看到月收入在 10,400 元的被試反而在這三個維度上的均值非常低，這可能是由於我們在調查被試選擇的數量問題或其他抽樣原因導致的誤差，也可能是測量工具設計方面的一些缺陷。

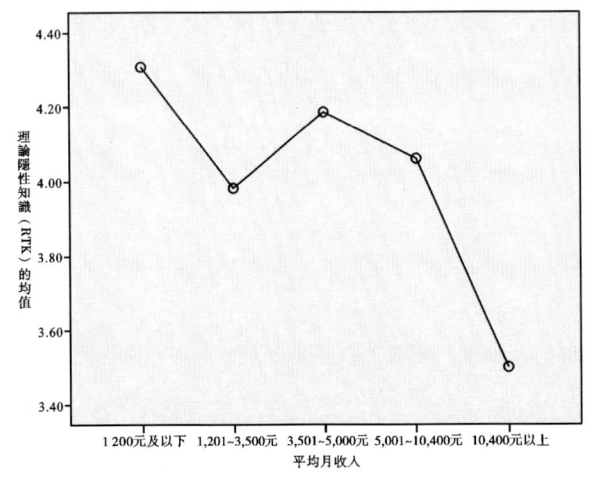

圖 6-13　不同平均月收入被試的理論隱性知識均值圖

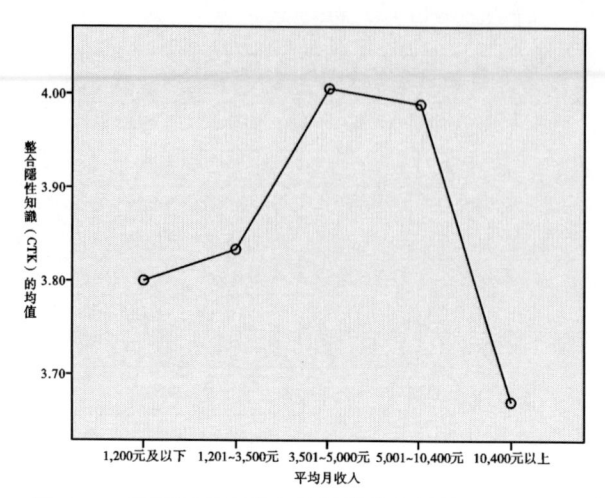

图 6-14 不同平均月收入被试的整合隐性知识均值图

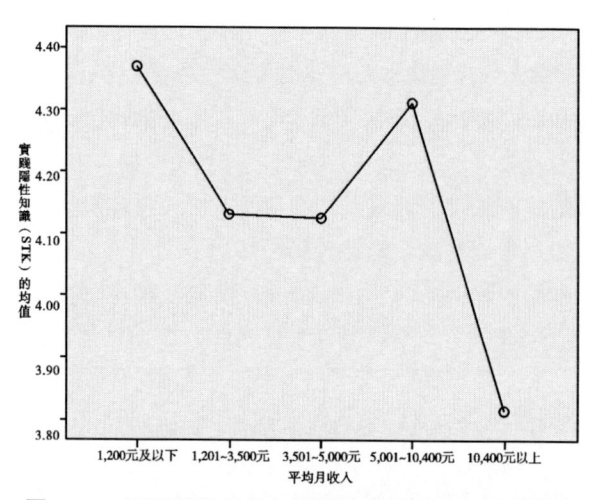

图 6-15 不同平均月收入被试的实践隐性知识均值图

6.1.4.2 不同月收入被试的关系绩效方差分析

本研究中，被试的平均月收入分为 5 个阶段：1,200 元及以下、1,201～3,500 元、3,501～5,000 元、5,001～10,400 元以及 10,400 元以上。控制变量为关系绩效，其中有三个水平（维度）组织公民绩效、人际关系公民绩效和工作责任感。

同样，对不同平均月收入的被试进行关于控制变量关系绩效的方差齐性检验，以分析该数据是否做方差分析。在本部分的内容中，我们所要做的方差齐性检验原假设为在关系绩效的三个不同维度下，不同平均月收入的被试的总体

方差無顯著差異。不同平均月收入被試的關係績效的方差齊性檢驗的結果如表 6-14 所示。

表 6-14　不同平均月收入被試的關係績效的方差齊性檢驗

維度	Levene 統計量	df1	df2	顯著性
組織公民績效	9.073	4	258	0.000
人際關係公民績效	2.400	4	258	0.051
工作責任感	2.063	4	258	0.086

資料來源：筆者根據調研數據分析整理

可以看到，不同平均月收入的被試在關係績效的三個維度組織公民績效、人際關係公民績效和工作責任感上的 Levene 統計量分別為 9.073、2.400 和 2.063，其顯著性 p 值分別為 0.000、0.051 和 0.086。在顯著性水平 $\alpha=0.05$ 的水平下，人際關係公民績效和工作責任感的 p 值都大於顯著性水平 α；組織公民績效的 p 值都小於顯著性水平 α。分析結果顯示，不同平均月收入被試的人際關係公民績效和工作責任感的總體方差無顯著差異，組織公民績效的總體方差有顯著差異。

在這裡，我們方差分析的原假設為控制變量關係績效不同水平下觀測變量各總體的均值無顯著差異。通過 SPSS 軟件處理，我們得到的關係績效三個維度組織公民績效、人際關係公民績效和工作責任感上的 F 統計量分別為 1.101、1.620 和 1.268，其顯著性 p 值分別為 0.356、0.170 和 0.283。在顯著性水平 $\alpha=0.05$ 的水平下，p 值都大於顯著性水平 α，因此不能拒絕原假設，即認為在關係績效的三個不同維度下，不同平均月收入的被試不存在顯著差異。

表 6-15　不同平均月收入被試的關係績效的方差分析（$N=263$）

平均月收入	組織公民績效 均值	組織公民績效 標準差	人際關係公民績效 均值	人際關係公民績效 標準差	工作責任感 均值	工作責任感 標準差
1,200 元及以下	4.116,7	0.276,47	3.866,7	0.407,97	3.591,7	0.810,71
1,201~3,500 元	4.244,6	0.662,77	4.035,7	0.634,85	3.741,1	0.751,74
3,501~5,000 元	4.144,1	0.619,72	3.823,7	0.782,64	3.720,3	0.787,95
5,001~10,400 元	4.031,3	0.415,19	3.893,7	0.574,70	3.921,9	0.576,55
10,400 元以上	4.000,0	0.353,55	3.500,0	0.424,26	3.000,0	0.353,55

表6-15(續)

平均月收入	組織公民績效		人際關係公民績效		工作責任感	
	均值	標準差	均值	標準差	均值	標準差
總數	4.179,7	0.594,42	3.947,5	0.646,41	3.735,7	0.748,75
F統計量	1.101		1.620		1.268	
p值	0.356		0.170		0.283	

資料來源：筆者根據調研數據分析整理

圖6-16、圖6-17、圖6-18分別為關係績效三個維度組織公民績效、人際關係公民績效和工作責任感在不同平均月收入上的均值走向。從均值的形狀可以看到，在三個維度上，不同平均月收入的走向不盡相同，在組織公民績效維度上1,201~3,500元處出現了一個波峰，在人際關係公民績效維度上1,201~3,500元和5,001~10,400元處出現了兩個波峰，在工作責任感維度上5,001~10,400元處出現了一個波峰。

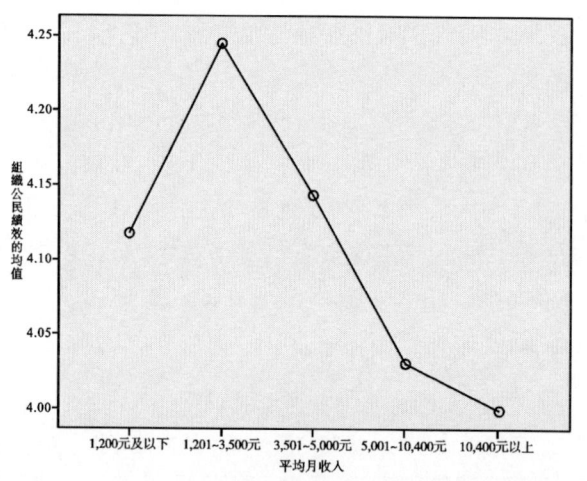

圖6-16 不同平均月收入被試的組織公民績效均值圖

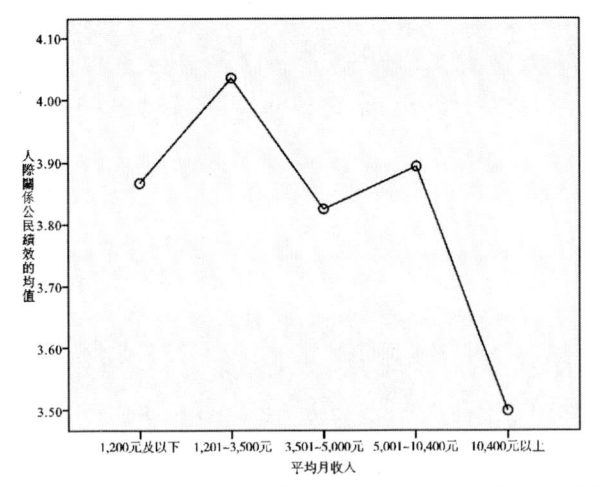

圖 6-17　不同平均月收入被試的人際關係公民績效均值圖

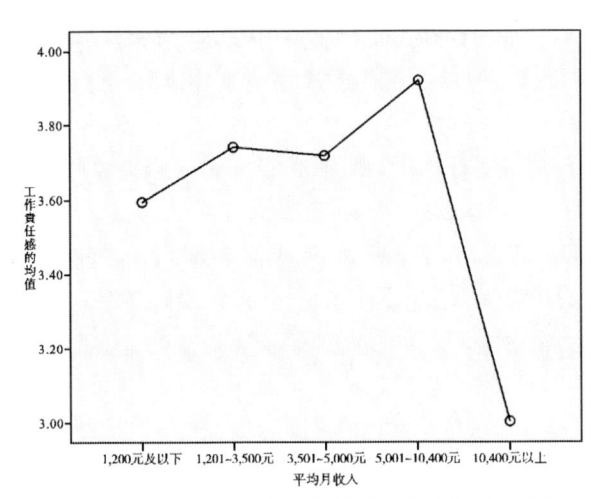

圖 6-18　不同平均月收入被試的工作責任感均值圖

6.2　信度分析

　　信度分析是在問卷調查中檢驗結果可靠性、穩定性和一致性的一種基本方法，它與調查結果的正確性沒有關係，僅僅表示測量結果是否可靠。信度分析一般是與編製量表或使用量表相聯繫的，其作用在於評估量表的編製是否穩定、可靠，量表的使用是否收集到了穩定、可靠的數據。人們在對某一些概念

进行综合评价的时候，特别是对一些边界不清晰、理解较为模糊的概念，其数据有效性可能会有较大差别。信度分析就是利用统计技术对被试所回答的某些方面或者某些问题进行得分的汇总分析，在考察特定特征的同时，通过各方面得分的加总得到评估结果。

信度是指根据测验工具所得到的结果的一致性或稳定性，反应被测特征真实程度的指标。在统计学里，信度被定义为一组测量分数的真变异数与总变异数（实得变异数）的比例。一般而言，两次或两个测验的结果越是一致，则误差越小，所得的信度越高。信度分析具有以下特性：信度是指测验所得到结果的一致性或稳定性，而非测验或量表本身；信度值是指在某一特定类型下的一致性，非泛指一般的一致性，信度系数会因不同时间、不同受试者或不同评分者而出现不同的结果。信度检验完全依赖于统计方法[1]。

信度的种类很多，量表本身的信度可以分为内在信度和再测信度两大类。信度的常用估计方法有三种：同质性信度、分半信度和重测信度。其中，同质性信度和分半信度主要考察的是试卷的内部信度，而重测信度则主要考察的是试卷的外部信度。同质性信度也称内部一致性信度，指试卷内部所有项目间的一致性，即所有试题所测为同一得分水平，因此它们之间具有高度的正相关性。评估同质性信度的常用参数是 Cronbach's α 系数。分半信度是在考试后对试题按奇数项、偶数项或其他标准分成两半，分别记分，由两半分数间的相关系数得到信度系数重测信度是指同一个试题，对同一组学生进行前后两次测验，两次测验所得分数的相关系数。重测认度反应前后两次测验结果有无变动，即测验的稳定性，又称稳定性系数[2]。

在大部分的信度分析中，研究者都使用李·科隆巴赫在 1951 年提出的 Cronbach's α 系数法来检验量表的信度。虽然也有许多研究者对 α 系数的局限提出了很多讨论（温忠麟、叶宝娟，2011）[3]，但其仍然是一个测量量表内部一致性的简单有效的信度分析方法。因此，在本研究中，我们仍然使用 Cronbach's α 系数以分析各量表的信度。

我们利用 SPSS 统计软件对研究的三个分量表隐性知识量表、关系绩效量表和任务绩效量表进行信度分析，其各自的 Cronbach's α 系数如表 6-16 所示。

---

① 张虎，田茂峰. 信度分析在调查问卷设计中的应用 [J]. 统计与决策, 2007 (21): 25-27.
② 刘阳阳. 使用 SPSS 软件进行化学试卷的信度分析 [J]. 化学教学, 2007 (6): 55-57.
③ 温忠麟，叶宝娟. 测验信度估计：从 α 系数到内部一致性信度 [J]. 心理学报, 2011, 43 (7): 821-829.

表 6-16　　　　　　　　　研究量表信度值

量表	Cronbach's α 系數	項目個數（個）
隱性知識量表	0.802	15
關係績效量表	0.903	13
任務績效量表	0.731	10

從信度信息結果看到，研究所採用的隱性知識量表、關係績效量表和任務績效量表的 Cronbach's α 系數均達到了可以接受的範圍。由於研究涉及不同的組織和團隊，樣本來源還涉及不同的地區，因此信度系數不算太高，這也是實際情況的一種重要反應。

6.3　效度分析

效度分析是在問卷調查中用來檢驗測量結果的有效性程度的一種分析方法。一種可靠的、穩定的測量不一定能測得我們所需要的內容。效度與信度的區別是：信度反應了測量中隨機誤差的大小，而效度反應了測量中系統誤差的大小。足夠的信度是效度的必要前提。因此，效度分析通常放在信度分析之後，即在可靠性得到保障時，進一步考慮數據是否有效。我們可以這樣理解，信度是對測試對象而言，回答測試結果的可靠性問題；效度是對測試所要研究的問題而言，回答測量工具是否合適，即測試結果的正確性問題[①]。

由於無法確定目標真實值，因此效度的評價較為複雜，常常需要與外部標準進行比較才能判斷。常用的效度指標有表面效度和內容效度、準則關聯效度、結構效度、聚集效度和區分效度等。表面效度是指條目書面表達的意思是否為真正要測定的內容；內容效度是指量表的各條目是否測定其希望測量的內容。準則關聯效度也稱效標效度，是以一個公認有效的量表作為標準，檢驗新量表與標準量表測定結果的相關性，以兩種量表測定得分的相關係數表示，相關係數越大表示問卷的準則關聯效度越好。結構效度又稱構想效度或特徵效度，說明量表的結構是否與製表的理論設想相符。結構效度可採用相關分析、因子分析、結構方程模型來評價。區分效度也稱判別效度或辨別效度，表示不同特質和內涵的測量結果之間不應有太大的相關性；聚集效度也稱聚合效度或

---

① 張林泉. 試卷質量的信度分析 [J]. 現代計算, 2010 (1): 56-58.

收斂效度，表示對同一特質的兩種或多種測定方法間應該有較高的相關性[①]。

常用的效度指標有內容效度和結構效度。內容效度主要通過經驗進行測量，通常考慮三方面的問題：項目是否屬於需要測量的領域、項目是否涵蓋了應測量領域的各個方面、各項目的比例是否恰當。結構效度是指問卷的實際測量結果能解釋所要研究的某一特質的程度。由於本研究的量表中關係績效和任務績效均採用成熟量表，隱性知識量表也在第一階段研究時進行過修訂和檢驗，因此內容效度不需要再進行分析。本部分著重對三份分量表的結構效度進行驗證，檢驗方法採用驗證性因子分析。

我們對三個量表進行了 KMO 和 Bartlett 球形度檢驗，檢驗結果如表 6-17 所示。

表 6-17　　　　三個量表的 KMO 和 Bartlett 的檢驗

檢驗統計量		隱性知識量表	關係績效量表	任務績效量表
KMO 統計量		0.742	0.896	0.682
Bartlett 球形度檢驗	近似卡方	866.563	1,682.735	778.360
	df	105	78	45
	Sig.	0.000	0.000	0.000

KMO 統計量的取值範圍為 0~1，越靠近 1，表示變量間相關性越強，越適合利用因子分析提取出主成分因素，即檢驗我們的理論維度是否劃分正確。從檢驗結果可以看到，隱性知識量表和關係績效量表的 KMO 值都較高，說明量表的各變量間存在相關的成分，並且 Bartlett 統計量均達顯著（Sig. <0.000），適合做驗證性因子分析。任務績效的 KMO 統計量僅為 0.682，一般認為，KMO 統計量小於 0.7 時不適合做因子分析，我們可以認為任務績效的各題項間相關性較小，即任務績效的維度是單一的。

關係績效量表的驗證性因子分析結果如表 6-18 所示。為了使因子分析結果更加明確，我們採用了最大方差法進行因子旋轉，將旋轉後的因子矩陣及公因子方差列入表中，旋轉在 6 次迭代后收斂。

[①] 蔣小花，沈卓之，張楠楠，等．問卷的信度和效度分析 [J]．現代預防醫學，2010，37 (3)：429-431．

表 6-18　關係績效量表的驗證性因子分析分析結果

項目	旋轉后的成分矩陣 1	旋轉后的成分矩陣 2	旋轉后的成分矩陣 3	公因子方差
CP1		0.778		0.622
CP2		0.735		0.709
CP3		0.774		0.674
CP4		0.570		0.543
CP5	0.591			0.651
CP6	0.763			0.673
CP7	0.565			0.504
CP8	0.817			0.768
CP9	0.595			0.591
CP10			0.640	0.607
CP12			0.449	0.593
CP12			0.809	0.743
CP13			0.847	0.765

提取方法：主成分法

旋轉法：具有 Kaiser 標準化的正交旋轉法（旋轉在 6 次迭代后收斂）

　　從表 6-18 可以看出，關係績效的維度包括三個方面：第一個因素是利於組織的組織公民績效，包含了項目 CP5~CP9，該因素包括員工遵守規章、忠誠、支持組織目標及公民品德等行為。第二個因素是利於個體的人際關係公民績效，包含了項目 CP1~CP4，該因素包括助人、合作及利他等行為。第三個因素是利於工作的工作責任感，包含了項目 CP10~CP13，該因素包括對任務的持久熱情和額外努力、承擔額外責任等行為。該效度檢驗結果符合研究的模型假設。

　　隱性知識量表的驗證性因子分析結果如表 6-19 所示。為了使因子分析結果更加明確，我們同樣也採用了最大方差法進行因子旋轉，將旋轉后的因子矩陣及公因子方差列入表中，旋轉在 10 次迭代后收斂。

表 6-19　　　　　隱性知識量表的驗證性因子分析分析結果

項目	旋轉后的成分矩陣 1	2	3	公因子方差
TK3		0.438		0.414
TK6		0.917		0.520
TK8		0.340		0.260
TK10		0.922		0.435
TK11			0.507	0.591
TK12			0.869	0.250
TK14			0.895	0.535
TK17	0.400			0.492
TK19	0.107			0.502
TK20	0.779			0.419
TK22	0.811			0.415
TK26	0.770			0.562
TK28	0.849			0.430
TK31	0.386			0.464
TK33	0.552			0.469

提取方法：主成分法

旋轉法：具有 Kaiser 標準化的正交旋轉法（旋轉在 5 次迭代后收斂）

從表 6-19 可以看出，隱性知識的維度包括三個方面：第一個因素是 CTK（Collective Tacit Knowledge，整合隱性知識），包含了項目 TK17~TK33，是符合人類社會規律的隱性知識。第二個因素是 STK（Somatic Tacit Knowledge，實踐隱性知識），包含了項目 TK3~TK10，是人體和大腦的自然屬性相關的隱性知識。第三個因素是 RTK（Relational Tacit Knowledge，理論隱性知識），包含了項目 TK11~TK14，是與社會生活偶發性相關的隱性知識。該效度檢驗結果符合研究的模型假設。

6.4　結構方程模型擬合策略

結構方程模型（SEM）是一種建立、估計和檢驗因果關係模型的方法，被稱為近年來統計學的三大進展之一。使用結構方程模型對理論模型進行擬合，有一個非常重要的環節就是模型擬合好壞的評判。在統計學上，這種評判成為模擬擬合優度檢驗。一個「科學」的模型是否優良，需要有嚴密的理論架構，

也需要有能經得起檢驗的穩定性和結構。我們對「科學」的認識和界定主要在於它是否可以多次、大量重複，並得到在可控誤差範圍內的結果。因此，結構方程模型的擬合思路就是考察在各種指標下，該模型是否能夠穩定、合理地輔助研究人員解決研究問題。任何模型和統計方法都不是唯一和完備的方法，也沒有一個唯一的判斷標準給予模型擬合以「非黑即白」的評價。對於結構方程模型，在建模和計算的過程中，分析軟件會同時計算出眾多擬合指數，以供研究者根據研究需要選擇和判斷。而模型是否優良，是需要研究者綜合各種指標，以研究理論為背景進行判斷的過程。

查閱相關文獻，我們將現階段和本研究中所使用到的結構方程模型擬合策略進行簡單地總結，以便讀者能理解後面的分析和建模過程。

到目前為止，出現了40多種適用於評價模擬擬合效果的擬合指數。馬什（Marsh）將擬合指數分為三大類：絕對指數、相對指數和簡約指數。絕對指數是基於理論模型本身，不與別的模型進行相互比較，在所有擬合指數中最多的一種指數。絕對指數衡量了所考慮的理論模型與樣本數據的擬合程度，只是基於理論模型本身，不與別的模型進行相互比較的指數。絕對指數包括卡方自由度、DK、Mc、PDF、SRMR、RMSEA、GFI、AGFI 等。相對指數是將理論模型與虛模型進行比較，觀察擬合程度的改進情況的指數。相對指數包括 NFI、NNFI、CFI 等。簡約指數是絕對指數和相對指數的派生指數。簡約指數包括 PNFI、PGFI 等。

通常，對於一個模型擬合的判斷，是綜合參考絕對指數、相對指數和簡約指數進行綜合評判的。每一種擬合指數都有一定的參考判定標準。一般來說，因為受數據形式、誤差、樣本量等影響，沒有一個唯一的評價方案。研究者對於擬合優度指數的選擇和使用有一些建議，在是否採納某一指標時可以作為參考。王長義等人認為，NNFI 和 RMSEA 可以作為結構方程模型中相對值得信賴的擬合指數，CFI、RNI 和 Mc 也有其獨特的優勢，具有一定的參考價值。另外，在用 ML 或 GLS 法進行參數估計時還應聯合使用 SRMR 指數。由於除了卡方值外，所有擬合指數都是一種描述性指標，缺乏統計推斷，故建議在研究中要報告指數卡方自由度的值（王長義，2010）[①]。

研究者建議使用的指標及其性能比較如表 6-20 所示。

[①] 王長義，王大鵬，趙曉雯，等．結構方程模型中擬合指數的運用與比較 [J]．現代預防醫學，2010，37（1）：7-9．

表 6-20　　　　　　　　研究者建議使用的指標及其性能比較

擬合指數	建議使用的第一作者	主要性能
NNFI	Marsh、Bentler、溫忠麟等	能夠懲罰複雜模型，但具有樣本波動性
RMSEA	Steiger、Hu、溫忠麟等	受樣本含量影響小，對參數較少的誤設模型敏感
CFI	Bentler、溫忠麟等	基於模型的小樣本資料標準差較小
RNI	Marsh 等	在數據模擬方面的效果比較好
Mc	Bentler、溫忠麟等	基本上不受樣本含量的影響，對誤設模型敏感
SRMR	Hu 等	對於採用 ML 和 GLS 進行參數估計的 SEM 效果比較好

資料來源：王長義，等.結構方程模型中擬合指數的運用與比較［J］.現代預防醫學，2010，37（1）：7-9.

6.5　個體層面的模型分析

個體層面的模型是我們所要研究的完整模型的一部分，即模型 A（見圖 6-19、圖 6-20），研究內容包括兩方面，即個人隱性知識對團隊隱性知識的影響、個人關係績效對「個人隱性知識對團隊隱性知識」的仲介作用。本部分的研究我們採用結構方程模型進行。結構方程模型（Structural Equation Modeling）是近幾年常用於社會科學研究的一種定量研究方法，該方法對多變量使用迴歸模型進行分析，既能夠檢驗某一組變量對其他變量的影響，也能夠檢驗模型的整體擬合程度，為驗證理論模型提供了技術支撐。對個體層面模型的研究的內容主要是考察個人隱性知識、個人關係績效以及團隊隱性知識三者的關係及影響路徑。在我們的研究假設中，我們將個人關係績效設定為個人隱性知識和團隊隱性知識的仲介作用，因此對模型 A 的分析步驟，實際上是遵循仲介效應的分析步驟進行的。

仲介變量是指某變量在特定相關關係中既有「因」又有「果」的特徵。目前對於仲介變量的檢驗有多種檢驗方法，學術界也存在不同的觀點。基於詹姆士和布雷特（James & Brett, 1984）的建議，某研究變量要充當仲介效應必須滿足以下幾個條件：第一，自變量和仲介變量二者顯著相關；第二，自變量和因變量二者顯著相關；第三，當自變量、仲介變量和因變量組成某一特定相關關係時，自變量與因變量的相關關係將會減弱或消失，作用減弱稱為部分仲

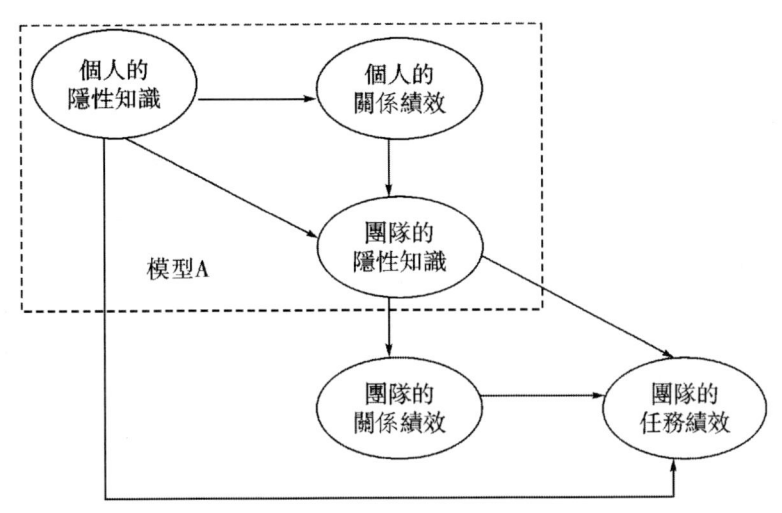

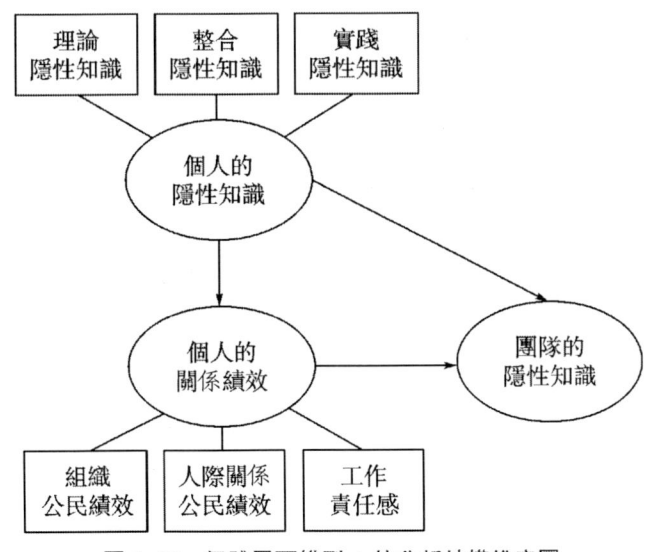

图 6-19 个体层面模型与完整模型的关系图

图 6-20 个体层面模型 A 的分析结构维度图

介效应,作用消失称为完全仲介效应。

仲介效应的分析步骤主要包括:第一,检验自变量对因变量的隐性以及该模型的整体拟合情况;第二,考虑加入仲介变量后,各条路径的回归系数以及仲介模型的整体拟合情况。

在一般研究中,微观变量通常是可直接测得的,如本部分中的个人隐性知

識、個人關係績效，可以通過自陳式量表從個體直接獲得數據。宏觀變量反應了群體的特殊性，其既可以通過直接的調查數據獲得，也可以通過處理微觀變量得到。本研究中的宏觀變量，如團隊隱性知識是通過處理微觀變量個人隱性知識得到的。其原因在於：第一，該宏觀變量由於缺乏統一的、客觀的標準，不容易直接獲得。第二，微觀變量與宏觀變量既有從屬關係，又不完全重合。我們對微觀變量進行一定的線性變換，分別計算出各個維度的平均數，再按照定性的方法將其進行加權平均，獲得的宏觀變量便經過定性和定量雙重處理，被認為是可靠的。其具體變換公式如下：

$$GTK_i = \frac{1}{j} \sum_{k=p}^{p+j} 0.3RTK_p + 0.3STK_p + 0.4CTK_p$$

式中，GTK 表示團隊隱性知識，RTK、STK 和 CTK 分別表示理論隱性知識、實踐隱性知識和整合隱性知識，我們分別將權重 0.3、0.3、0.4 賦予它們。i 表示團隊類別，j 表示每個團隊的樣本量，p 表示每組第一個樣本的起始角標。

在這樣的變換后，我們將每組的觀察值對應每組的團隊隱性知識，對其進行結構方程分析，使用極大似然法（Maximum Likelihood）估計。

6.5.1 個人隱性知識與團隊隱性知識的分析

個體層面的分析首先要從個人隱性知識和團隊隱性知識兩者的結構關係分析開始。我們在結構方程分析軟件 AMOS 中建立如圖 6-2 所示結構模型。該模型表示我們所需要驗證的內容有兩個方面：第一，個人隱性知識與其自身維度 RTK、CTK、STK 三者之間的關係與權重；第二，個人隱性知識對團隊隱性知識的影響。該模型的迴歸系數和模型擬合檢驗如表 6-21 和表 6-22 所示。

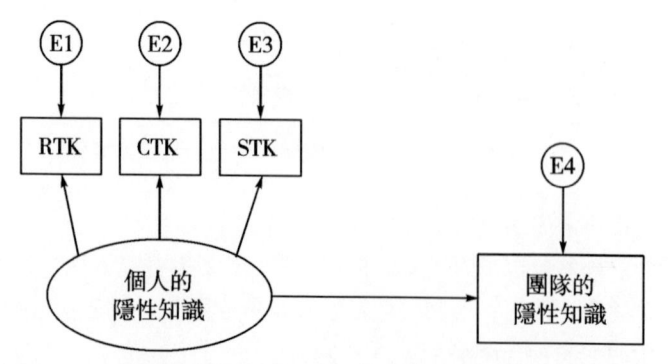

圖 6-21 個體層面的個人隱性知識對團隊隱性知識結構方程模型

表 6-21　個體隱性知識和個體關係績效的迴歸係數

變量間關係	迴歸係數	標準化迴歸係數	p 值
個人隱性知識→RTK	1.000	0.350	—
個人隱性知識→CTK	1.406	0.581	＊＊＊
個人隱性知識→STK	2.079	0.656	＊＊＊
個人隱性知識→團隊隱性知識	0.693	0.644	＊＊＊

註：＊＊＊表示 p 值<0.001

表 6-22　個體隱性知識和個體關係績效的模型擬合結果及判斷標準

適配指標		模型優良的判斷標準	擬合結果
絕對適配統計量	χ^2	p<0.05	p=0.180
	NC	1<NC<3，模型有簡約適配度；NC>5，模型需要修正	1.716
	GFI	GFI>0.90	0.994
	AGFI	AGFI>0.90	0.968
	RMSEA	RMSEA<0.05 適配良好；RMSEA<0.08 適配合理	0.052
增值適配度統計量	CFI	CFI>0.90	0.989
	NFI	NFI>0.90	0.992
簡約適配統計量	AIC	越小越好，越接近 0，表示模型契合度高且簡約	19.433
	BIC	越小越好，越接近 0，表示模型契合度高且簡約	28.010

從迴歸係數估計值和檢驗 p 值看出，個人隱性知識的三個維度的標準化迴歸係數分別為 0.350、0.581 和 0.656，個人隱性知識與團隊隱性知識的迴歸係數為 0.644，除因模型設定需求固定了「個人隱性知識→RTK」的非標準化迴歸值（非標準化迴歸係數為 1.000），與 CTK、STK 和團隊隱性知識的迴歸係數 p 值均統計顯著。個人隱性知識與團隊隱性知識的迴歸方程為：

$Y=0.644X+e_1$，X 為個人隱性知識

式中，Y 為團隊隱性知識，e_1 為隨機誤差。

模型擬合結果檢驗通常考察三部分統計量：絕對適配統計量、增值適配度統計量和簡約適配統計量。一般情況下，我們通過降擬合結果與一些經驗標準對比確定模型擬合的優良優度。在該模型中，增值適配度統計量和簡約適配統

計量均支持模型的假設，絕對適配統計量中 GFI、AGFI 和 χ^2 自由度檢驗的 NC 值都顯示模型擬合優良，但 χ^2 檢驗的 p 值未達到經驗水平。眾多統計分析顯示，χ^2 值是一個對樣本量極為敏感的度量，樣本量太大或太小都會使之過度反應[①]。

研究假設一得到證實，即個人隱性知識對團隊隱性知識呈顯著正向影響。

6.5.2 個人隱性知識、個人關係績效和團隊隱性知識的分析

仲介效應檢驗的第二步是加入理論模型中的仲介變量——個人關係績效。在結構方程分析軟件 AMOS 中我們建立如圖 6-22 所示三者模型。個人關係績效的三個維度分別是 CPI（人際關係公民績效）、CPO（組織公民績效）、CPJ（工作責任感）。該仲介模型的迴歸係數和模型擬合檢驗如表 6-23 和表 6-24 所示。

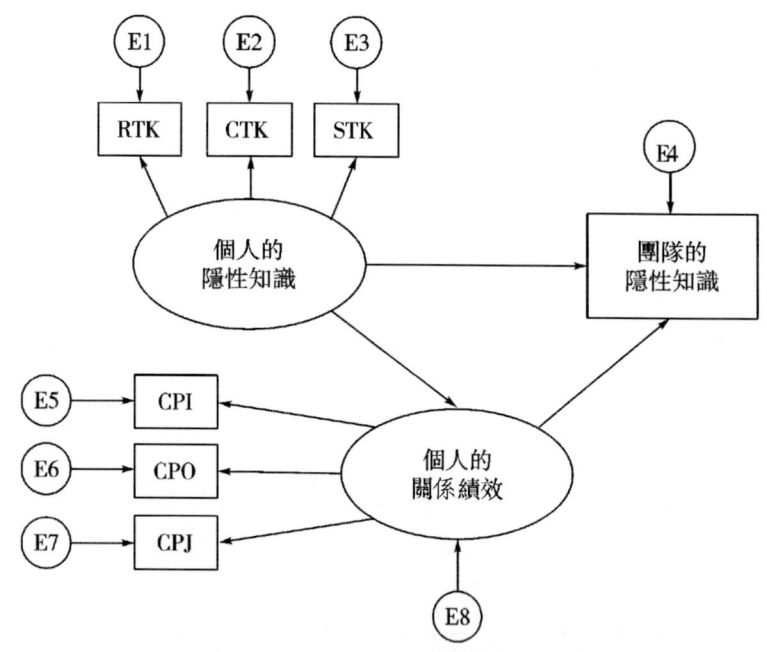

圖 6-22　個體層面的仲介效應結構方程模型

---

① 吳明隆. 結構方程模型——AMOS 的操作與應用 [M]. 重慶：重慶大學出版社，2009.

表 6-23　　　　　　　個體層面仲介效應的迴歸系數

變量間關係	迴歸系數	標準化迴歸系數	p 值
個人隱性知識→個人關係績效	0.864	0.426	＊＊＊
個人隱性知識→RTK	1.000	0.380	—
個人隱性知識→CTK	1.458	0.655	＊＊＊
個人隱性知識→STK	1.663	0.570	＊＊＊
個人隱性知識→團隊隱性知識	1.414	0.705	＊＊＊
個人關係績效→CPI	1.000	0.696	—
個人關係績效→CPO	1.398	0.888	＊＊＊
個人關係績效→CPJ	1.388	0.781	＊＊＊
個人關係績效→團隊隱性知識	−0.090	−0.185	0.026

註：＊＊＊表示 p 值<0.001

表 6-24　　　個體層面仲介效應的模型擬合結果及判別標準

適配指標		模型優良的判斷標準	擬合結果
絕對適配統計量	χ^2	p<0.05	p=0.000
	NC	1<NC<3，模型有簡約適配度；NC>5，模型需要修正	4.304
	GFI	GFI>0.90	0.948
	AGFI	AGFI>0.90	0.878
	RMSEA	RMSEA<0.05 適配良好；RMSEA<0.08 適配合理	0.112
增值適配度統計量	CFI	CFI>0.90	0.920
	NFI	NFI>0.90	0.923
簡約適配統計量	AIC	越小越好，越接近 0，表示模型契合度高且簡約	83.648
	BIC	越小越好，越接近 0，表示模型契合度高且簡約	140.803

從迴歸系數估計值和檢驗 p 值可以看出，個人關係績效的三個維度的標準化迴歸系數分別為 0.696、0.888 和 0.781，個人隱性知識與個人關係績效的迴歸系數為 0.426，與團隊隱性知識的迴歸系數為 0.705，個人關係績效與團隊隱性知識的迴歸系數為−0.185。除因模型設定需求固定了「個人隱性知識→

RTK」和「個人關係績效→CPI」的非標準化迴歸值（非標準化迴歸系數為 1.000），所有測量模型的迴歸系數和「個人隱性知識→個人關係績效」「個人隱性知識→團隊隱性知識」的 p 值均統計顯著。

個人層面的仲介模型的迴歸方程為：

$Y = 0.705X - 0.185M + e_2$

式中，Y 為個人隱性知識，X 為團隊隱性知識，M 為個人關係績效，e_2 為隨機誤差。

模型的擬合結果顯示，除 AGFI 略超出適配合理的範圍外，其餘統計量均支持模型擬合良好的檢驗。

研究假設二「個人關係績效對個人隱性知識對團隊隱性知識起仲介作用」沒有得到證實。

6.6 團隊層面的模型分析

在分析了個人層面的關係後，我們考慮加入到團隊層面的分析。團隊層面的模型與完整模型的關係如圖 6-23 所示。其研究內容包括兩方面：團隊隱性知識對任務績效的影響、探討團隊關係績效對團隊隱性知識對團隊任務績效的仲介作用。本部分的研究我們仍然採用結構方程模型進行驗證。

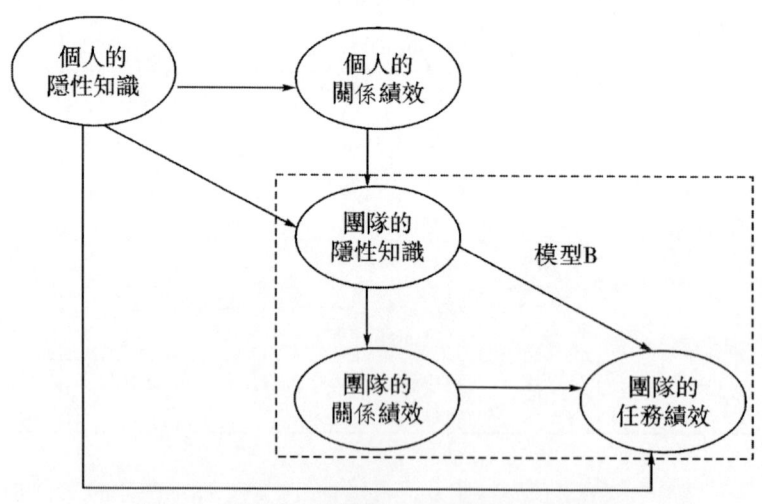

圖 6-23　團隊層面模型 B 與完整模型的關係圖

6.6.1 團隊隱性知識與任務績效的分析

我們按照結構方程仲介效應的檢驗步驟，第一步檢驗團隊隱性知識與任務績效的路徑關係。我們在結構方程分析軟件 AMOS 中建立如圖 6-24 所示的路徑模型。模型擬合程度檢驗、迴歸檢驗結果和模型的迭代情況如表 6-25、表 6-26 所示。

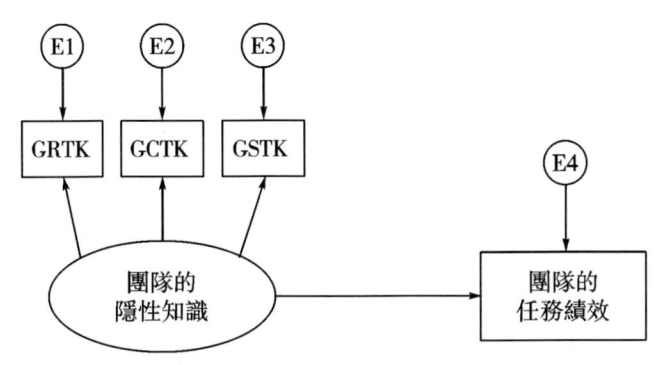

圖 6-24　團隊層面的團隊隱性知識與任務績效結構方程模型

表 6-25　　　　　　團隊層面的模型擬合結果及判別標準

適配指標		模型優良的判斷標準	擬合結果
絕對適配統計量	χ^2	p<0.05	p=0.268
	NC	1<NC<3，模型有簡約適配度；NC>5，模型需要修正	1.137
	CFI	CFI>0.90	0.959
	AGFI	AGFI>0.90	0.797
	RMSEA	RMSEA<0.05 適配良好；RMSEA<0.08 適配合理	0.103
增值適配度統計量	CFI	CFI>0.90	0.946
	NFI	NFI>0.90	0.982
簡約適配統計量	AIC	越小越好，越接近 0，表示模型契合度高且簡約	18.63
	BIC	越小越好，越接近 0，表示模型契合度高且簡約	30.105

表 6-26　　團隊層面的隱性知識和任務績效的迴歸係數

變量間關係	迴歸係數	標準化迴歸係數	p 值
團隊隱性知識→GRTK	1.000	0.040	—
團隊隱性知識→GCTK	15.347	0.612	0.854
團隊隱性知識→GSTK	15.909	0.598	0.854
團隊隱性知識→任務績效	15.461	0.751	0.854

同理，由模型 A 的分析和判別標準可知，模型 B 的第一部分從擬合優度的角度來看，除 X^2 值、AFGI 和 RMSEA 顯示較強的不顯著性外，其餘統計量均顯示模型擬合可接受。但是，表 6-26 的檢驗結果卻顯示，團隊隱性知識與 GCTK、GSTK 和任務績效的迴歸係數的 p 值均為 0.854。其統計學意義為有 85.4%的概率判定原假設「各迴歸係數顯著獨立」不成立，即只有 14.6%（1－0.854）的概率認為這些迴歸係數是顯著獨立的。儘管如此，我們仍可以建立一個與該研究理論假設相一致的標準化的迴歸模型：

$Y=0.751X+e_3$

式中，Y 為任務績效，X 為團隊隱性知識，e_3 為隨機誤差。我們希望通過后面的分析來解釋 p 值異常的原因。

研究假設三「團隊隱性知識對任務績效有正向影響」通過驗證。

6.6.2　團隊隱性知識、團隊關係績效和任務績效的分析

我們將團隊隱性知識和任務績效建立結構方程后，將預驗證的仲介變量——團隊關係績效也加入到團隊層面的模型中。在結構方程分析軟件 AMOS 中我們建立如圖 6-25 所示的三者模型。團隊關係績效的三個維度分別是 GCPI（人際關係公民績效）、GCPO（組織公民績效）、GCPJ（工作責任感）。該仲介模型的迴歸係數和模型擬合檢驗如表 6-27 和表 6-28 所示。

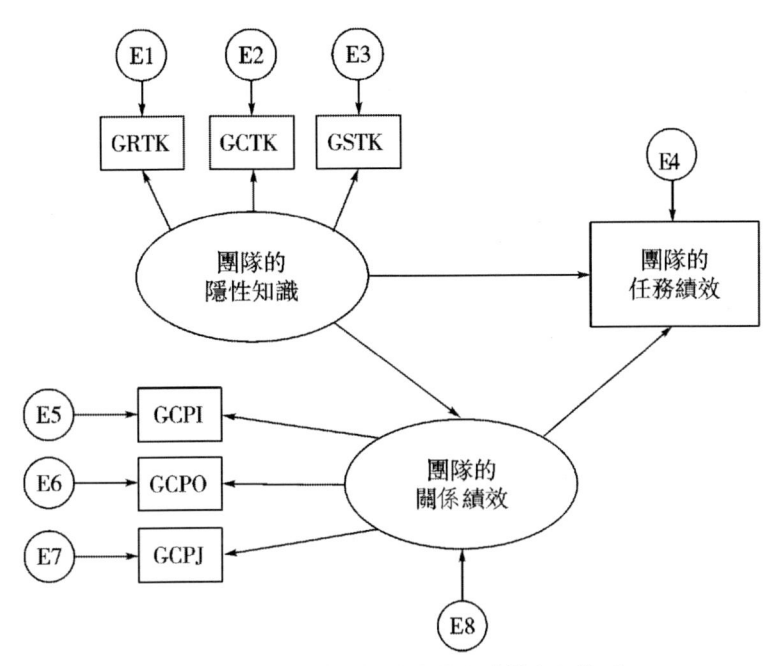

圖 6-25　團隊層面的仲介效應結構方程模型

表 6-27　　　　　　團隊層面仲介效應的迴歸係數

變量間關係	迴歸係數	標準化迴歸係數	p 值
團隊隱性知識→團隊關係績效	0.608	0.094	0.743
團隊隱性知識→GRTK	1.000	0.160	—
團隊隱性知識→GCTK	3.890	0.624	0.450
團隊隱性知識→GSTK	3.824	0.578	0.452
團隊隱性知識→任務績效	3.961	0.744	0.452
團隊關係績效→GCPI	1.000	0.886	—
團隊關係績效→GCPO	1.029	0.876	＊＊＊
團隊關係績效→GCPJ	1.092	0.890	＊＊＊
團隊關係績效→任務績效	0.090	0.422	0.019

註：＊＊＊表示 p 值<0.001

表 46　　　團隊層面仲介效應的模型擬合結果及判別標準

適配指標		模型優良的判斷標準	擬合結果
絕對適配統計量	χ^2	p<0.05	p=0.003
	NC	1<NC<3，模型有簡約適配度；NC>5，模型需要修正	2.463
	GFI	GFI>0.90	0.825
	AGFI	AGFI>0.90	0.591
	RMSEA	RMSEA<0.05 適配良好；RMSEA<0.08 適配合理	0.221
增值適配度統計量	CFI	CFI>0.90	0.811
	NFI	NFI>0.90	0.923
簡約適配統計量	AIC	越小越好，越接近 0，表示模型契合度高且簡約	61.558
	BIC	越小越好，越接近 0，表示模型契合度高且簡約	84.502

通過分析可建立三者的迴歸方程如下：

$Y=0.744X+0.422M+e_4$

式中，Y 為任務績效，X 為團隊隱性知識，M 為團隊關係績效，e_4 為隨機誤差。其現實意義為團隊隱性知識對任務績效有正向促進作用，並且團隊關係績效在兩者間起仲介作用。其數量關係為每增加 1 單位的團隊隱性知識，任務績效增加 0.744 單位；若同時增加 1 單位的團隊關係績效，任務績效增加 1.166 單位。

模型擬合指標顯示，GFI、AGFI、RMSEA 和 CFI 的值偏離擬合良好的範圍，其餘指標與經驗值對比仍是可以接受的。

研究假設四得到證實，即團隊關係績效對團隊隱性知識和任務績效起正向仲介作用。

6.7　對整體模型的進一步分析

6.7.1　對個體層面模型和團隊層面模型分析的小結

運用結構方程模型，我們已將該研究的前四個內容進行了驗證和分析。綜合個人層面和團隊層面的模型分析，我們得出以下結論：

第一，個人層面的分析結果顯示，用結構方程模型分析的結果中，擬合程度均在可以接受的合理範圍之內，但個別擬合統計量卻已對個體的數據和團隊的數據做出了較敏感的反應。

第二，加入團隊層面后，分析結果更是明確顯示出所使用的分析方法的局限，即結構方程模型在檢驗一組變量對其他變量的影響時，有其優勢，但本研究涉及個人和團隊兩個層次，實際上已屬於包含微觀變量和宏觀變量的分級結構，因此結構方程的分析結果和擬合統計量的不吻合已指出對本研究的完善還需要引入另一種更適合的分析方法——多層統計分析模型。

6.7.2 多層統計分析模型的基本理論及分析思路

多層統計分析就是為了解決分級結構數據的問題而產生的。多層統計分析通過對組內同質和組間異質的處理，能夠更合理地擬合理論模型，更有效地處理分層數據中非獨立的觀察數據，可以同時探討微觀與宏觀水平變量對結局測量的效應以及對跨層交互作用進行評估[1]。

在多層統計分析中，變量分為結局變量和解釋變量。解釋變量既包括微觀個體水平的變量，也包括宏觀組水平的變量；而結局變量通常是個體水平的測量。多層統計分析將組水平上的變量稱為「場景變量」。

多層統計分析模型的一般步驟如下：第一，通過運行空模型來評估組內同質性或組間異質性。若檢驗結果為組內同質性或組間異質性較大，則認為該模型存在分級結構，可以進行下一步分析。第二，加入水平 2 解釋變量，即組水平或宏觀水平因素的變量。第三，加入水平 1 解釋變量，即個體水平或微觀水平因素的變量。根據研究需要，還可繼續進行水平 1 隨機斜率檢驗和跨水平交互作用檢驗。該研究使用多層統計分析是為了驗證分級結構中的個人隱性知識通過團隊隱性知識對任務績效產生正向影響，因此主要運用前三個步驟。

6.7.3 對個人隱性知識、團隊隱性知識和任務績效運用多層統計分析

由於個人和團隊是一個分級結構，因此針對研究內容個人隱性知識通過團隊隱性知識對任務績效產生正向影響，我們運用多層統計分析模型進行驗證。該部分內容與整體模型的關係如圖 6-26 所示。

---

[1] 王濟川，謝海義，姜寶法. 多層統計分析模型——方法與應用 [M]. 北京：高等教育出版社，2008.

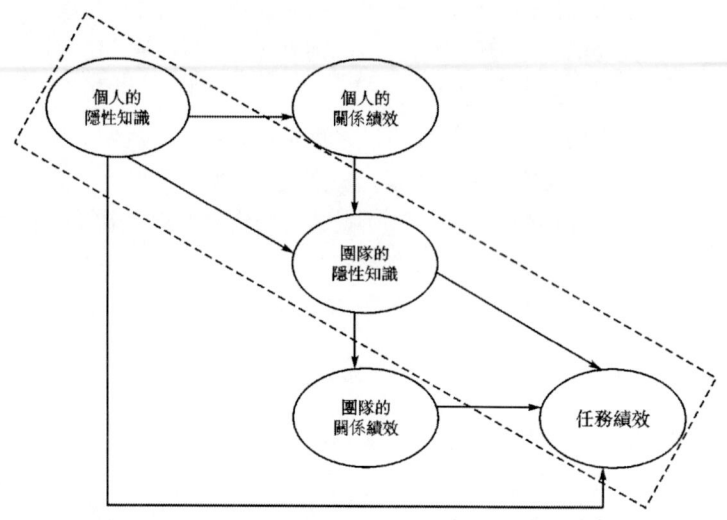

圖 6-26　個人隱性知識、團隊隱性知識和任務績效關係與完整模型的關係圖

該模型中，結局變量為任務績效（TP），個體水平的解釋變量為個人隱性知識的三個維度，即 CTK、RTK、STK，組水平的解釋變量為 TK。為了使分析能夠更合理地進行解釋，在進行分析前，我們將變量進行了中心化非標準化處理，即將變量的值從通過線性變換 $y=x-3$ 將對稱中心 $x=3$ 左移到 y 軸，即 $x=0$。

按照多層統計分析模型的分析步驟，首先考察數據空模型的運行情況。在統計軟件 SAS 9.2 中建立如下空模型：

$$\begin{cases} TP_{ij}=\beta+e_{ij} \\ \beta_{0j}=\gamma_{00}+u_{0j} \end{cases}$$

其中，TP_{ij} 是第 j 組中第 i 個樣本的任務績效，β_{0j} 和 e_{ij} 分別是第 j 組的任務績效平均數和圍繞該平均數的隨機樣本誤差；γ_{00} 是截距項，代表 TP_{ij} 的總平均值；u_{0j} 是組平均值之間的誤差。

表 6-29 中的空模型檢驗結果顯示，在沒有設定任何解釋變量時，數據的組間方差 σ_b^2 和組內方差 σ_b^2 分別為 0.564,6 和 0.113,9，由此計算出的組內相關係數（Intra-Class Correlation coefficient，ICC）$ICC=\dfrac{\sigma_b^2}{\sigma_b^2+\sigma_w^2}=33.14\%$。ICC 的取值範圍在 0 到 1 之間，越靠近 1，說明群組效應越大；反之，越沒有群組效應。空模型中組內相關係數達到了 33.14%，說明群組效應較強，應該運用多層統計分析進行微觀和宏觀層面的分析。

表 6-29　　多層統計分析三個模型的一些統計量指標對比

統計量	空模型	加入組水平的模型	加入個體水平的模型
組間方差 σ_b^2	0.056,46	0.042,50	0.037,70
組內方差 σ_w^2	0.113,9	0.098,34	0.094,88
ICC $= \dfrac{\sigma_b^2}{\sigma_b^2+\sigma_w^2}$	33.14%	30.17%	28.4%
$-2LL$	228.1	186.4	182.9
AIC	232.1	193.4	186.9
BIC	235	196.3	189.8

在驗證了該數據的確存在群組效應后，我們依次加入組水平和個體水平的變量，分別考察模型的組內相關係數和模型擬合指標（$-2LL$、AIC、BIC）。加入組水平的模型為：

$$\begin{cases} TP_{ij}=\beta_{0j}+e_{ij} \\ \beta_{0j}=\gamma_{00}+\gamma_{01}TK_j+u_{0j} \end{cases}$$

其中，TK_j 是第 j 組的團隊的隱性知識，即組水平變量。

加入個體水平和組水平的模型為：

$$\begin{cases} TP_{ij}=\beta_{0j}+\beta_1 CTK+\beta_2 RTK+\beta_3 STK+e_{ij} \\ \beta_{0j}=\gamma_{00}+\gamma_{01}TK_j+u_{0j} \end{cases}$$

其中，CTK、RTK 和 STK 分別是個體隱性知識的三個測量變量，β_1、β_2 和 β_3 分別是這三個變量的固定斜率。

表 6-29 的指標對此可以從兩方面來分析：第一，前三項為組內相關指標。從空模型到加入組水平的模型、加入個體水平的模型可以看出，組內相關係數從 33.14% 減少到 30.17%，再到 28.4%，說明該數據的確有分級結構。第二，后三項為模型擬合指標。$-2LL$ 是 -2 倍的對數似然值（Log Likelihood），AIC 是赤池信息準則，BIC 是貝葉斯信息準則，該三項準則的擬合優度標準都是越小越好。通過對比我們發現，隨著組水平、個體水平的加入，數據對模型的擬合越來越優良。

表 6-30 給出了空模型、加入組水平的模型和加入個體水平的模型的各項參數估計值及其檢驗。

表 6-30　　　　　　　　三個模型的參數估計及其顯著性檢驗

模型	迭代次數（次）	參數估計值	T 檢驗	p 值
空模型	3	$\gamma_{00}=1.048,3$	21.87	<0.000,1
加入組水平的模型	3	$\gamma_{00}=0.630,5$	8.47	<0.000,1
		$v=0.390,0$	6.80	<0.000,1
加入個體水平的模型	4	$\gamma_{00}=0.570,8$	7.63	<0.000,1
		$\gamma_{01}=0.174,0$	1.30	0.195,8
		$\beta_1=0.269,3$	3.14	0.001,9
		$\beta_2=-0.265,8$	-0.39	0.694,1
		$\beta_3=0$	—	—

三個模型的迭代次數都很小，說明模型的擬合較合理。從參數估計值及其變化來看，空模型中的 $\gamma_{00}=1.048,3$ 代表 TP_{ij} 的總平均值，即：

$$TP_{ij}=1.048,3+u_{0j}+e_{ij}$$

在加入組水平后，由於受到了組群的影響，γ_{00} 減少到 0.630,5，此時的模型為：

$$TP_{ij}=0.630,5+0.390,0TK_j+u_{0j}+e_{ij}$$

這表示在團隊隱性知識高（$TK=2$）時，任務績效可以達到 1.410,5 左右；團隊隱性知識中等（$TK=0$）時，任務績效僅為 0.630,5 左右。加入個體水平后，模型為：

$$TP_{ij}=0.570,8+0.174,0TK_j+0.269,3CTK-0.265,8RTK+u_{0j}+e_{ij}$$

該模型表示在同時考慮個體水平和組水平時，個人隱性知識對任務績效產生正向影響，影響率粗略估計約為 $\sum_{i=1}^{3}\beta_i/4=6.07\%$；團隊隱性知識也對任務績效產生正向影響，影響率粗略估計為 $0.174,0/4=4.35\%$。團隊隱性知識的總影響貢獻率為 $\dfrac{4.35\%}{4.35\%+6.07\%}=41.7\%$，因此可以認為個人隱性知識通過團隊隱性知識對任務績效產生正向影響，研究內容得到驗證。

7　研究結論及建議

7.1　本研究的主要結論

通過本研究 4 部分、5 部分和 6 部分的實證研究分析和驗證，可以看出，本研究所提出的理論假設中只有一個研究假設沒有得到驗證，其餘假設都被驗證成立。研究假設一「個人隱性知識對團隊隱性知識有正向影響」和研究假設二「個人關係績效對個人隱性知識對團隊隱性知識起仲介作用」、研究假設三「團隊隱性知識對團隊任務績效有正向影響」和研究假設四「團隊關係績效對團隊隱性知識對任務績效起仲介作用」分別是個體層面和團隊層面的視角，使用結構方程模型的研究思路，構造了測量模型和結構模型進行數據分析和驗證；研究假設五「個人隱性知識通過團隊隱性知識對任務績效產生正向影響」因為涉及跨水平研究，即包括個體層面和團隊層面的因素，因此採用的是多層統計分析模型的思路，構建包含團隊水平的變量來分析其加入是否對個體層面產生影響。

具體的研究假設及實證分析研究結論成立情況如表 7-1 所示。

表 7-1　　　　　　　　研究假設及研究結論匯總

研究假設	研究結論
個人隱性知識對團隊隱性知識有正向影響	成立
個人關係績效對個人隱性知識對團隊隱性知識起仲介作用	不成立
團隊隱性知識對團隊任務績效有正向影響	成立
團隊關係績效對團隊隱性知識對任務績效起仲介作用	成立
個人隱性知識通過團隊隱性知識對任務績效產生正向影響	成立

資料來源：筆者根據研究過程整理

7.1.1　人口統計學變量與隱性知識、關係績效

在進行隱性知識、關係績效和任務績效的理論研究假設分析之前，我們對被試的人口統計學變量分別於隱性知識和關係績效進行了分析與檢驗，其目的是考察所調研的樣本是否具有合理性、代表性，以保證研究得以順利進行並且使研究結果具有外部效度。

7.1.1.1　不同性別的被試

在考察不同性別被試對隱性知識和關係績效在各個維度上的平均數差異時，我們使用兩獨立樣本 T 檢驗的方法。該方法是將性別為「男」和「女」的兩部分群體分別看成兩獨立樣本，使用均值比較，給定顯著性水平，來判定在多大程度上，我們可以認為這兩個樣本是有差異或者無差異的。

在給定顯著性水平 $\alpha=0.05$ 的前提下，不同性別的被試在隱性知識的三個維度，即整合隱性知識（CTK）、實踐隱性知識（STK）和理論隱性知識（RTK）上的概率 p 值分別為 0.768、0.057 和 0.004，因而得到不同性別的被試中，理論隱性知識有差異，整合隱性知識、實踐隱性知識無差異的結論。在給定顯著性水平 $\alpha=0.05$ 的前提下，不同性別的被試在關係績效的三個維度，即組織公民績效、人際關係公民績效和工作責任感 T 檢驗的概率 p 值分別為 0.110、0.658 和 0.726，因而得到不同性別的被試在關係績效三個維度上沒有顯著差異的結論。

在考察不同年齡階段、不同工作年限和不同平均月收入三個人口統計學變量與隱性知識和關係績效的時候，每個控制變量都有 5 個水平，因此我們採用單因素方差分析（ANOVA）的方法來檢驗在這幾個水平上，隱性知識和關係績效各自的三個維度是否存在差異。在該部分分析時，我們計算了均值、標準差、總量、F 統計量以及其概率 p 值。

7.1.1.2　不同年齡階段的被試

本研究中，被試年齡分為 5 個階段：22 歲及以下、22~27 歲（含 27 歲）、27~45 歲（含 45 歲）、45~60 歲（含 60 歲）以及 60 歲以上。劃分的依據是考慮到大學本科教育的普及，按入學年齡為 6 歲開始，接受 16 年教育後畢業時年齡大約為 22 歲；若受碩士研究生教育的，畢業工作時年齡在 25~27 歲。在我們調查的過程中，退休年齡最遲還是 60 歲（人力資源和社會保障部正在擬定並徵求意見關於延遲退休的文件），考慮到按法定退休年齡退休後，某些專業技術崗位的人員還可能會留任崗位工作，於是我們在設計問卷人口統計學變量的時候，加入了「60 歲以上」選項，但在實際調研過程中沒有遇到這樣的

被試。不同年齡階段的隱性知識方差分析結果是，其三個維度，即理論隱性知識、整合隱性知識和實踐隱性知識上的 F 統計量的概率 p 值分別為 0.061、0.893 和 0.065。在顯著性水平 $\alpha=0.05$ 的水平下，p 值都大於顯著性水平 α，因此我們得到在隱性知識的三個不同維度下，不同年齡的被試無顯著差異的結論。更具體地從均值圖看，在 22~27 歲（含 27 歲）階段的被試，其理論隱性知識和實踐隱性知識均值處於最低拐點，然后在年齡在 27~45 歲（含 45 歲）階段達到一個較高的水平之后，又下降。然而整合隱性知識卻是隨著年齡的增加呈現上升的趨勢。從我們對這三個維度的定義發現，整合隱性知識是指一旦離開集體或社會，人們的環境敏感性和個人能力便會減弱的知識，是隱性知識的環境維度。因此，不難理解，隱性知識隨著年齡逐漸累積的部分主要是隱性知識的環境維度方面，這也符合現實情況。

在不同年齡段的被試關係績效方差分析結果是，其三個維度組織公民績效、人際關係公民績效和工作責任感上的 F 統計量的概率 p 值分別為 0.000、0.000 和 0.007。在顯著性水平 $\alpha=0.05$ 的水平下，p 值都小於顯著性水平 α，我們得到在關係績效的三個不同維度下，不同年齡的被試存在顯著差異的結論。更進一步，通過均值圖可以反應出，在 22~27 歲（含 27 歲）階段的被試，其三個維度組織公民績效、人際關係公民績效和工作責任感均值處都於最低拐點，然后年齡在 27~45（含 45 歲）階段達到一個較高的水平之后，人際關係公民績效和工作責任感有所保持，而組織公民績效又呈現出較大的下降趨勢。

7.1.1.3 不同工作年限的被試

本研究中，被試的工作年限分為 5 個階段：3 年及以下、3~5 年（含 5 年）、5~18 年（含 18 年）、18~33 年（含 33 年）以及 33 年以上。我們將不同工作年限的被試進行人口統計學基本分析，也使用方差分析的方法。在不同工作年限的被試的隱性知識方差分析表中，我們看到，我們得到的隱性知識三個維度理論隱性知識、整合隱性知識和實踐隱性知識上的 F 統計量的 p 值分別為 0.024、0.495 和 0.041。在顯著性水平 $\alpha=0.05$ 的水平下，理論隱性知識和實踐隱性知識的 p 值都小於顯著性水平 α；而整合隱性知識的顯著性 p 值為 0.495，大於顯著性水平 $\alpha=0.05$。因此，方差分析結果顯示，不同工作年限的被試在理論隱性知識和實踐隱性知識上有差異，在整合隱性知識上無差異。更進一步，從均值圖的對比可以看到，所有維度的隱性知識在工作年限較短和較長的被試中，都比我們調查的工作 3~5 年（含 5 年）的被試均值要高。工作 5~18 年（含 18 年）的被試，其依賴環境的整合理論知識和依賴操作的實踐隱

性知識都比較高，理論隱性知識均值較低。

在不同工作年限的被試關係績效方差分析結果是，其三個維度組織公民績效、人際關係公民績效和工作責任感上的 F 統計量的概率 p 值分別為 0.000、0.000 和 0.014。在顯著性水平 $\alpha = 0.05$ 的水平下，我們得到在關係績效的三個不同維度下，不同工作年限的被試均存在顯著差異的結論。從均值圖分析可以看到，在三個維度上，不同工作年限的走向大致相同：在工作 3～5（含5年）年這個階段達到最低拐點，然后隨著工作年限的增長，三個維度的關係績效均值都有較大的增長趨勢。

7.1.1.4 不同平均月收入的被試

本研究中，被試的平均月收入分為 5 個階段：1,200 元及以下、1,201～3,500 元、3,501～5,000 元、5,001～10,400 元以及 10,400 元以上。我們將不同平均月收入被試進行人口統計學基本分析，也使用方差分析的方法。平均月收入等級制定標準時參照現階段個人月收入的工資薪金個人所得稅稅率表制定。在免徵額為3,500元的基礎上，按照不同稅率進行的疊加。在不同平均月收入的被試的隱性知識方差分析表中，我們得到的隱性知識三個維度理論隱性知識、整合隱性知識和實踐隱性知識上的 F 統計量的 p 值分別為 0.005、0.253 和 0.019。在顯著性水平 $\alpha = 0.05$ 的水平下，方差分析結果顯示，不同平均月收入的被試在理論隱性知識和實踐隱性知識上有差異，在整合隱性知識上無差異。從均值圖的形狀可以看到，平均月收入為 3,501～5,000 元、5,001～10,400 元這兩個階段的被試在隱性知識的三個維度上都有較高的均值，比較符合現實工作中，對於知識累積的邏輯理解。然而我們在均值圖中看到月收入在 10,401 元以上的被試反而在這三個維度上的均值非常低。這可能是由於我們在調查被試選擇的數量問題或其他抽樣原因導致的誤差，也可能是測量工具設計方面的一些缺陷。

在不同平均月收入的被試關係績效方差分析結果是組織公民績效、人際關係公民績效和工作責任感上的 F 統計量的 p 值分別為 0.356、0.170 和 0.283。在顯著性水平 $\alpha = 0.05$ 的水平下，可以認為在關係績效的三個不同維度下，不同平均月收入的被試不存在顯著差異。從均值圖的形狀可以看到，在三個維度上，不同平均月收入的走向不盡相同，在組織公民績效維度上 1,201～3,500 元處出現了一個波峰，在人際關係公民績效維度上 1,201～3,500 元和 5,001～10,400元處出現了兩個波峰、在工作責任感維度上 5,001～10,400 元處出現了一個波峰。不同平均月收入的被試在關係績效的幾個維度上並沒有特別強烈的相關和趨勢關係。

7.1.2 個體層面的隱性知識和關係績效的實證結果及討論

本研究的實證結果驗證了個人隱性知識對團隊隱性知識有正向影響，即研究假設一成立。個人隱性知識我們定義為是高度個人化和難以形式化、難以交流和共享的知識，在工作領域，是以員工個人為載體的實踐類知識。團隊隱性知識是指在同一團隊中所有成員所擁有的隱性知識的總和。實際上，團隊隱性知識的內容、結構和維度應該比個人隱性知識更加豐富。因為個人和團隊在工作中和交流中，會有知識的轉移、共享、創造等環節，即便某個隱性知識擁有者離開了該團隊，某些知識仍然不會隨著個人的離開而離開，這些已經在不斷地累積的過程中，變成了團隊隱性知識。但是，歸根究柢，團隊隱性知識離不開個人隱性知識的貢獻，因此我們也驗證了個人隱性知識對團隊隱性知識有正向影響。

在該研究中，研究假設一的提出主要是基於一個認識，即個體只能影響其所在團隊，而不能影響其他的團隊以及自己所在團隊以外的個體。因此，我們在研究設計的時候就考慮到團隊的邊界問題和各團隊之間的相互獨立問題，在收集數據時，對團隊進行了編碼以便於識別團隊及其所在成員。我們在該實證研究中所說的個人和團隊，都指的是個人及其所在團隊，或者是團隊及其所有成員。

在研究驗證了個體隱性知識對團隊隱性知識有正向影響作用后，便加入個體關係績效作為仲介變量進行深入分析，擴展了個體層面的結構模型。研究假設二為個人關係績效對個人隱性知識對團隊隱性知識起仲介作用。該結論在一些統計指標上沒有被驗證通過。分析其原因，可能是由於數據收集時產生的隨機誤差，或者是由於我們對於團隊隱性知識的加權計算有所偏差。

7.1.3 團隊層面的隱性知識、關係績效和任務績效的實證結果及討論

研究假設三是團隊隱性知識對團隊任務績效有正向影響，該假設通過了結構方程模型的驗證。在團隊層面，我們真正考慮到了隱性知識、關係績效和任務績效三者的模型，是較為完成的三者關係模型。

我們認為，在團隊中，團隊隱性知識是可以提高任務績效的。在工作中，任務績效的提高可能是一個直接的衡量效率的途徑。因此，團隊隱性知識對於任務績效有正向影響的假設，我們通過分佈於各類組織的團隊所證實，驗證了團隊成員這種實踐化的知識對於組織定量產出的促進作用。在此基礎上，我們又加入了團隊關係績效作為團隊隱性知識和團隊任務績效的仲介變量，以驗證

和討論如何實現隱性知識的轉化、共享和創造。

由於隱性知識是具有高度個人化、難以形式化的實踐類知識，在知識管理理論裡，這樣的知識是不能夠被直接管理的，甚至更有研究者認為這是無法管理的。但我們認為，既然隱性知識作為一種知識，那麼它就是可以利用有效的方式進行測量和管理的，只是不同於顯性知識的轉移和共享那麼常規和容易。不論是從顯性知識到顯性知識，還是從顯性知識到隱性知識，都少不了一個「轉化」的環節。如果不考慮詳細研究到底轉化了哪些知識、轉化了多少知識，我們可以採用一個更加直觀和可行的方式來考察隱性知識及其利用——行為。因此，在團隊層面的研究中，我們提出將側重於團隊行為的變量——團隊關係績效作為研究團隊隱性知識到團隊任務績效的仲介變量，通過驗證其對團隊隱性知識和團隊任務績效的仲介作用，來考察隱性知識、關係績效和任務績效的關係。

7.1.4 個人和團隊視角的三者關係

我們將個人層面和團隊層面納入整體模型中，驗證從個人隱性知識出發，通過團隊隱性知識的作用是否能正向影響團隊任務績效。通過實證研究分析，研究假設五「個人隱性知識通過團隊隱性知識對任務績效產生正向影響」得到驗證。

在一個涉及個人和團隊兩個水平的模型中，我們採用了專門用來做數據分級結構分析的多層統計分析方法進行整體模型的建模和分析。從沒有加入團隊水平，到加入團隊水平的分析結果可以看到，團隊因素在個人隱性知識到任務績效之間確實產生了影響。通過計算，團隊隱性知識在個人隱性知識和團隊隱性知識對任務績效影響的總貢獻率是41.7%。因此，我們可以看到，個人隱性知識對團隊績效的促進是必然的，但其必須通過團隊隱性知識來作為一個重要的中間變量。

7.2 管理啟示和建議

隱性知識通過關係績效影響到任務績效的路徑已經在前面的實證研究部分得到了證實，因此我們現在關心的是如何在此基礎上建立一些有效的管理啟示和管理建議。因此，結合本研究的結論，我們對中國當前人力資源管理理論和管理實踐提出如下啟示和建議：

7.2.1 建立健全符合企業實際的績效管理和激勵制度

中國傳統的績效考核主要採用自上而下的單項考評程序，考核目標著重於對完成結果的考核，考核目的多為薪酬獎勵、職務晉升，較少反饋考評結果，較少考慮員工發展。現代績效管理的發展和變革使得管理思想從科學管理向以人為本的管理過渡，更加強調過程管理和溝通激勵。組織環境尤其是不公平的制度環境以及管理模式是影響員工關係績效發揮的重要原因，建立適合現代企業特點的績效管理制度就成為關鍵。通過前文的分析，我們知道對員工績效的關注和考核不應該只停留在結果方面，還應該發展到對過程和行為的量化和評估。這就要求在制定績效管理制度的時候要重視員工的感知，通過績效管理促進知識共享時要考慮到個體導向的特質差異。績效考核結果必須公開公示，這不僅僅是考核工作民主化的反應，也是組織管理科學化的客觀要求。考核評價做出以后，要及時進行考核面談，將考核結果反饋給員工，使員工瞭解自己的業績狀況和考核結果，管理者瞭解下級工作中的問題及意見，創造公開、通暢的雙向溝通環境，使考評者與被評對象進行及時、有效的交流，並在此基礎上制訂員工未來事業發展計劃[①]。

一套激勵制度是否完善能夠影響團隊成員隱性知識轉移的效率[②]。隱性知識對於團隊關係績效和任務績效的促進作用已經得到驗證，隱性知識的轉化和共享也是促進團隊產出的重要因素。但是，對於員工個人來說，隱性知識是他個人所擁有的財富，是他通過學習、實踐和經歷，甚至耳濡目染，逐漸累積下來的知識，是屬於他個人的人力資本。國內也有學者研究激勵對於隱性知識轉移有較強的促進作用[③]。

首先，需建立起包括關係績效和任務績效在內的多維度績效考評體系，並且對關係績效的量化和評估必須適合企業的實際，不能流於形式。關係績效是間接促進組織生產與服務的行為。在制定考評體系時，需根據關係績效的三個方面，即利於個體的「人際關係公民績效」、利於組織的「組織公民績效」和利於工作的「工作責任感」的表現特點來制定恰當的考評標準和考評程序。若是硬將關係績效的考評列入職務說明書中，那就變成了任務績效。這樣做是

---

① 趙修文. 中小企業核心員工流失的制度誤區及對策 [J]. 中國人力資源開發, 2009（2）: 102-104.
② 李國民. 創意團隊中隱性知識轉移的激勵制度設計 [J]. 海峽科學, 2010（11）: 32-34.
③ 張曉燕, 李元旭. 論內在激勵對隱性知識轉移的優勢作用 [J]. 研究與發展管理, 2007, 19（1）: 28-33.

否有利於增強企業的凝聚力、團隊協作力,最終實現企業的戰略目標,是一件需要謹慎的事情。員工個人的知識共享行為實際上是一種組織公民行為①。員工願意共享自己的隱性知識這一行為的出現源於個體自發決策。在良好的績效管理制度下,團隊成員有更積極的工作氛圍和態度,表現為團隊成員更為自信和樂觀,更願與他人合作,更願做提供幫助與利他行為,更有利於企業任務績效的達成。在這個過程中,對各種信息和觀點的分享與交流,將影響個體與他人的創造性思維,通過人際互動進而影響並作用於創造組織績效。如果員工被置於太多的要求和義務之下時,應該取得相應的報酬,這勢必增加組織成本;如果不增加報酬,可能因為某些客觀原因使員工不能達到「要求的」關係績效而消極怠工,降低原有績效水平。其次,績效評估的結果必須進行及時、有效地反饋,這是現代企業績效管理目的的客觀要求。由於隱性知識具有獨占性和高度私有化等特點,個體通常不願主動對外共享,企業應當採取針對性措施提升員工的隱性知識開放性。例如,建立具有吸引力的物質獎勵制度鼓勵組織或團隊中的關鍵信息或者關鍵技術的提供者,定期對團隊的工作績效與進展進行總結和評估,以實現隱性知識顯性化等。員工從考核結果中更加客觀和全面地認識自己的績效完成情況,有助於找到績效改進的工作重心,有助於形成一個良性的溝通氛圍,有助於提高組織的整體績效水平。

7.2.2 注重隱性知識的傳播與共享

隱性知識和關係績效是兩個不同的範疇,但有著共同的特點,即它們都從「隱性」的方面對企業的任務績效起著正向的促進作用。隱性知識在企業中是以經驗、技能、洞察力和心智模式等表現出來的知識。關係績效雖然對組織的技術核心沒有直接的貢獻,但它卻是以間接的方式,通過構成組織的社會、心理背景為支撐來促進組織內的溝通,促進個人和組織任務績效的完成。團隊成員彼此間之所以能夠產生積極的行為預期,是因為個體通過隱性知識的共享,實現個體到團隊隱性知識的傳遞,再通過團隊的關係績效促進任務績效的完成,即所謂「隨風潛入夜,潤物細無聲」的過程。在知識管理領域,知識共享是構成企業知識管理行為的主要部分。知識共享是企業有效進行知識創新的方式之一,是維持企業競爭優勢的重要措施。知識共享對於企業績效的作用將影響企業發展,特別是以往研究證實,知識共享對於企業績效存在三種情況:

---

① FARH J, EARLEY P C, LIN S. Impetus for Action: A Cultural Analysis of Justice and Organizational Citizenship Behavior in Chinese Society [J]. Administrative Science Quarterly, 1997, (42): 421-444.

正向效應、沒有顯著效應和負面效應。知識共享和企業績效關係的平衡和發展成為企業發展過程需要解決的問題①。因此，企業應當將個人和團隊的隱性知識的傳播與共享放在戰略高度。

注重隱性知識傳播與共享，需要從以下四個方面著手實施：

7.2.2.1 組建注重隱性知識及其共享的工作團隊

借助人力資源管理實務，在員工的選拔、招聘、崗位設置以及職業生涯發展等方面重點考察員工成就目標的優勢導向。優先選拔和培養注重隱性知識和有較強知識共享意願的員工並組建工作團隊。以往的研究認為，團隊異質性能夠促進思想的碰撞和創新的產生。但就員工目標導向異質性來看，團隊內成員有不同的隱性知識共享意願。

知識經濟時代下重視知識管理與團隊合作的企業，應當優先招聘掌握工作目標和工作能力趨近目標的個體。這類員工在自身性格特質的影響下具有較大的信息開放性，同時他們持有理性客觀的自我評價態度，自身作為能力的參照標準，好挑戰自我，擅長從失敗結果中分析自身問題，因此這類員工適合接觸高挑戰性工作，可通過輪崗方式培養成后備管理層或者分配難度較大的工作，以滿足個體不斷提升自我的學習需求。對於有些具有自卑又敏感的個性，懼怕失敗和承擔責任，在工作中通常表現出不合作的態度與較低的信息開放性的人，企業在人事招聘上應當慎重考慮是否錄用此類應聘者，充分權衡他們對知識管理可能帶來的困擾，盡量避免他們從事需要大量信息互動或者合作性質的工作。在崗位設置與職業生涯規劃上，企業應當安排此類員工從事獨立性和嚴謹性較強的模塊崗位。

在組建好注重隱性知識共享的團隊后，需要建立起團隊領導或團隊管理者對於團隊整體及團隊個體成員的管理支持。實證結果表明，除團隊因素外，來自管理層的支持因素較團隊氛圍、個體特徵因素等更有利於促進共享激勵和共享感知的產生。此外，管理支持對團隊成員的知識共享行為和共享績效產生直接影響，更說明了團隊領導者或管理角色的重要意義。

7.2.2.2 組建注重隱性知識傳播的知識共同體

共同體是從英文單詞「Community」翻譯過來的。大多數情況下，「Community」被翻譯為社區和群落。在訪談了多位國外人力資源管理者和企業管理人員，我們發現其非常重視「Community」。然而這個「Community」並非我們通常意義上認識的這個單詞的第一個意思「社區」，而是代表一個「共同體」

---

① 陳濤. 組織記憶、知識共享對企業績效影響研究 [D]. 哈爾濱：哈爾濱工業大學，2014.

的概念，如知識共同體、利益共同體等。筆者在與普華永道會計師事務所在美國夏洛特總部的人力資源經理艾米（Amy）以及國際商業機器公司（IBM）圖像設計師肯尼恩（Kenneth）交流時發現，他們所在的組織和團隊對於知識共同體非常重視，組織會專門設計一系列活動或工作來促進知識共同體的建設和發展。野中鬱次郎（Nonaka）也提出了在企業內建立學習「場」以促進隱性知識的轉化，並提出了隱性知識轉移的 SECI 模型理論。在企業內部建立知識共同體，發揮共同體這種非正式組織靈活性、自由性的特點，打破部門條塊分割的局限，促進知識在不同部門、環節轉移，在靈活的機制引導下，企業知識能夠增加流動性，及時與新的知識主體產生化學反應，產生新的知識群，改善企業的知識結構。知識共同體是知識主體自由交流思想、獲取資源的平臺，其以知識、資源、經驗等為主要的共享對象，通過跨組織整合創新資源，促進知識有序流通。同時，知識共同體也是一個松散型的非正式群體，彼此沒有制度的約束，主要是依照非直屬工作關係建立的合作關係。知識共同體以知識交流和增值為目的，通過吸納各種資源，開展知識交流。因此，許多企業允許技術人員用 9%~16% 的自由時間來「干私活」和「按興趣做事」，即憑興趣做自己想做的事情。許多企業鼓勵跨部門交流，支持大膽探索，允許失敗，穩步推進創新設計。在寬容的創新背景下，員工可以充分發揮自己的個性，企業可以激發員工的潛能，盤活、利用一些非企業資源，在合作時通過頭腦風暴法，進行知識連結整合，把一些零散的創新方案、技術整合成一個個系統，由技術逐漸形成一個個產品模型（吳曉波、高忠仕、胡伊蘋，2009）[①]。

7.2.2.3 搭建注重隱性知識傳播與共享的網路平臺

注重隱性知識傳播與共享的網路平臺搭建是以員工為出發點，通過正式組織和非正式組織的協同作用，以點帶面，以面創新，形成良好的注重隱性知識轉移、共享、創造的氛圍和路徑，這樣就形成了一個交織型的網路平臺。在這個平臺裡，員工是首要角色，是知識創新的根基，是個人隱性知識的載體。無論是基層員工還是管理人員，在長期的工作實踐中，都會不斷產生有利於工作的構思和想法。餐飲企業「海底撈」的人力資源管理模式就是一個非常鮮明的案例：員工可以突破崗位的限制對有利於工作和有利於提升客戶體驗的新想法進行建議，並有可能使之成為現實。這樣的注重隱性知識傳播與共享的機制和平臺使得「海底撈」這樣一個餐飲企業的案例入選了哈佛商學院的經典管

---

① 朱思文.隱性知識吸收對企業突破性技術創新能力的影響研究 [D].長沙：中南大學，2013.

理案例之中，列入了國內外管理學和人力資源教科書。重視員工創新意識，激勵員工創新，加快顯性知識和隱性知識在員工之間的轉移，這是搭建隱性知識傳播與共享網路平臺的重要內容。平臺的搭建離不開工作崗位和正式工作團隊的支持。團隊內成員會因為共同的工作項目、工作性質、工作目標、工作領域等開展有目的性的研究和工作，他們既熟悉本崗位的工作，又能通過集體智慧敏銳發現工作中存在的問題。平臺的搭建還離不開企業內非正式組織的支持。非正式組織是成員因為非嚴格工作任務，比如興趣愛好、地緣等因素，而形成的團隊。這樣的組織沒有嚴格的組織紀律約束和強烈的規範要求，但其隱性知識的傳播意願和自發性程度都較正式組織要高。一些企業非常注重非正式組織的作用，特別是一些創新型企業認為企業知識創新的速度、質量與其在知識創新網路的知識位勢、結構洞狀態和成員合作有效性緊密聯繫在一起。

在管理實踐中，組織想要提高其核心競爭力，促進隱性知識的傳播與共享，搭建基於員工-正式組織-非正式組織的隱性知識傳播與共享網路平臺是一個較為常見且行之有效的途徑。

7.2.2.4　規範注重隱性知識傳播與共享的管理體系

俗話說：「沒有不好的管理者，只有不好的管理制度。」注重隱性知識的傳播與共享，必須要有與之匹配的規範體系。這就對團隊管理者提出了很高的要求，即團隊管理者需要設計並實施好一套良好的知識共享規範體系，使團隊成員能較好地實現自我激勵與自我規範。團隊領導或者管理人員應該通過建立一套科學的行為規範，建立促進團隊成員知識共享行為和共享績效的科學體系，讓團隊成員認為參與知識共享是值得的、應該的；讓團隊成員通過履行自己的義務和獲得相應的權利來共享自己所擁有的隱性知識，並通過團隊學習提高自己的知識和能力水平。

7.2.3　塑造柔性管理的工作價值觀

組織價值觀是企業在長期經營實踐中逐步形成的，它猶如組織的靈魂，是組織成員之間相互理解的基礎，是企業精神、企業道德、制度和價值取向的總和。柔性管理是指在研究人的心理和行為規律的基礎上，採用非強制方式，在人的心目中產生一種潛在說服力，從而把組織意志變為個人的自覺行動的管理。實施柔性化管理可從四個方面進行：其一，剛柔並濟，以剛濟柔。剛性管理好比骨架，柔性管理就像血肉，剛柔並濟才能形成一個有機整體。應當充分發揮剛性管理的前提和基礎作用與柔性管理的補充和昇華作用，創建合理高效的企業人力資源管理模式。其二，制定柔性績效評價體系。組織要把員工當作

創造競爭優勢的重要來源,加大對人力資本的投資,通過員工參與管理和對員工的激勵來提高員工的積極性,建立績效付酬和風險付酬結合的報酬體系。其三,採用靈活多樣的柔性激勵機制,建立起有效的晉升、晉級制度與靈活的激勵機制。組織可以通過彈性工作時間和分散式工作地點等工作設計的柔性化,為員工提供寬鬆的工作環境以及更大的工作自由度;通過對員工的職責安排彈性化、模糊化,促進員工間的默契與合作意識。其四,建立柔性管理的價值觀。企業價值觀是企業的靈魂,是企業在長期經營實踐中逐步形成的,是企業成員之間相互理解的產物,是企業制度、企業精神、企業道德和價值取向的總和。企業價值觀的柔性越強,就越有利於柔性管理的實現。柔性的企業價值觀保持了一定的開放度和寬容度,鼓勵個體創新和組織學習[1]。柔性管理價值觀是指以人為本的管理價值觀。它是在研究員工的心理和行為規律的基礎上,採用非剛性化、非強制的方式,使員工心中產生一種內在的對組織的認同,把完成組織目標變成個人自覺行動的一種有效管理方式。團隊領導或團隊管理者應該創造良好的團隊氛圍,採取一定的措施,通過加強共同價值觀、共同目標的建立,促進團隊成員形成一種規範性認識,如共享不會造成自身價值的喪失,共享有利於實現個人目標和團隊目標的良好融合等。團隊中共享的價值觀雖然不能直接地促進知識共享行為和績效的產生,但可以從共享感知方面間接影響團隊成員的知識共享行為和共享績效。

工作價值觀的管理水平決定了組織能否在競爭中實現組織知識資本增值,並最終提高組織核心競爭力。組織要塑造柔性管理的工作價值觀,並且使員工將個人價值觀和工作價值觀相匹配,才能使其隱性知識從個人層面昇華到團隊層面和組織層面,實現團隊的經濟與競爭價值[2]。因此,團隊領導或管理者應該創造良好的環境氛圍,創造良好的團隊知識共享文化,促進團隊成員對組織的認同,形成團隊成員作為其中一員的價值體現感覺,形成一種自我滿足感,建立團隊成員對團隊制度、管理、人員等各個方面的認同感覺。當團隊相信組織價值觀、欣賞組織任務並提供支持提高組織效率的時候,團隊成員就會感到有義務提供高質量的知識,他們會努力提高團隊產出。

特別是針對知識性員工,組織柔性管理的價值觀越強,就越有利於組織目標的實現。柔性的組織價值觀保持了一定的開放度和寬容度,鼓勵個體創新和

---

[1] 趙修文.心理契約和心理所有權視角下企業員工工作安全感探討 [J].重慶交通大學學報:社科版,2009,9 (4):64-66.
[2] 汪軼.知識型團隊中成員社會資本對知識分享效果作用機制研究 [D].杭州:浙江大學,2008.

組織學習。在柔性管理的價值觀下，通過構建和諧的、利於個體發展的人際環境來進行信任機制建設，並建立一種「以項目為載體，以團體為依託」的長效機制，是解決隱性知識從個體到團隊問題的一個重要突破口。

7.3 本研究的局限性和研究展望

7.3.1 研究的局限性

本研究的局限性主要體現在以下三個方面：

7.3.1.1 調查樣本的局限性

實證研究少不了研究樣本的支持。在現有的研究條件下，本研究對樣本的選擇、樣本總數量和團隊數量的控制表現出較大的局限。隱性知識、關係績效和任務績效這幾個變量對於許多被調查者不是很明晰，雖然我們在調查過程中通過口頭解釋和書面說明，做了大量的工作，但實際工作中的員工和管理者對此也許並沒有認識得比較恰當。為了盡可能收集到較真實有效的信息，我們在調查過程中需要大量的調查人員和被調查人員的配合，這對於收集的樣本數量和團隊數量有較大限制，因此我們的數據樣本量不是特別大。雖然本研究中對被調查者職業和行業沒有限制，但我們所關注的焦點在於各個企業和組織中的「知識員工」，而不是進行簡單重複勞動的員工，因此不能採用隨機抽樣的方法進行樣本選擇。再加之被調查對象的戒備心理和其他不可控的因素，調查時避免不了有抽樣誤差和系統誤差。

7.3.1.2 研究方法的局限性

任何一種科學的研究方法都在經歷不斷探索和完善的過程。雖然利用現有統計方法和技術能夠解大部分的研究困惑，但方法與實踐的結合程度仍然是我們選擇合適研究方法的標準之一。在本研究中，可以看到，不論是從個人隱性知識量表設計中運用的項目分析，還是三者關係研究中運用的結構方程模型和多層統計分析模型，儘管在各種統計指的綜合下，我們驗證了理論假設，但其間還存在一些不可忽視的問題。例如，假設一和假設三中模型擬合指標中，χ^2 檢驗始終不顯著，但其他指標顯示可接受；假設五中，個體水平變量 STK 的係數估計值為 0；等等。本研究使用的研究方法能夠比較科學地解釋研究結論，但仍然由於方法上的問題，還不能完全充分地驗證研究假設。

7.3.1.3 研究工具的局限性

隱性知識、關係績效和任務績效是當前人力資源管理領域研究的重點和前沿問題，對其進行實證研究的工具主要為自陳式量表。通過人口統計學分析我

們看到，關係績效量表是一個較為成熟的量表，因此對於我們選取的被試，在幾個維度上的統計性指標都比較好。然而隱性知識量表由於是自編問卷，其適用性和穩定性由於時間和樣本量的限制，其統計指標檢驗結果顯示並不是特別穩定。另外，從我們使用的量表形式——自陳式量表來看，其優點在於易操作性；其缺點在於太過主觀。量表的優良程度和合適程度對研究是極為重要的，一個效度不高的測量工具，並不能完全測得我們所需要的信息。研究過程中，我們所面臨的研究工具選擇的主要問題是其他研究中成熟量表對於本土化被調查者的適用性問題、自編量表的穩定性問題。因此，在本研究中，我們選擇了兩份成熟量表關係績效量表和任務績效量表，並自製了個人隱性知識量表進行施測和收集數據。

研究假設的通過與否與研究工具息息相關。我們的研究假設二「個人關係績效對個人隱性知識對團隊隱性知識起仲介作用」沒有被驗證通過，可能是因為我們研究工具的選擇或研究方法存在問題。

7.3.2 研究展望

本研究從人力資本理論、組織行為學理論和知識管理理論的視角探討了隱性知識、關係績效和任務績效三者的關係，將個人和團隊層面的分析引入，從理論分析推導出三者的影響關係，運用實證的方法進行研究分析與驗證。但是由於研究的主觀和客觀局限性，我們提出的研究假設，部分通過驗證，部分沒有得到驗證。我們對本研究的建議和展望如下：

第一，本研究只針對隱性知識、關係績效和任務績效三者的關係進行了研究，雖然從理論上推導和實證研究了其相互間的影響關係，但沒有從更深層次的方面，如動機、需求等方面考慮為什麼隱性知識和關係績效對任務績效有不同程度、不同路徑的影響。這可以考慮綜合社會學、心理學等學科的研究方法和研究思想進行后續研究。

第二，本研究的研究樣本選取沒有限制被調查者的職業和行業，是從一般層面進行的分析研究。如果從更有針對性的層面來說，各行各業所關注的隱性知識、關係績效和任務績效是不同的，而個體作為隱性知識、關係績效和任務績效的載體，其本身也因行業存在差異。因此，在研究樣本的選取上如果更具行業針對性，可能會使本研究的外部效度更高。

第三，本研究對隱性知識維度的選擇和測量工具的制定依賴於哈瑞·科林斯（Harry Collins）的隱性知識理論，在后續的研究中還應該在此基礎上進行發展和優化。例如，盡可能擴展具有高度概括性的隱性知識維度，使之包含隱

性知識的各個方面；盡可能完善和精簡隱性知識的測量工具，使之能簡潔、有效地測得個體的隱性知識存量；盡可能考慮不同年齡層面的隱性知識存量和獲取途徑的差異，修訂更加有效的測量工具。

參考文獻

[1] MURPHY K R. Dimensions of Job Performance [C]. //R F DILLON, J W PELLEGRINO, Testing: Theoretical and Applied Perspectives. NewYork: Prager, 1989: 218-247.

[2] 李秀林, 等. 辯證唯物主義和歷史唯物主義原理 [M]. 北京: 中國人民大學出版社, 2004.

[3] 張慧. 員工需求與企業多元激勵分析 [J]. 學術交流, 2007, 156 (3): 80-82.

[4] 吳紹琪, 賀禮英. 中國知識型員工需求特徵與國內外研究結果比較 [J]. 科技管理研究, 2007 (2): 104-106.

[5] 汪林, 儲小平. 組織公正、雇傭關係與員工工作態度 [J]. 南開管理評論, 2009, 12 (4): 762-70.

[6] 林忠, 金星彤. 組織公正、心理契約破裂與雇傭關係: 基於民營企業樣本的實證研究 [J]. 中國軟科學, 2013 (1): 125-134.

[7] 李佳, 李乃文. 基於工作價值觀的員工忠誠度管理 [J]. 管理科學文摘, 2007 (10): 123-125.

[8] 劉顯紅, 姜雅玫. 中國小微企業新生代員工企業價值觀管理探討 [J]. 人力資源管理, 2016 (5): 105-107.

[9] 韓翼, 李靜. 匹配工作績效到離職模型: 國有企業與民營企業的比較 [J]. 南京大學學報: 哲學·人文科學·社會科學版, 2009 (4): 122-131.

[10] 尹潔林. 知識型員工心理契約相關問題研究 [M]. 北京: 經濟科學出版社, 2012: 3-6.

[11] 梁小威, 廖建橋, 曾慶海. 基於工作嵌入核心員工組織績效——自願離職研究模型的拓展與檢驗 [J]. 管理世界, 2005 (7): 106-115.

[12] PETER BUSCH. Tacit Knowledge in Organizational Learning [M]. New York: IGI Publishing, 2008: 424-449.

[13] PHILIPPE BAUMARD. Tacit Knowledge in Organizations [M]. California: SAGE Publications, 2001: 197-218.

[14] 張生太, 李濤, 段興民. 組織內部隱性知識傳播模型研究 [J]. 科研管理, 2004, 25 (4): 28-32.

[15] 李作學. 隱性知識計量與管理 [M]. 大連: 大連理工大學出版社, 2008: 51-53.

[16] 李勇. 信息技術環境中的隱性知識整合效應分析 [J]. 圖書情報工作, 2010, 54 (16): 112-115.

[17] 劉文. 企業隱性人力資形成和作用機理研究 [M]. 北京: 中國經濟出版社, 2010: 29-39.

[18] SCHULTZ T. Investment in Human Capital [J]. American Economic Review, 1961, 51: 1-17.

[19] BECKER G S. Investment in Human Capital: a theoretical analysis [J]. Journal of Political Economy, 1962, 70: 9-49.

[20] 王旭輝, 王婧. 人力資本理論發展脈絡探析 [J]. 渤海大學學報, 2010 (3): 105-109.

[21] 趙修文. 人力資本產權化的經濟意義分析 [J]. 西華大學學報: 哲學社會科學版, 2004 (5): 47-49.

[22] 馬紅旗, 王韌. 對人力資本形成理論的新認識 [J]. 經濟學家, 2014 (12): 33-41.

[23] 路紅, 凌文輇, 吳宇駒, 等. 基於著者同引分析的組織行為學研究知識地圖繪製 [J]. 科技進步與對策, 2010, 27 (2): 140-144.

[24] 張劍, 張玉, 高超, 等.「大組織」對「大行為」基於關鍵詞分析的中國組織行為學研究現狀 [J]. 管理評論, 2016, 28 (2): 166-174.

[25] 張志學, 鞠冬, 馬力. 組織行為學研究的現狀: 意義與建議 [J]. 心理學報, 2014, 26 (2): 265-284.

[26] 譚力文, 伊真真, 效俊央. 21世紀以來國內組織行為學研究現狀與趨勢——基於 CSSCI (2000—2013) 文獻的科學計量分析 [J]. 科技進步與對策, 2016, 33 (1): 154-160.

[27] 盛小平, 曾翠. 知識管理的理論基礎 [J], 中國圖書館學報, 2010, (5): 14-22.

[28] 孫曉寧. 國內知識管理學科體系結構可視化研究——基於 CSSCI 的科學知識圖譜 [D]. 合肥: 安徽大學, 2013.

［29］SHARIQ S Z. Knowledge Management：An Emerging Discipline［J］Journal of Knowledge Management，1997，1（1）：75-82.

［30］IVES W, TORREY B, GORDON C. Knowledge Management：An Emerging Discipline with A Long History［J］Journal of Knowledge Management，1997，1（4）：269-274.

［31］KARL M WIIG. Knowledge Management：Where Did it Come From and Where Will it Go?［J］. Expert Systems with Applications，1997，13（1）：1-14.

［32］吳鐘海. 組織智力架構研究［D］. 大連：東北財經大學，2011.

［33］張鵬，黨延忠，趙曉卓. 基於組織行為理論的企業員工知識共享行為影響因素實證分析［J］. 科學學與科學技術管理，2011，32（11）：166-172.

［34］薛求知，朱吉慶. 科學與人文：管理學研究方法論的分歧與融合［J］. 學術研究，2006（8）：5-11.

［35］高良謀，高靜美. 管理學的價值性困境：回顧、爭鳴與評論［J］. 管理世界，2011（1）：145-167.

［36］郭駿. 構建面向「中國問題」的管理學研究範式［J］. 經濟管理，2012，34（5）：183-192.

［37］傅克俊. 實證方法在管理學研究中的應用［J］. 山東工商學院學報，2005，19（5）：122-124.

［38］範柏乃，樓曉靖. 中國公共管理研究方法的統計分析及演進路徑研究［J］. 公共管理學報，2013，10（2）：94-100.

［39］史江濤，楊金風. 結構方程建模方法（SEM）在中國管理學研究中的應用現狀分析［J］. 經濟管理，2006（1）：24-30.

［40］孟瑶. 基於多層統計分析的哈爾濱城市社區醫療服務滿意度研究［D］. 哈爾濱：東北林業大學，2010.

［41］王濟川，謝海義，姜寶法. 多層統計分析模型——方法與應用［M］. 北京：高等教育出版社，2008.

［42］王衛東. 結構方程模型原理與應用［M］. 北京：中國人民大學出版社，2010.

［43］鄭雁. 組織公民行為對團隊效能影響的研究［D］. 成都：西南財經大學，2007.

［44］白明垠. 變革型領導、團隊學習與團隊績效：模型與機理［D］. 北京：中國地質大學，2013.

［45］王大剛，席酉民. 力隊績效衡量模型研究［J］. 科學學與科學技術

管理,2006,27(12):144-149

[46] 張生太,段興民.企業集團的隱性知識傳播模型研究[J].系統工程,2004,22(4):62-65.

[47] 王曉坤,王家玉.基於隱性知識的企業核心競爭力[J].現代企業教育,2008(6):53-54.

[48] RITA CRAUISE O'BRIEN. Employee Involvement in Performance Improvement: A Consideration of Tacit Knowledge, Commitment and Trust [J]. Employee Relations, 1995, 17 (3): 110-120.

[49] NANCY LEONARD, GARY S INSCH. Tacit Knowledge in Academia: A Proposed Model and Measurement Scale [J]. The Journal of Psychology, 2005, 139 (6): 495-512.

[50] 唐可欣.管理人員隱性知識量表TKIM的初步修訂[D].重慶:西南師範大學,2004.

[51] 楊文嬌,周治金.研究生科研隱性知識的實證研究——基於六所高校的問卷調查[J].高教探索,2011(6):61-66

[52] 李永周,彭璟.企業研發團隊個人隱性知識測度及其應用研究[J].科技管理研究,2012(18):183-187.

[53] 李敏.企業隱性知識評價研究[D].南寧:廣西大學,2009.

[54] MICHAEL POLANYI. The Tacit Dimension [M]. Chicago: The University of Chicago Press, 1966: 3-4.

[55] 李祚,張開荊.隱性知識的認知結構[J].湖南師範大學社會科學學報,2007(4):38-41.

[56] IKUJIRO NONAKA, HIROTAKA TAKEUCHI. The Knowledge-Creating Company: How Japanese Companies Create the Dynamics of Innovation [M]. New York: Oxford University Press, 1995.

[57] 祝慶績.數據庫漢語查詢系統中隱含知識查詢的研究[J].計算機工程與應用,2002,38(19):198-200.

[58] 李作學,王前.個體隱性知識的層次結構及維度模型分析[J].情報雜誌,2006(11):75-77.

[59] 汪穎.基於隱性知識轉化的企業技術能力提升研究[D].大連:大連理工大學,2005.

[60] 王曉坤.保險銷售人員工作隱性知識結構研究[D].沈陽:沈陽師範大學,2009.

[61] HARRY COLLINS. Tacit and Explicit Knowledge [M]. Chicago: University of Chicago Press, 2010.

[62] RICHARD K WAGNER, Robert J Sternberg. Tacit Knowledge in Managerial Success [J]. Journal of Business and Psychology, 1987, 1 (4): 301-312.

[63] 牛成括, 李秀芬. 績效管理的文獻綜述 [J]. 甘肅科技縱橫, 2005, 34 (5): 103-104.

[64] 賀小剛, 徐爽. 策略性績效管理研究評述 [J]. 外國經濟與管理, 2007, 29 (4): 24-32.

[65] 張永軍. 事業單位績效管理評述 [J]. 考試周刊, 2012 (37): 195.

[66] 陳勝軍. 周邊績效與總績效評價的關係研究 [J]. 山西財經大學學報, 2008, 30 (1): 84-89.

[67] BORMAN W C, MOTOWIDLO S J. Expanding the Criterion Domain to Include Elements of Contextual Performance [C] //N SCHIMITT, W C BORMANCE. Personnel Selection in Organizations. San Francisco: Jossey-Bass, 1993: 71-98.

[68] VAN SCOTTER J R, MOTOWIDLO S J. Interpersonal Facilitation and Job Dedication as Separate Facets of Contextual Performance [J]. Journal of Applied Psychology, 1996, 81: 525-531

[69] ORGAN D W. Organizational Citizenship Behavior: It's Construct Clean-up Time [J]. Human Performance, 1997 (10): 85-97.

[70] COLEMAN V I, BORMAN R C. Investigation the Underlying Structure of the Citizenship Performance Domain [J]. Human Resource Management Review, 2000 (10): 25-44.

[71] 夏福斌, 路平. 關係績效理論及其應用 [J]. 經濟研究導刊, 2010 (15): 140-142.

[72] 周三多. 管理學 [M]. 北京: 高等教育出版社, 2007: 239-241.

[73] DAWN S CARLSON, L A WITT, SUZANNE ZIVNUSKA, et al. Supervisor Appraisal as the Link Between Family-Work Balance and Contextual Performance [J]. Journal of Business and Psychology, 2008 (23): 37-49.

[74] 夏福斌, 路平. 中國企業員工關係績效結構維度研究 [J]. 西部論壇, 2010, 20 (6): 100-106.

[75] STEPHAN J MOTOWIDLO. Some Basic Issues Related to Contextual Performance and Organizational Citizenship Behavior in Human Resource Management [J]. Human Resource Management Review, 2000, 10 (1): 115-126.

[76] 陳勝軍. 周邊績效模型研究——基於高科技企業中層管理人員的實證研究 [J]. 軟科學, 2010, 24 (9): 110-114.

[77] CONWAY J M. Analysis and Design of Multitrait-Multirater Performance Appraisal Studies [J]. Journal Management, 1996, 22: 139-162.

[78] MOTOWIDLO S J, VAN SCOTTER J R. Evidence that Task Performance Should be Distinguished from Contextual Performance [J]. Journal of Applied Psychology, 1994, 79: 475-480.

[79] JAMES R, VAN SCOTTER. Relationships of Task Performance and Contextual Performance with Turnover, Job's Satisfaction, and Affective Commitment [J]. Human Resource Management Review, 2000, 10 (1): 79-95.

[80] 唐麗莉. 企業員工組織承諾對關係績效影響的實證研究 [D]. 大連: 大連理工大學, 2006.

[81] BORMAN W C, HANSON M, HEDGE J. Personnel Selection [J]. Annual Review Psychology, 1997, 48: 299-337.

[82] 孫建敏, 焦長泉. 對管理者工作績效結構的探索性研究 [J]. 人類工效學, 2002 (3): 1-10.

[83] 韓翼. 雇員工作績效結構模型構建與實證研究 [D]. 武漢: 華中科技大學, 2006.

[84] CAMPBELL J P. An Overview of Army Selection and Classification Project (Project A) [J]. Personnel Psychology, 1990, 43: 231-239.

[85] 張靜. 知識員工周邊績效管理研究 [D]. 南京: 南京理工大學, 2003.

[86] 劉亞楠, 王剛, 陳建成. 任務績效和關係績效的研究綜述 [J]. 經濟視角, 2011 (7): 3-5.

[87] 王玉梅, 叢慶, 閻洪. 內部營銷對一線服務員工任務績效影響的實證研究 [J]. 南開管理評論, 2008, 11 (6): 28-36.

[88] 葛玉輝, 陳悅明. 績效管理事務 [M]. 北京: 清華大學出版社, 2008: 13-15.

[89] JANET B KELLETT, RONALD H HUMPHREY, RANDALL G SLEETH. Career Development, Collective Efficacy, and Individual Task Performance [J]. Career Development International, 2009, 14 (6): 534-546.

[90] 韋慧民, 龍立榮. 領導信任影響下屬任務績效的雙路徑模型研究 [J]. 商業經濟與管理, 2008, 203 (9): 16-22.

[91] 李文東, 時勘, 吳紅岩, 等. 任職者任務績效水平對其工作分析評

價結果的影響——來自電廠設計人員和編輯的證據 [J]. 心理學報, 2006, 38 (3): 428-435.

[92] ROLF VAN DICK, JOST STELLMACHER, ULRICH WAGNER, et al. Group Membership Salience and Task Performance [J]. Journal of Managerial Psychology, 2009, 24 (7): 609-626.

[93] 張輝華. 個體情緒智力與任務績效: 社會網路的視角 [J]. 心理學報, 2014, 46 (11): 1691-1703.

[94] 華婷. 飯店一線員工情感隱性知識對工作績效的影響研究 [D]. 大連: 東北財經大學, 2010.

[95] 韓翼, 廖建橋. 組織成員績效結構理論研究述評 [J]. 管理科學學報, 2006, 9 (2): 86-94.

[96] 盧新元, 袁園, 王偉軍. 基於博弈論的組織內部知識轉移與共享激勵機制分析 [J]. 情報雜誌, 2009, 28 (7): 102-105.

[97] 於娛, 施琴芬, 朱衛未. 基於解釋結構模型的高校隱性知識轉移動力機制研究 [J]. 科技與經濟, 2010, 23 (2): 3-6.

[98] 王璇. 團隊創新氛圍對團隊創新行為的影響——內在動機與團隊效能感的仲介作用 [J]. 軟科學, 2012 (3): 105-109.

[99] 翟東升, 朱雪東, 周健明. 人際信任對員工隱性知識分享意願的影響——以隱性知識分享動機為干擾變量 [J]. 情報理論與實踐, 2009 (3): 25-29.

[100] 連瑋佳, 李健. 隱性知識傳遞對於中國創意產業集聚的影響 [J]. 科學學與科學技術管理, 2009, 30 (8): 113-116.

[101] 李南, 王曉蓉. 企業師徒制隱性知識轉移的影響因素研究 [J]. 軟科學, 2013, 27 (2): 113-117.

[102] 李永周, 劉小龍, 劉旸. 社會互動動機對知識團隊隱性知識傳遞的影響研究 [J]. 中國軟科學, 2013 (12): 128-137.

[103] DESHON R P, ALEXANDER R A. Goal Setting Effects on Implicit and Explicit Learning of Complex Tasks [J]. Organization Behavior and Human Decision Processes, 1996, 24 (1): 18-36.

[104] 連旭, 車宏生, 田效勛. 中國管理者隱性知識的結構及相關研究 [J]. 心理學探新, 2007, 102 (27): 77-81.

[105] 李慧. 實證方法在管理學科問題研究中的科學運用 [J]. 科學學與科學技術管理, 2008 (5): 34-38.

[106] 李作學. 個體隱性知識的結構分析與管理研究 [D]. 大連: 大連

理工大學，2006

[107] 淡鑫.統計學編製量表的基本程序 [J].新西部，2015（9）：144.

[108] 邱皓政.量化研究與統計分析——SPSS中文視窗版數據分析範例解析 [M].重慶：重慶大學出版社，2009：298-317.

[109] 盧小賓，王克平.隱性知識共享的制約因素與實現對策研究 [J].情報資料工作，2011（3）：6-9.

[110] 張虎，田茂峰.信度分析在調查問卷設計中的應用 [J].統計與決策，2007（21）：25-27.

[111] 劉陽陽.使用SPSS軟件進行化學試卷的信度分析 [J].化學教學，2007（6）：55-57.

[112] 溫忠麟，葉寶娟.測驗信度估計：從α系數到內部一致性信度 [J].心理學報，2011，43（7）：821-829.

[113] 張林泉.試卷質量的信度分析 [J].現代計算，2010（1）：56-58.

[114] 蔣小花，沈卓之，張楠楠，等.問卷的信度和效度分析 [J].現代預防醫學，2010，37（3）：429-431.

[115] 王長義，王大鵬，趙曉雯，等.結構方程模型中擬合指數的運用與比較 [J].現代預防醫學，2010，37（1）：7-9.

[116] 吳明隆.結構方程模型——AMOS的操作與應用 [M].重慶：重慶大學出版社，2009.

[117] 季國民.創意團隊中隱性知識轉移的激勵制度設計 [J].海峽科學，2010（11）：32-34.

[118] 張曉燕，李元旭.論內在激勵對隱性知識轉移的優勢作用 [J].研究與發展管理，2007，19（1）：28-33.

[119] FARH J, EARLEY P C, LIN S. Impetus for Action：A Cultural Analysis of Justice and Organizational Citizenship Behavior in Chinese Society [J]. Administrative Science Quarterly，1997（42）：421-444.

[120] 陳濤.組織記憶、知識共享對企業績效影響研究 [D].哈爾濱：哈爾濱工業大學，2014.

[121] 朱思文.隱性知識吸收對企業突破性技術創新能力的影響研究 [D].長沙：中南大學，2013.

[122] 汪軼.知識型團隊中成員社會資本對知識分享效果作用機制研究 [D].杭州：浙江大學，2008.

[123] 賈良定，尤樹洋，劉德鵬，等.構建中國管理學理論自信之路——

從個體、團隊到學術社區的跨層次對話過程理論 [J]. 管理世界, 2015 (1): 99-117.

[124] SUPER DONALD E. Manual for the Work Values Inventory [M]. Chicago: River-side, 1970.

[125] ELIZUR D. Facets of Work Values: A Structural Analysis of Work Outcomes [J]. Journal of Applied Psychology, 1984, 69: 379-389.

[126] 凌文輇, 方俐洛, 白利剛. 中國大學生的職業價值觀研究 [J]. 心理學報, 1999 (3): 342-348.

[127] O'REILLY CHARLES A, JENNIFER CHATMAN, DAVID F CALDWELL. People and Organizational Culture: A Profile Comparison Approach to Assessing Person-organization Fit [J]. Academy of Management Journal, 1991, 34 (3): 487-516.

[128] PORTER LYMAN W, RICHARD M STEERS. Organizational, Work, and Personal Factors in Employee Turnover and Absenteeism [J]. Psychological Bulletin, 1973, 80 (2): 151.

[129] MOBLEY WILLIAM H. Intermediate Linkages in the Relationship Between Job Satisfaction and Employee Turnover [J]. Journal of Applied Psychology, 1977, 62 (2): 237.

[130] RHODES SUSAN R, RICHARD M STEERS. Conventional Vs Worker-Owned Organizations [J]. Human Relations, 1981, 34 (12): 1013-1035.

[131] LEE THOMAS W, TERENCE R MITCHELL. An Alternative Approach: The Unfolding Model of Voluntary Employee Turnover [J]. Academy of Management Review, 1994, 19 (1): 51-89.

[132] TEECE DAVID J. Technology Transfer by Multinational Firms: The Resource Cost of Transferring Technological Know-How [J]. The Economic Journal, 1977, 87 (346): 242-261.

[133] HEATH CHIP, SIM B SITKIN. Big-B Versus Big-O: What is Organizational about Organizational Behavior? [J]. Journal of Organizational Behavior, 2001, 22 (1): 43-58

[134] WIIG KARL. Expert Systems Interview [J]. Expert Systems, 1986, 3 (2): 114-116.

[135] 張潤彤, 朱曉敏. 在有服務費用的串聯排隊網路中對兩組不同到達顧客的模糊控制 [J]. 北方交通大學學報, 2000 (6): 97-102.

[136] 楊治華, 錢軍. 從創新人才的特點看高校創新體系的構建 [J]. 中國高等教育, 2002 (7): 35-36.

[137] 楊建秀, 郝晉華. 做好新時期電子聯行工作 [N]. 山西經濟日報, 2002-12-19 (8).

[138] 儲節旺, 周紹森, 郭春俠. 知識網格: 知識管理變革的新動力 [J]. 科研管理, 2006 (3): 55-60.

[139] 盛小平, 劉泳潔. 知識管理績效評價研究綜述 [J]. 情報科學, 2009 (1): 150-155.

[140] 薛求知, 朱吉慶. 科學與人文: 管理學研究方法論的分歧與融合 [J]. 學術研究, 2006 (8): 5-11.

[141] BOLLEN KENNETH A. A New Incremental Fit Index for General Structural Equation Models [J]. Sociological Methods & Research, 1989, 17 (3): 303-316.

[142] 溫忠麟, 侯杰泰, 馬什赫伯特. 結構方程模型檢驗: 擬合指數與卡方準則 [J]. 心理學報, 2004 (2): 186-194.

[143] 溫忠麟, 侯杰泰. 隱變量交互效應分析方法的比較與評價 [J]. 數理統計與管理, 2004 (3): 37-42.

[144] HAMBRICK DONALD C, PHYLLIS A MASON. Upper Echelons: The Organization as a Reflection of Its Top Managers [J]. Academy of Management Review, 1984, 9 (2): 193-206.

[145] GOLDSTEIN HARVEY. Hierarchical Data Modeling in the Social Sciences [J]. Journal of Educational and Behavioral Statistics, 1995, 20 (2): 201-204.

[146] BOYD LAWRENCE H, GUDMUND R IVERSEN. Contextual Analysis: Concepts and Statistical Techniques [M]. Cambridge: Wadsworth Pub Co, 1979.

[147] GLASS GENE V. Primary, Secondary, and Meta-Analysis of Research [J]. Educational Researcher, 1976, 5 (10): 3-8.

[148] HOX JOOP J, ITA G G KREFT. Multilevel Analysis Methods [J]. Sociological Methods & Research, 1994, 22 (3): 283-299.

[149] SINGER JUDITH D. Using SAS PROC MIXED to Fit Multilevel Models, Hierarchical Models, and Individual Growth Models [J]. Journal of Educational and Behavioral Statistics, 1998, 23 (4): 323-355.

[150] 郎淳剛, 席酉民. 信任對管理團隊決策過程和結果影響實證研究 [J]. 科學學與科學技術管理, 2007 (8): 170-174.

[151] 劉雪梅,趙修文.關係績效與離職傾向的實證研究:以團隊信任為仲介變量 [J].科研管理, 2013, 24 (3): 93-98.

[152] COHEN SUSAN G, DIANE E BAILEY. What Makes Teams Work: Group Effectiveness Research from the Shop Floor to the Executive Suite [J]. Journal of Management, 1991, 23: 239-290.

[153] GUZZO RICHARD A, MARCUS W DICKSON. Teams in Organizations: Recent Research on Performance and Effectiveness [J]. Annual Review of Psychology, 1996, 47 (1): 307-338.

[154] KATZENBACH JON R, DOUGLAS K SMITH. The Wisdom of Teams: Creating the High-Performance Organization [M]. Cambridge: Harvard Business Press, 1993.

[155] EDMONDSON AMY. Psychological Safety and Learning Behavior in Work Teams [J]. Administrative Science Quarterly, 1999, 44 (2): 350-383.

[156] 趙修文,李一鳴.高校導師制隱性知識傳播的微分動力學模型研究 [J].科學學研究, 2010, 28 (11): 1700-1704.

[157] ARGOTE L, EPPLE D. Learning Curvesin Manufacturing [J]. Science, 1990, 247 (2): 920-924.

[158] AMBROSINI VERONIQUE, CLIFF BOWMAN. Tacit Knowledge: Some Suggestions for Operationalization [J]. Journal of Management Studies, 2001, 38 (6): 811-829.

[159] SUCKLING J, et al. Segmentation of Mammograms Using Multiple Linked Self-Organizing Neural Networks [J]. Medical Physics, 1995, 22 (2): 145-152.

[160] SIMOS PANAQIOTIS G, et al. Dyslexia-Specific Brain Activation Profile Becomes Normal Following Successful Remedial Training [J]. Neurology, 2002, 58 (8): 1203-1213.

[161] LAM ALICE. Tacit Knowledge, Organizational Learning and Societal Institutions: An Integrated Framework [J]. Organization Studies, 2000, 21 (3): 487-513.

[162] NONAKA IKUJIRO, et al. Organizational Knowledge Creation Theory: A First Comprehensive Test [J]. International Business Review, 1994, 3 (4): 337-351.

[163] 單偉,張慶普.基於隱性知識的高校核心競爭力分析 [J].哈爾濱

工業大學學報：社會科學版，2006（1）：87-89.

［164］王連娟. 密切性與團隊組織層面的隱性知識學習［J］. 科技進步與對策，2009（16）：107-111.

［165］王建軍，武曉峰. 學習型組織中隱性知識的開發［J］. 管理觀察，2009（17）：211-212.

［166］黎仁惠，王曉東. 從社會資本視角看技術轉移中隱性知識的轉化［J］. 科技進步與對策，2009（2）：130-133.

［167］TAYLOR HAZEL. Tacit Knowledge: Conceptualizations and Operationalizations［J］. International Journal of Knowledge Management，2007，3（3）：60-73.

［168］EDEN COLIN, FRAN ACKERMANN, STEVE CROPPER. The Analysis of Cause Maps［J］. Journal of Management Studies，1992，29（3）：309-324.

［169］BOUGON MICHEL G. Uncovering Cognitive Maps: The Self-Q Technique［J］. Beyond Method: Strategies for Social Research，1983，173：187.

［170］TRIPP CAROLYN. THOMAS D JENSEN, LES CARLSON. The Effects of Multiple Product Endorsements by Celebrities on Consumers' attitudes and Intentions［J］. Journal of Consumer Research，1994，20（4）：535-547.

［171］MILES MATTHEW B, A MICHAEL HUBERMAN. Qualitative Data Analysis: A Sourcebook of New Methods［M］. London: Sage Publications，1984.

［172］王化成，劉俊勇. 企業業績評價模式研究——兼論中國企業業績評價模式選擇［J］. 管理世界，2004（4）：82-91，116.

［173］HARPENDING HENRY, ALAN ROGERS. Fitness in Stratified Societies［J］. Ethology and Sociobiology，1990，11（6）：497-509.

［174］孫健敏. 發達國家的質量管理評價指標［J］. 企業管理，2002（2）：74-76.

［175］蔡永紅，黃天元. 教師評價研究的緣起、問題及發展趨勢［J］. 北京師範大學學報：社會科學版，2003（1）：130-136.

［176］孫健敏，焦長泉. 對管理者工作績效結構的探索性研究［J］. 人類工效學，2002（3）：1-10，69.

附　錄

附錄 A　個人隱性知識量表（初試）

尊敬的先生/女士：

　　您好！

　　我們是「隱性知識、關係績效和任務績效三者關係研究」課題組的調查員，正在對隱性知識、關係績效和任務績效的關係進行研究。本次問卷調查是本課題研究的一個重要環節，純屬學術研究所用，目的是為了編製一套符合中國個人隱性知識的「個人隱性知識量表（ITKI：Individual Tacit Knowledge Inventory）」。您的真實回答將為這項研究的部分結論提供有力的科學保證。問卷填寫不完整會使您的問卷失去研究價值，所以請您不要遺漏任何一項。本課題非常期望您的支持和參與，我們對您的熱情參與表示衷心的感謝！這只是一次無記名的問卷調查，請您不要有任何的顧慮。

　　【問卷填寫說明】

　　1. 本問卷由兩部分組成。第一部分為個人基本情況，第二部分正式問卷是個人隱性知識量表。

　　2. 在填寫量表的時候，請根據您的實際行為來評價每一選項的等級，並在每個題項後面相應的方框裡打勾，如「☑」。具體填寫方法參見第二部分的「填寫示例」。

　　第一部分：個人基本情況（請在與您相符的選項框「□」中打勾）

　　性別：□男　　□女

　　婚姻狀況：□已婚　　□單身

　　年齡：□22歲以下（含22歲）　　□22～27歲（含27歲）　　□27～45歲（含45歲）　　□45～60歲（含60歲）　　□60歲以上

　　工作年限：□3年及以下　　□3～5年（含5年）　　□5～18年（含18年）

□18~33 年（含33 年）　　□33 年以上

教育程度：□高中（中專）及以下　□大專　□大學本科　□碩士　□博士

平均月收入：□1,200 元及以下　□1,201~3,500 元　□3,501~5,000 元　□5,001~10,400 元　□10,401 元以上

您所在的崗位：□高層管理人員　□中層管理人員　□基層管理人員　□一般職員

組織性質：□政府部門　□事業單位　□企業　□其他

第二部分：正式問卷

題項	完全不同意→非常同意				
TK1 你更願意回答別人提出的問題，而不是主動為別人提供相關信息	1	2	3	4	5
TK2 通常情況下，你願意告訴別人事情的真相，但並不會告訴他全部的真實情況	1	2	3	4	5
TK3 通常來說，您實際操作兩次相同的任務，就能掌握這個任務的流程	1	2	3	4	5
TK4 在學習完成一個新任務時，您更傾向於別人在實際的具體工作中指導您	1	2	3	4	5
TK5 比起被問到您今天總共做了哪些工作，您更願意回答今天是否完成了其中某一項任務（如完成了資料的裝訂工作）	1	2	3	4	5
TK6 您更願意回答具體、詳細、直接的問題	1	2	3	4	5
TK7 您常常發現，在與您接觸較少的同事共事中，會出現相互誤解的尷尬局面	1	2	3	4	5
TK8 在與您經常共事的同事相處時，幾乎不會出現「您以為他瞭解您的意思，但實際上他並不瞭解」的情況	1	2	3	4	5
TK9 您會發現，某位同事完成某個任務很容易，但自己去做卻會遇到很多麻煩	1	2	3	4	5
TK10 有時候，對您來說很簡單一個工作，讓另外某位同事完成，結果卻不盡如人意	1	2	3	4	5
TK11 如果您正在向領導匯報自己工作的完成情況，您能從他的表情和動作體察出他的對您工作完成的滿意程度	1	2	3	4	5

表(續)

題項	完全不同意→非常同意
TK12 對於一件您經常做的工作，您能夠在熟練完成它的同時，做另一件工作	1　2　3　4　5
TK13 您從一名新手到學會做某件事（如騎自行車、使用複印機）的過程中，除了別人（教練）語言上的指導，更多的是從自己的實際操作中學會其中的技巧	1　2　3　4　5

模擬情景 1

　　您和一位同事要在這週末共同負責完成一個新產品的開發報告，但是這位同事經常無法按時完成工作。這不是因為他工作不努力，而是他缺少某種必需的工作組織技能。同時，他又是個完美主義者，往往浪費太多時間去追求過度的「完美性」。

　　您的目標是在這週末制定出盡可能完善的報告。下面列出了一些為保證完成任務目標所採用的策略，請按照符合您的情況對下面每個說法進行評價。

TK14 把工作分成兩部分，並告訴您的同事，如果他不能很好地完成他那部分工作，您將向上級領導反應	1　2　3　4　5
TK15 委婉、禮貌地提醒他不要去追求絕對的完美	1　2　3　4　5
TK16 確定這個報告部分的完成期限，有計劃地進行	1　2　3　4　5
TK17 請上級領導每天都對您的工作進展情況進行核實	1　2　3　4　5
TK18 口頭上表揚您的同事對工作某些部分的完成情況	1　2　3　4　5
TK19 嚴肅但禮貌地指出您的同事是如何阻礙工作的完成的	1　2　3　4　5
TK20 您的同事一出現工作落後的情況，您就自己去做，以便於在限期內完成	1　2　3　4　5
TK21 不理會也不去在意他採取的不太合適的行動，只做到自己認為該做的	1　2　3　4　5
TK22 避免給他任何壓力，以免使他的工作更加落後	1　2　3　4　5
TK23 與他商定，如果你們都能在規定時間內完成工作，這週末您就請他吃飯	1　2　3　4　5

模擬情景 2

　　假如要求您在兩個月的時間內為公司修訂各個崗位的工作說明書。原有的工作說明書有缺陷，比如有些崗位的工作內容過於繁雜，有些崗位則過於清閒，不利於企業效率的提高。修訂工作全權交由您來處理。您知道這是一個很棘手的任務；如果能很好地完成任務，就會對您的職業生涯產生積極的影響；反之，就會產生消極的影響。

　　為了更好的職業前途，您會做何選擇呢？請按照符合您的情況對下面每個說法進行評價。

TK24 如果您能提出最完善的修訂方案，那麼就立即決定接受任務；如果不能，就選擇放棄	1　2　3　4　5

表(續)

題項	完全不同意→非常同意				
TK25 盡最大可能地瞭解您的上級領導對這個修訂任務所持有的觀點	1	2	3	4	5
TK26 嚴格按上級領導的興趣修訂	1	2	3	4	5
TK27 從上級領導那裡得到反饋意見	1	2	3	4	5
TK28 從大家對新的工作說明書的草稿的評價中得到反饋意見	1	2	3	4	5
TK29 建立一個由各部門人員組成的委員會，分擔該任務的責任	1	2	3	4	5
TK30 找出您被選來做這個工作的原因	1	2	3	4	5
TK31 請教公司中您信任、有較資深工作經驗的人，尋求他們的建議	1	2	3	4	5
TK32 制定日常計劃表，並按目標計劃的重要性進行一個等級排列，分步驟逐步實施	1	2	3	4	5
TK33 鑒於工作說明書的修訂結果會影響各部門的利益，所以盡量拖延完成的時間	1	2	3	4	5

附錄 B　隱性知識、關係績效和任務績效正式問卷

尊敬的先生/女士：

您好！

我們是「隱性知識、關係績效和任務績效三者關係研究」課題組的調查員，正在對隱性知識、關係績效和任務績效的關係進行研究。本次問卷調查是本課題研究的一個重要環節，純屬學術研究所用。您的真實回答將為這項研究的部分結論提供有力的科學保證。問卷填寫不完整會使您的問卷失去研究價值，所以請您不要遺漏任何一項。本課題非常期望您的支持和參與，我們對您的熱情參與表示衷心的感謝！這只是一次無記名的問卷調查，請您不要有任何的顧慮。

【問卷填寫說明】

1. 本問卷由兩部分組成。第一部分為個人基本情況，第二部分正式問卷是個人隱性知識量表。

2. 在填寫量表的時候，請根據您的實際行為來評價每一選項的等級，並

在每個題項后面相應的方框裡打勾,如「√」。具體填寫方法參見第二部分的「填寫示例」。

第一部分:個人基本情況(請在與您相符的選項框「□」中打勾)

性別:□男 □女

婚姻狀況:□已婚 □單身

年齡:□22歲以下(含22歲) □22~27歲(含27歲) □27~45歲(含45歲) □45~60歲(含60歲) □60歲以上

工作年限:□3年及以下 □3~5年(含5年) □5~18年(含18年) □18~33年(含33年) □33年以上

教育程度:□高中(中專)及以下 □大專 □大學本科 □碩士 □博士

平均月收入:□1,200元及以下 □1,201~3,500元 □3,501~5,000元 □5,001~10,400元 □10,401元以上

您所在的崗位:□高層管理人員 □中層管理人員 □基層管理人員 □一般職員

組織性質:□政府部門 □事業單位 □企業 □其他

第二部分:

量表一:隱性知識量表

題項	完全不同意→非常同意
TK1 通常來說,您實際操作兩次相同的任務,就能掌握這個任務的流程	1 2 3 4 5
TK2 您更願意回答具體、詳細、直接的問題	1 2 3 4 5
TK3 在與您經常共事的同事相處時,幾乎不會出現「您以為他瞭解您的意思,但實際上他並不瞭解」的情況	1 2 3 4 5
TK4 有時候,對您來說很簡單的一個工作,讓另外某位同事完成,結果卻不盡如人意	1 2 3 4 5
TK5 如果您正在向領導匯報自己工作的完成情況,您能從他的表情和動作體察出他的對您工作完成的滿意程度	1 2 3 4 5
TK6 您能從周圍同事的行為舉止中,判斷出他是否願意在困難的時候幫助您	1 2 3 4 5

表(續)

題項	完全不同意→非常同意
TK7 您從一名新手到學會做某件事（如騎自行車、使用複印機）的過程中，除了別人（教練）語言上的指導，更多的是從自己的實際操作中學會其中的技巧	1　2　3　4　5

模擬情景 1
　　您和一位同事要在這週末共同負責完成一個新產品的開發報告，但是這位同事經常無法按時完成工作。這不是因為他工作不努力，而是他缺少某種必需的工作組織技能。同時，他又是個完美主義者，往往浪費太多時間去追求過度的「完美性」。
　　您的目標是在這週末制定出盡可能完善的報告。下面列出了一些為保證完成任務目標所採用的策略，請按照符合您的情況對下面每個說法進行評價。

題項	完全不同意→非常同意
TK8 確定這個報告部分的完成期限，有計劃地進行	1　2　3　4　5
TK9 口頭上表揚您的同事對工作某些部分的完成情況	1　2　3　4　5
TK10 嚴肅但禮貌地指出您的同事是如何阻礙工作的完成的。	1　2　3　4　5
TK11 不理會也不去在意他採取的不太合適的行動，只做到自己認為該做的	1　2　3　4　5

模擬情景 2
　　假如要求您在兩個月的時間內為公司修訂各個崗位的工作說明書。原有的工作說明書有缺陷，比如有些崗位的工作內容過於繁雜，有些崗位則過於清閒，不利於企業效率的提高。修訂工作全權交由您來處理。您知道這是一個很棘手的任務；如果能很好地完成任務，就會對您的職業生涯產生積極的影響；反之，就會產生消極的影響。
　　為了更好的職業前途，您會做何選擇呢？請按照符合您的情況對下面每個說法進行評價。

題項	完全不同意→非常同意
TK12 盡最大可能地瞭解您的上級領導對這個修訂任務所持有的觀點	1　2　3　4　5
TK13 從上級領導那裡得到反饋意見	1　2　3　4　5
TK14 找出您被選來做這個工作的原因	1　2　3　4　5
TK15 制訂日常計劃表，並按目標計劃的重要性進行一個等級排列，分步驟逐步實施	1　2　3　4　5

量表二：關係績效量表

題項	完全不同意→非常同意
CP1 我會幫助同事處理生活上的難題	1　2　3　4　5
CP2 當同事取得成績時，我會讚揚他	1　2　3　4　5
CP3 我會提供有利於他人的信息	1　2　3　4　5
CP4 我會鼓勵他人克服困難	1　2　3　4　5
CP5 我讚同、支持、捍衛組織目標	1　2　3　4　5
CP6 我對組織持積極態度	1　2　3　4　5
CP7 我對組織條件不抱怨	1　2　3　4　5
CP8 我對組織忠誠	1　2　3　4　5
CP9 當組織處於困難時期時，我仍留在組織中	1　2　3　4　5
CP10 我會自願做非本職工作之外的工作	1　2　3　4　5
CP11 我對本職工作始終富有熱情	1　2　3　4　5
CP12 我對本職工作會付出額外努力	1　2　3　4　5
CP13 我自願承擔額外責任	1　2　3　4　5

量表三：任務績效量表

題項	完全不同意→非常同意
TP1 足夠完成被安排的工作任務	1　2　3　4　5
TP2 履行工作說明書中的職責	1　2　3　4　5
TP3 按照自己期望的方式完成工作任務	1　2　3　4　5
TP4 按照正式績效考核的要求完成工作任務	1　2　3　4　5
TP5 做一些能夠直接影響他績效考核的工作	1　2　3　4　5
TP6 忽視一些必須要做的事情	1　2　3　4　5
TP7 不能履行必要的工作職責	1　2　3　4　5
TP8 口頭交流技能很強	1　2　3　4　5
TP9 具有很好的與工作相關的專業技能	1　2　3　4　5
TP10 具有很好的與工作相關的專業知識	1　2　3　4　5

國家圖書館出版品預行編目(CIP)資料

隱性知識、關係績效和任務績效三者關係研究——基於個人與團隊視角 / 趙修文、劉雪梅 著. -- 第一版. -- 臺北市 : 崧博出版 : 崧樺文化發行, 2018.09
　　面　；　公分

ISBN 978-957-735-458-7(平裝)

1.知識管理 2.管理理論

494.2　　　　107015181

書　名：隱性知識、關係績效和任務績效三者關係研究——基於個人與團隊視角
作　者：趙修文、劉雪梅 著
發行人：黃振庭
出版者：崧博出版事業有限公司
發行者：崧燁文化事業有限公司
E-mail：sonbookservice@gmail.com
粉絲頁　　　　　網　址：
地　址：台北市中正區重慶南路一段六十一號八樓815室
8F.-815, No.61, Sec. 1, Chongqing S. Rd., Zhongzheng Dist., Taipei City 100, Taiwan (R.O.C.)
電　話：(02)2370-3310　傳　真：(02) 2370-3210
總經銷：紅螞蟻圖書有限公司
地　址：台北市內湖區舊宗路二段121巷19號
電　話：02-2795-3656　傳真：02-2795-4100　網址：
印　刷：京峯彩色印刷有限公司（京峰數位）

　本書版權為西南財經大學出版社所有授權崧博出版事業有限公司獨家發行
　電子書繁體字版。若有其他相關權利及授權需求請與本公司聯繫。

定價：450 元
發行日期：2018 年 9 月第一版
◎ 本書以POD印製發行